材料力学

平山 紀夫・坂田 憲泰
杉浦 隆次・平林 明子 共著

Material
Mechanics

森北出版

まえがき

材料力学は，材料に力が加わったときに，材料が「どの程度変形するか」，「壊れないか」などを決定できるため，材料を安全に使用したものづくりのためには欠かすことができない重要な学問である．そのため，機械系の学生のほとんどが大学の学部 1，2 年生もしくは高専の後半学年の授業で必須科目として学んでいる．ところが，材料力学は高校物理で学んだ質点や剛体の力学とは異なり，連続した物体（連続体）の「変形」を扱う力学であるため，高校物理では学ばなかった概念が多く登場する．たとえば，材料力学では，実際には 3 次元形状をした材料を実用上問題のない範囲で 1 次元に近似してその変形を求めるが，そのために，断面二次モーメントや断面係数といった新しい物理量が登場する．また，材料内部に生じた力（内力）を求める際には，材料を仮想的に切断した切断面での力の作用・反作用を考え，材料の破損や破壊を判断する基準として応力という新しい概念を学ぶ．

このように，材料力学ではさまざまな新しい知識や概念を学ばなくてはならないせいか，多くの学生は材料力学を難しいものと感じている．そこで本書では，はじめて材料力学を学ぶ読者を想定し，材料力学で新しく学ばなくてはならない物理量や概念について，多くの図を用いて親しみやすく丁寧な解説を心がけ，しっかり理解できるように工夫した．そして，数式による計算過程も紙面の許す限り丁重に記載した．

また，多くの例題と演習問題を解いていくことで，材料力学の考え方を理解できるように心がけた．章のはじめにある「確認しておこう！」には，その章を学ぶうえで基礎となる知識について記載してある．予習として取り組み，わからない問題については前の章，あるいは高校の数学や物理の教科書で復習し直して基礎を固めてほしい．例題の前後では材料力学の理解に必要な原理を説明し，「理論を理解したうえで，演習問題に取り組む」というスタイルをとっている．そして，例題や演習課題は実際の機械設計で出会うであろう現実的な問題とし，数値で解答する形式にした．本書に記載した多くの図から目に見えない内力や変形をイメージできるように，そして，演習問題で求めた値を実際の機械材料に生じる具体的な数値としてとらえることができるように，何度も繰り返し解いてほしい．そうすることで，今後，読者の皆さんが機械設計を行う際に，自分が計算した値の妥当性の判断ができるようになると期待している．

読者の皆さんが本書で材料力学を学ばれて，将来は機械設計エンジニアとして活躍していただければ望外の喜びである．

最後に，本書の出版にご尽力いただいた，森北出版株式会社の福島崇史氏ならびに村瀬健太氏に深く感謝申し上げる．

2022 年 8 月

著者一同

目　次

1 材料力学の基礎

☑ 確認しておこう！

(1) 直交座標系における任意の位置 $\mathrm{P}(x, y)$ を極座標表示で表現してみよう．
[**ヒント**：原点 O と P の距離を r，x 軸と OP のなす角を θ とする．]
(2) 等速で航行する飛行機にはどのような力が作用するか，説明してみよう．
(3) 力のモーメントの定義を説明してみよう．
(4) 基本単位と組立単位の違いを説明してみよう．
(5) これまでに学習したことのある物理量と単位をまとめて，表を作成してみよう．

本章では，材料力学で何を学び，どのように実際の機械設計を行うのか，そして材料力学を学ぶための基礎知識や前提について述べる．材料力学は物理学や数学の上に成り立つ学問であるため，これまでに学んだ物理や数学の知識が重要になる．とくに，座標系，三角関数，方程式，フックの法則など，材料力学を理解するために必要な基礎知識について確認してほしい．

1.1 材料力学を学ぶ目的

機械設計では，各部品が与えられた仕事を行う際に，壊れたり，変形しすぎたりしないようにすることが重要である．この「壊れないように設計する」ことを**強度設計**，「変形しすぎないように設計する」ことを**剛性設計**という．図 1.1 に示すように，材料力学は，ある形状寸法の材料（部品や構造物，部材）に外力が作用した際に働く内部

内部に働く力の計算方法を修得	変形量の計算方法を修得
↓	↓
その材料に作用する力によって壊れるかどうかがわかる	その材料に作用する力によってどのくらい変形するかがわかる
↓	↓
壊れないように設計（強度設計）	許容変形に抑える（剛性設計）
(a) 強度設計	(b) 剛性設計

図 1.1 材料力学で学ぶこと

の力（内力）と変形量を理解することで，その材料が壊れるかどうか，どのくらい変形するのかを計算する学問である．つまり，設計した部品が壊れないように，あるいは許容範囲の変形となるように形状寸法を決定する知識を得ることが，材料力学を学ぶ目的である．材料力学は，機械工学を学ぶ者にとっては必ず必要となる知識であり，実際のエンジニアリングの現場において有用な学問の一つである．

1.2 材料力学の前提

材料力学では，材料内部の力や変形を計算する際に，下記の［1］～［3］の条件を前提とする．この条件は，実際の現象とは異なる場合もあるが，数学的に現象を記述するうえで必要な前提として，頭に入れておいてほしい．

［1］材料を弾性体として扱う

材料に外力が作用すると，その材料は変形する．このような材料を変形体といい，外力が作用しても変形しない**剛体**（rigid body）と区別する．剛体は機械力学などにおいて物体の運動のみに着目するために使われる概念であり，実際に取り扱う物体や材料はすべて変形体である．変形体には**弾性**（elasticity）という，物体が外力の作用（負荷）により変形しても，その外力を取り除く（除荷する）と元の状態に戻る性質を示す材料があり，そのような材料を**弾性体**（elastic body）という．さらに，図1.2(a)に示すように，実際に使用される構造材料の多くは外力と変形量に比例関係があり，この比例定数がその材料の変形のしにくさ（変形のしやすさ）を表している．

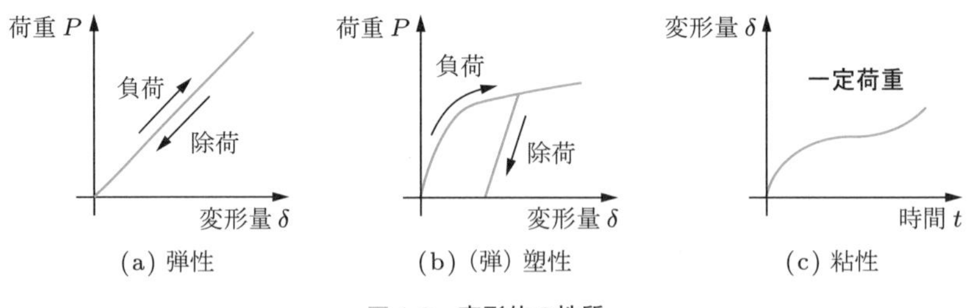

(a) 弾性　(b)（弾）塑性　(c) 粘性

図1.2　**変形体の性質**

変形体には弾性だけでなく，図1.2(b)に示すように，除荷しても元の状態に戻らずに負荷による変形が残る**塑性**（そせい）（plasticity），図1.2(c)に示すように，一定の大きさの負荷に対する変形が時間とともに変化する**粘性**（viscosity）などの性質を示す材料もある．一般に，材料はどれか一つの性質だけをもつのではなく，弾性と塑性，弾性と粘性などのように，いくつかの性質を組み合わせてもっている．代表的な変形体の種類を図1.3

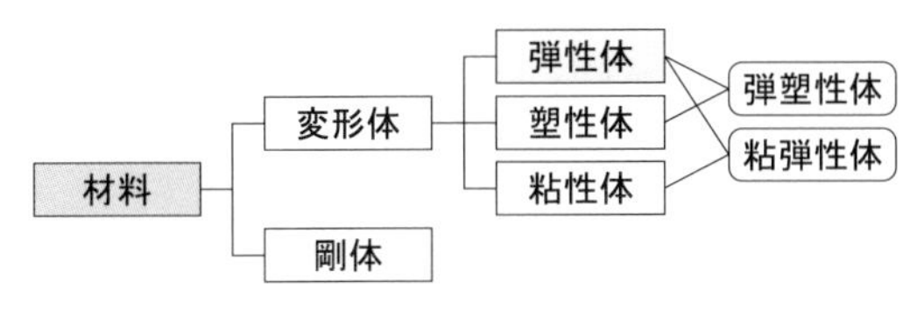

図 1.3　変形体の種類

に示す．なお，材料力学では基本的に材料をすべて弾性体として扱うものとする．

［2］微小変形の領域で考える

[1]でも説明したとおり，実際の材料は外力を負荷すると変形する．その変形の大きさは，材質や外力の程度によってさまざまである．たとえば，ゴムのような材料は小さな負荷でも大きな変形を起こし，鋼材は大きな負荷を与えても変形は微小であり変形していないように見える．一般に，機械部品や構造材料の変形は部材寸法に対して微小であるため，材料力学で扱う変形も原則として微小変形領域で扱う．もちろん，場合によっては大きな変形を取り扱うこともあるが，その場合には別の力学を学ぶ必要がある．

［3］外力および外力モーメントはつり合った状態で考える

設計においての**外力**とは，設計仕様（要求）である．つまり，「質量 60 kg の人が乗った場合に耐えられる質量 300 g の椅子を設計せよ」といった場合，椅子に作用する荷重 $60\,\mathrm{kg} \times 9.81\,\mathrm{m/s^2} \fallingdotseq 58.9\,\mathrm{N}$ は設計仕様によって決められた外力である．そして，材料（椅子）に働くすべての外力は必ずつり合っていなければならない．椅子の形状が図 1.4 (a) のように 4 本の脚で構成されている場合，座面に負荷された外力 P のほかに，椅子の脚にはそれぞれ床から受ける反力 $R_1 \sim R_4$ が発生している．したがって，椅子に作用する外力がつり合う条件とは，上向きを正として次式に示すように，反力 R を含むすべての外力の合計がゼロとなることである．

$$R_1 + R_2 + R_3 + R_4 - P = 0 \tag{1.1}$$

このとき，負荷としての外力は与えられるが，反力は未知のため，設計者が自ら想定(明記) する必要がある．また，設計する形状や部位によって，力のつり合い式は変化する．たとえば，図 1.4 (b) のような脚が 1 本の椅子を設計する場合では，つり合い式は

$$R - P = 0 \tag{1.2}$$

となる．一般に，材料に作用する力のつり合い式は

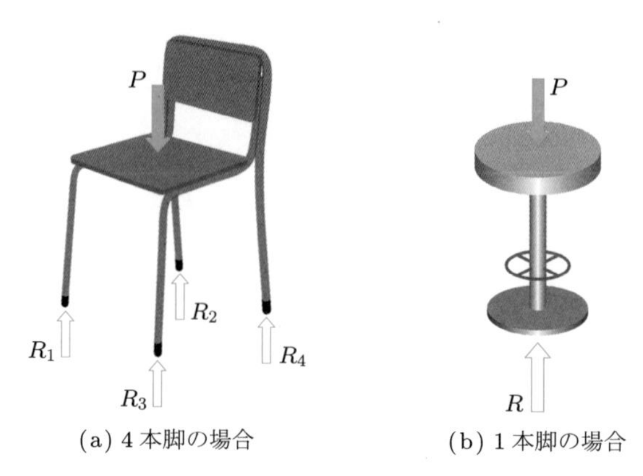

(a) 4本脚の場合　　(b) 1本脚の場合

図 1.4　**椅子に作用する外力と反力**

$$\sum_i P_i + \sum_j R_j = 0 \tag{1.3}$$

と表すことができる．

また，**外力によるモーメント**も同様に，つり合った状態が前提となる．力のモーメントとは，図 1.5 に示すように，材料のある点（作用点 A）に負荷された力により，別の任意の点（点 O）を中心にその材料を回転させる作用をいう．このとき，点 O についての力のモーメント M の大きさは，図 1.5 (a) に示すような外力 P と，外力 P に対する垂直距離 d との積として算出すると，

$$M = Pd = Pl\sin\theta \tag{1.4}$$

となる．また，図 1.5 (b) に示すような P の OA に対する垂直分力 P' と，OA の長さ l との積として算出すると，

$$M = P'l = Pl\sin\theta \tag{1.5}$$

となり，式 (1.4) と同じ値となる．

材料に作用する力のモーメントがつり合うためには，外力モーメントに対する反力

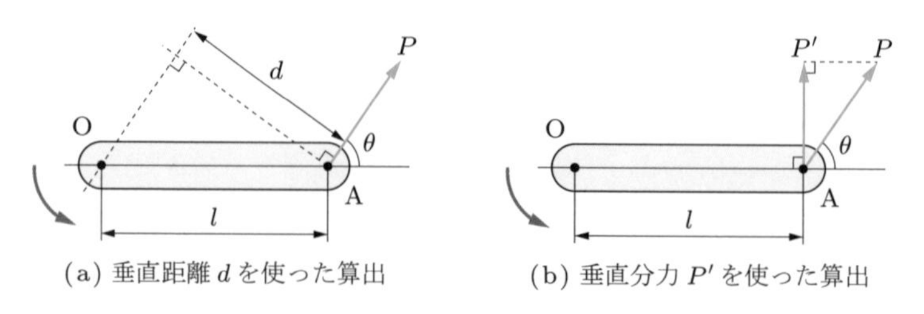

(a) 垂直距離 d を使った算出　　(b) 垂直分力 P' を使った算出

図 1.5　**モーメントの大きさの定義**

モーメントが発生していることに注意する必要がある．そして，力のモーメントのつり合い式は，作用しているすべての外力（反力含む）による，任意の点における力のモーメントの合計がゼロとなることで成立し，一般化すると以下のように表される．

$$\sum_i M_i = 0 \tag{1.6}$$

たとえば，図 1.6 に示すシーソーについて，点 O に関するモーメントのつり合いを考える．この場合，点 O と反力 R の作用点が一致するので垂直距離 $d=0$ となり，反力 R による力のモーメントは発生しない．つまり，左右の荷重 P による点 O に関する力のモーメントの合計がゼロとなれば，このシーソーはつり合う．また，力のモーメントを計算する際には，回転方向，つまり力のモーメントの正負を合わせなければならないことに注意する．本書では，力のモーメントの正負を考える場合，**時計回りを正**とする[†]．図 1.6 のシーソーに作用する点 O についての力のモーメントの和は

$$\sum_i M_i = Pb - Pa \tag{1.7}$$

となり，シーソーが回転運動しないためのつり合い条件は $a=b$ となる．

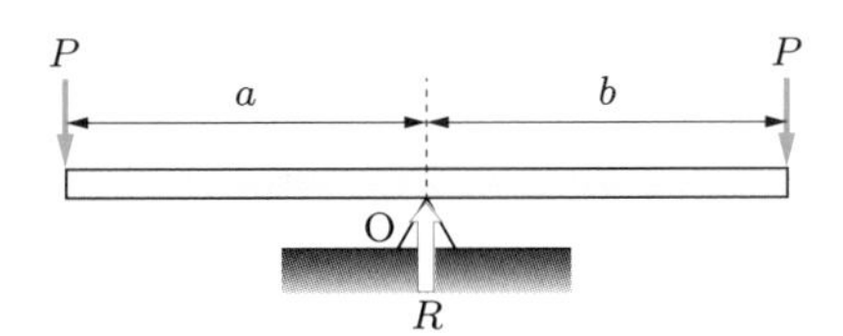

図 1.6　**力のモーメントのつり合い**

例題 1.1　図 1.7 に示すように，長さ $l=100\,\mathrm{mm}$ の材料が，点 A から $l_1=40\,\mathrm{mm}$ の位置 C で鉛直下向きに $P=100\,\mathrm{N}$ の負荷を受けている．この材料が両端 A，B のみで支えられている場合，それぞれの支持点に発生する反力 R_A，R_B を求めよ．

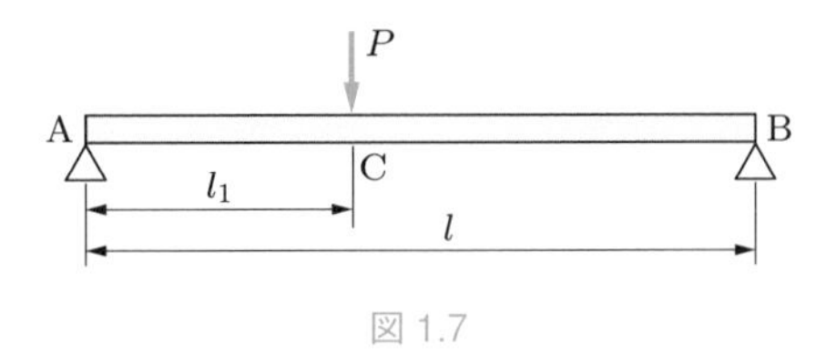

図 1.7

† ほかの学問分野や参考書における定義と違う場合があるので注意．

［解答］　図 1.8 のように，点 A に反力 R_{A} を上向きに，点 B にも同様に反力 R_{B} を上向きに描き，力のつり合い式と力のモーメントのつり合い式を立てる．

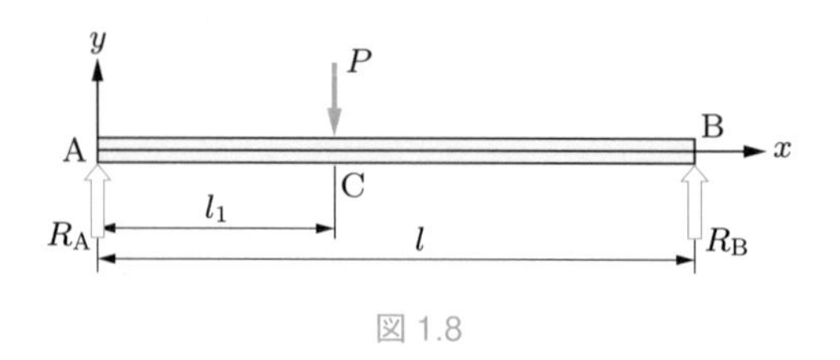

図 1.8

力のつり合い式は式 (1.3) より

$$R_{\mathrm{A}} + R_{\mathrm{B}} - P = 0$$
$$\Rightarrow \quad R_{\mathrm{A}} + R_{\mathrm{B}} - 100 = 0$$

となる．つぎに，点 A に関する力のモーメントのつり合い式は，式 (1.6) より

$$R_{\mathrm{A}} \times 0 + Pl_1 - R_{\mathrm{B}} l = 0$$
$$\Rightarrow \quad R_{\mathrm{A}} \times 0 + 100 \times 40 - R_{\mathrm{B}} \times 100 = 0$$
$$\Rightarrow \quad 4000 - R_{\mathrm{B}} \times 100 = 0$$

となる．これより，反力 R_{B} は

$$R_{\mathrm{B}} = \frac{4000}{100} = 40\,\mathrm{N}$$

となる．これを力のつり合い式に代入すると，反力 R_{A} は

$$R_{\mathrm{A}} = 60\,\mathrm{N}$$

となる．■

1.3　単位系と有効数字

1.3.1　単位系

工学系で用いられる単位系は，基本単位を質量の kg，長さの m，時間の s（秒）とする，国際単位系（SI）を使用するのが一般的である．基本単位を用いた組立単位としては，速さの m/s や加速度の $\mathrm{m/s^2}$ などがある．ただし，ほとんどの機械部品の図面では，長さの単位として mm を使用する．また，材料力学でよく使われる単位として，力の単位の N（ニュートン）が挙げられる．1 N は 1 kg の質量が 1 $\mathrm{m/s^2}$ の加速度で移動するために必要な力と定義されるので，

$$1\,\mathrm{N} = 1\,\mathrm{kg} \times 1\,\mathrm{m/s^2} \tag{1.8}$$

となる．現在は国際単位系が主流となっているが，ときどき使われる力の工学単位としての kgf（キログラム重）がある．1 kgf は，1 kg の質量が地球の重力を受けている場合の力と定義されるので，重力加速度 g を $9.81\,\mathrm{m/s^2}$ として，

$$1\,\mathrm{kgf} = 1\,\mathrm{kg} \times 9.81\,\mathrm{m/s^2} = 9.81\,\mathrm{N}$$

であり，

$$1\,\mathrm{N} = \frac{1}{9.81}\,\mathrm{kgf} = 0.102\,\mathrm{kgf} \tag{1.9}$$

となる．つまり，1 N とは，（ニュートンにちなんで）小さなリンゴ 1 個分（およそ 100 g）の物体を支える力に相当すると考えると，力の大きさを理解しやすい．また，国際単位系では重量の単位は N であり，質量の kg とは区別されているので注意する．

また，単位面積あたりの力 [Pa]（パスカル）もよく使われる．1 Pa は，$1\,\mathrm{m^2}$ の面積に作用する 1 N の力（外力および内力）と定義されるため，

$$1\,\mathrm{Pa} = \frac{1\,\mathrm{N}}{1\,\mathrm{m^2}} \tag{1.10}$$

となる．

単位の接頭語としてよく使用される m（ミリ）や c（センチ），k（キロ）には，それぞれ $10^{-3} = 1/1000$ 倍，$10^{-2} = 1/100$ 倍，$10^3 = 1000$ 倍といった意味がある．ほかにもよく使用される接頭語として，M（メガ）$= 10^6$，G（ギガ）$= 10^9$ などがある．

単位の接頭語と材料力学でよく使われる単位について，これから学ぶ内容も含めて，それぞれ表 1.1 と表 1.2 にまとめる．また，材料力学で扱う物理量の表記として多用されるギリシャ文字を表 1.3 にまとめておく．

表 1.1　**単位の接頭語**

記号	読み方	意味	記号	読み方	意味
G	ギガ	10^9	d	デシ	10^{-1}
M	メガ	10^6	c	センチ	10^{-2}
k	キロ	10^3	m	ミリ	10^{-3}
h	ヘクト	10^2	μ	マイクロ	10^{-6}
da	デカ	10^1	n	ナノ	10^{-9}

表 1.2　**材料力学でよく使われる単位**

物理量	単位	物理量	単位
質量	kg	重量	N (= 0.102 kgf)
力	$\mathrm{N = kg \cdot m/s^2}$	密度	$\mathrm{kg/m^3}$
力のモーメント	$\mathrm{N \cdot m}$	比重量	$\mathrm{N/m^3}$
圧力	$\mathrm{Pa = N/m^2}$	仕事・エネルギー	$\mathrm{J = N \cdot m}$
応力	Pa (MPa)	仕事率	W = J/s
強度	Pa (MPa)	温度	K
縦弾性係数	Pa (GPa)	線（熱）膨張係数	1/K

表 1.3　**ギリシャ文字**

大文字	小文字	英語表記	読み	材料力学における頻出の物理量
A	α	alpha	アルファ	——
B	β	beta	ベータ	——
Γ	γ	gamma	ガンマ	——
Δ	δ	delta	デルタ	y 方向変位量
E	ε	epsilon	イプシロン／エプシロン	ひずみ
Z	ζ	zeta	ゼータ	——
H	η	eta	イータ／エータ	——
Θ	θ	theta	シータ／テータ	角度
I	ι	iota	イオタ／イオータ	——
K	κ	kappa	カッパ	——
Λ	λ	lambda	ラムダ	伸び，x 方向変位量
M	μ	mu	ミュー	——
N	ν	nu	ニュー	ポアソン比
Ξ	ξ	xi	グザイ／クスィー／クサイ	——
O	o	omicron	オミクロン	——
Π	π	pi	パイ／ピー	円周率
P	ρ	rho	ロー	——
Σ	σ	sigma	シグマ	垂直応力
T	τ	tau	タウ	せん断応力
Υ	υ	upsilon	ユプシロン／ウプシロン	——
Φ	φ	phi	ファイ／フィー	ねじれ角
X	χ	chi	カイ／キー	——
Ψ	ψ	psi	プサイ／プスィー	——
Ω	ω	omega	オメガ	角速度

例題 1.2　図 1.9 のように，一辺 $a = 10\,\mathrm{mm}$ の正方形断面をもつ長さ $l = 50\,\mathrm{mm}$ の角材が，正方形の面を下にして床に置かれている．この角材の質量が $m = 20\,\mathrm{kg}$ のとき，床に与える圧力 p を求めよ．

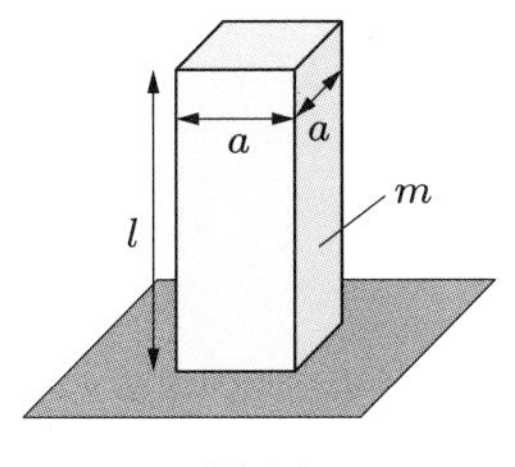

図 1.9

［解答］　角材の底面の面積 A は

$$A = a^2 = (10\,\mathrm{mm})^2 = 100\,\mathrm{mm}^2 = 100 \times (10^{-3})^2\,\mathrm{m}^2 = 100 \times 10^{-6}\,\mathrm{m}^2$$

となる．また，質量 20 kg より底面における反力 R は

$$R = mg = 20\,\mathrm{kg} \times 9.81\,\mathrm{m/s}^2 \simeq 196.2\,\mathrm{N}$$

となる．よって，底面の圧力 p は，断面積を m 単位系（m^2）で表現すると，

$$p = \frac{R}{A} = \frac{196.2\,\mathrm{N}}{100 \times 10^{-6}\,\mathrm{m}^2} = 1.962 \times 10^6\,\mathrm{N/m}^2 \simeq 1.96\,\mathrm{MPa}$$

となる．■

例題 1.2 では，国際単位系（SI）を使用して計算を行った．ここで，断面積を mm 単位系（mm^2）で表現すると

$$p = \frac{R}{A} = \frac{196.2\,\mathrm{N}}{100\,\mathrm{mm}^2} = 1.962\,\mathrm{N/mm}^2 \tag{1.11}$$

となり，m 単位系で算出した数値と等しいことに着目すれば，以下の関係が成り立つことがわかる．

$$\mathrm{N/mm}^2 = \mathrm{MPa} \tag{1.12}$$

機械工学では長さに mm を使用する場合が多いことは述べたが，mm 単位系で単位面積あたりの力を算出すると，Pa よりも MPa で表したほうが都合のよいことが多い．そのため，材料力学で使用される単位面積あたりの力には MPa がよく使用される．本書においても MPa が基本となるため，$\mathrm{N/mm}^2 = \mathrm{MPa}$ の関係を覚えてほしい．

1.3.2 ▶ 有効数字

有効数字とは，測定器の精度やばらつき，計算結果の誤差などを考慮して必要な精度を満たした桁数として表記された数字である．一般に機械工学の分野では有効数字を3桁として表示することが多いため，本書でも計算問題の有効数字については，基本的に4桁目を四捨五入した3桁として表記する．ただし，不等号のある計算に関しては切り上げ，切り下げとなることに注意する．また，計算途中において有効数字を3桁にしてしまうと算出結果の精度を保証できないため，計算途中は4桁以上とする．途中計算における5桁目の扱いについては，厳密にはJIS Z 8401 (2019) などの規定があるが，本書では基本的に四捨五入して表記するか，5桁目をそのまま表記する．一般に求めるべき値については，文字式を使い与えられた変数などで式を整理し，最終的な計算において値を代入することで，累積誤差を最小とすることができる．本書の計算問題でもこのように計算することを推奨する．

有効数字の表記については，123，12.3などであればそのまま3桁とするが，桁の大きな値，たとえば12345は 1.23×10^4 あるいは1.23e4とする．また1未満の値，たとえば0.1234は 1.23×10^{-1} あるいは1.23e-1と表記する．指数で表記する場合，1桁目の後に小数点をもってくるのが通常で，12.3×10^3 とはしない．

なお，本書では重力加速度 g は $9.81\,\mathrm{m/s^2}$ とし，円周率 π は計算式中では π と表記して，数値計算する際は3.142とする．

例題 1.3　計算結果として算出された値が2.345であった．四捨五入して，有効数字3桁および2桁にせよ．

[解答]　有効数字3桁とするには4桁目を四捨五入するので，

$$2.345 \simeq 2.35$$

となる．一方，有効数字2桁とするためには，3桁目を四捨五入するので

$$2.345 \simeq 2.3$$

となる．このとき，一度，四捨五入した数値である2.35を，再度，四捨五入して2.4としてはならないことに注意する．このことは，2.345が2.4よりも2.3に近いことを考えれば，判断できるだろう．■

複雑な計算を行う際には，先に計算した値を再度，代入する場合もあるが，丸め誤差が累積し，精度が落ちてしまうことがある．そのため，できるだけ文字式を整理してから数値を代入することが望ましい．

演習問題

1-1　図 1.10 に示すように，ドアを床と水平な力 $P = 100\,\mathrm{N}$ で押した．ドアを閉める方向に働く力 P_θ は何 N か答えよ．ただし，ドアと力 P のなす角は $\theta = 60^\circ$ とする．

1-2　図 1.11 に示す部材（剛体）において，点 O まわりのモーメントを求めよ．ただし，$P_1 = 100\,\mathrm{N}$, $P_2 = 150\,\mathrm{N}$, $P_3 = 60\,\mathrm{N}$ とし，x 座標はそれぞれ $x_1 = 5\,\mathrm{m}$, $x_2 = 10\,\mathrm{m}$, $x_3 = 12\,\mathrm{m}$, $\theta = 45^\circ$ とし，時計回りを正とする．

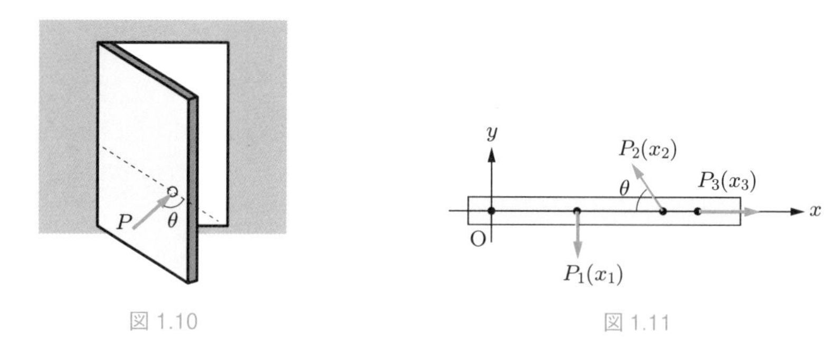

図 1.10　　　　図 1.11

1-3　図 1.12 に示す部材 OA の点 O が固定されており，$x = l$ の位置（点 C）に剛体棒が取り付けられている．剛体棒の高さ h の位置に荷重 P が作用したとき，点 O における反力と反モーメントを求めよ．

1-4　図 1.13 に示すように，x 軸と $\theta_1 = 30^\circ$，$\theta_2 = 60^\circ$ の角度をなすロープを用いて，重さ $W = 100\,\mathrm{N}$ の物体を吊るした場合，各ロープに作用する力を求めよ．

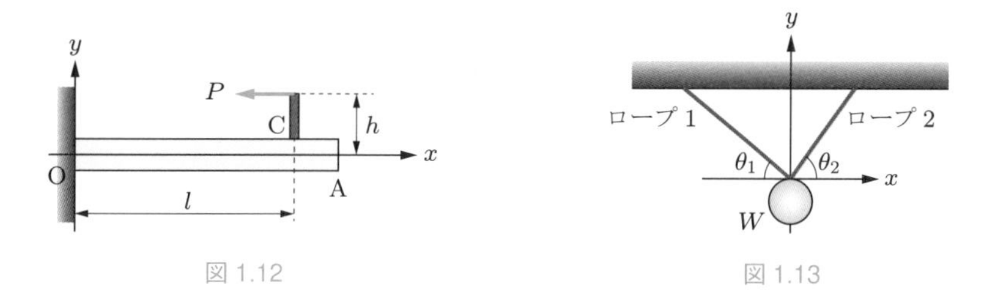

図 1.12　　　　図 1.13

2 応力とひずみ

☑ 確認しておこう！

(1) 作用反作用の法則について説明してみよう．

(2) ゴムなどの柔らかい材料の両端を引っ張ったときの変形について観察してみよう．たとえば，伸びは場所によって異なるかどうか，断面は変化するか，ゴムひもを２本つなげて引っ張った場合はどうなるかを確認してみよう．

(3) 直径 d の丸棒の断面積，および丸棒の軸方向と θ をなす方向を法線とする断面の断面積を求めてみよう．ただし，円周率は π とする．

(4) ばねのフックの法則について説明してみよう．

(5) 強度設計と剛性設計の違いを説明してみよう．

本章では，材料力学において重要な材料内部の状態を表現する応力とひずみについて学ぶ．第１章で述べた強度設計に必要な材料内部の力とは応力のことであり，それは，材料内に伝わる力を形状に依存しない一般化した数量として表現したものである．さまざまな外力や形状における材料内部の応力の求め方を理解することが，材料力学を学ぶ重要な目的の一つである．また，ひずみは，変形を形状に依存しない一般化した数量として表現するものであり，応力とひずみの間には密接な関係がある．

2.1 外力と内力

第１章で，機械設計を行う際には，その部材が「壊れないこと」と「変形しすぎないこと」が重要であると述べた．本節では，機械部品や構造物などの材料に，外力が作用したときに生じる内力について解説する．

図 2.1 (a) に示すように，定規を取り出し，指一本で上から軽く[†]押さえるようにして机に立ててもらいたい．そうすると，定規は机を下方向に押していることになり，指で押した力 P（外力）を受けると同時に机からの反力 R を受けている．このとき，定規に作用した力 P と反力 R は，定規にとっての外力であり，つり合っている．一方，

† 強く押さえると，プラスチックの定規などは急に曲がってしまうことがある．これは，第７章で学ぶ座屈現象である．ここでは曲がらない程度に押さえてほしい．

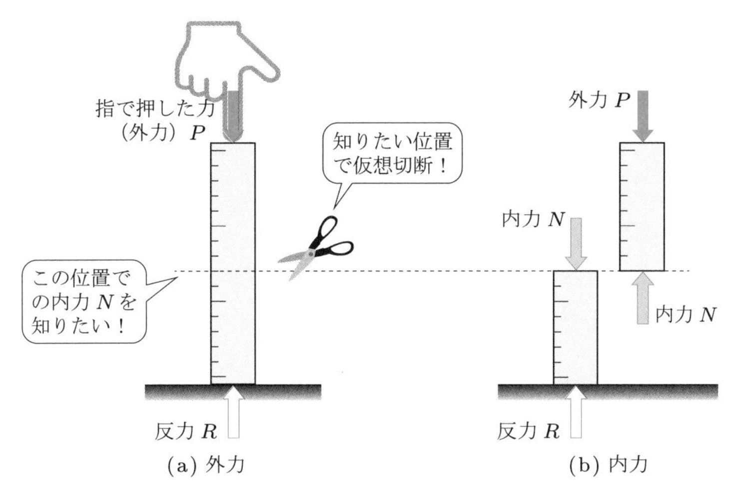

図 2.1　**定規に働く力**

定規の内部では受けた外力 P および反力 R に対抗する力が発生して，力を伝えているため，指には反発力を感じる．

つぎに，内部の状態を考えるため，任意の位置で定規を仮想的に切断してみる．このとき，図 2.1 (b) に示すように切断したそれぞれの定規に作用する外力 P あるいは R とつり合う力 N が切り口に作用しなければ，切断した定規は移動してしまう．この力 N を**内力**（internal force）という．内力は，材料（定規）が外力を受けてほんの少し変形することによって生じる力であり，材料内部を連続的に伝播している．そのため，材料内部の状態を知るためには，**状態を知りたい位置で仮想的に材料を切断し，その断面における内力 N を考える**とよい．

具体的には，材料に作用する外力 P および反力 R を明確にし，任意の位置で仮想的に切断したら，切断後の一方の材料では，切断面（仮想断面）に発生する内力 N と，外力 P がつり合っていると仮定する．また，もう一方の材料では，切断面に発生する内力 N と，反力 R がつり合っていると仮定する．仮想断面に作用する内力は正負が逆になるが大きさは同じであるから，材料に作用する外力 P，反力 R，内力 N の大きさには

$$P = R = N \tag{2.1}$$

の関係が成立していることになる．当たり前に感じるかもしれないが，材料に外力が作用すると内力が生じていることを意識してほしい．**この内力を意識することが，材料力学を学ぶ際の重要なポイント**である．

材料内部の仮想断面に生じる内力について，面に垂直に作用する成分と，水平に作

用する成分に分けて考えることで，機械部品に働く複雑な外力とのつり合い式を立てることができる．面に垂直に作用する力を**垂直力**（normal force），面に水平に作用する力を**せん断力**（shear force）という．たとえば，飛行機の翼には図 2.2 (a) に示すようなさまざまな外力が作用しており，材料内ではそれに対応する内力があらゆる場所に発生している．そして，たとえば図 2.2 (b) に示す仮想断面①での垂直力 P_1，せん断力 Q_1，Q_2，図 2.2 (c) に示す別の仮想断面②での垂直力 P_2，せん断力 Q_3，Q_4 では，大きさも方向も異なる．このように，同じ外力が作用する同じ形状の材料であっても，仮想断面の位置や方向によって，内力は大きさも方向も異なる．この断面の定義は非常に重要なので，第 9 章で詳しく解説する．

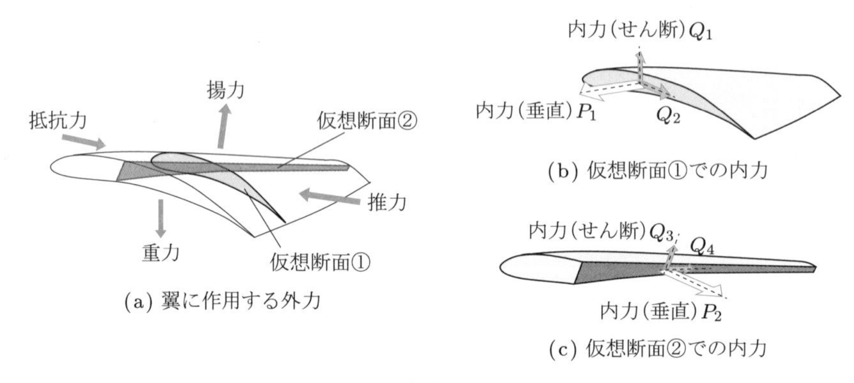

図 2.2　内力と仮想断面

さて，内力を考える際に注意が必要なのが座標系である．内力は全体座標系とは異なり，仮想断面に依存した座標系で表現される．さらに正負の考え方も特殊で，垂直力の場合，図 2.3 に示すように材料内部から外側に向かう方向を正とし，**引張力**（tension force）と定義する．一方，外側から材料内部に向かう方向を負とし，**圧縮力**（compression force）と定義する．そのため，たとえば全体座標系で右向きを正と定義するのとは異なり，内力は定義する仮想断面次第で右向きでも左向きでも正になりうる．また，大きな負の値は大きな圧縮力ととらえる．引張や圧縮については日常的

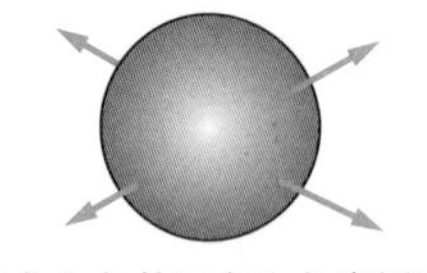

中心から外に向かう座標は
正（材料内部から外側へ）

(a) 引張力

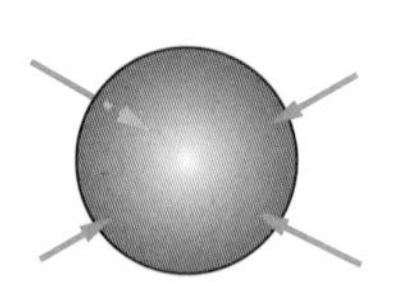

中心から外に向かう座標は
負（外側から材料内部へ）

(b) 圧縮力

図 2.3　垂直力の座標と引張力/圧縮力

な表現であるので想像がつくと思われるが，正負があること，全体座標系とは別の座標表現であることに注意してほしい．なお，細長い棒状の材料の軸方向に作用する垂直力を**軸力**（axial load）とよぶ．また，第4章で述べるせん断力も，材料内部の仮想断面に依存した座標系での正負で定義されるため，注意が必要である．

2.2 応　力

どのような材料であっても，材料に負荷されたすべての外力は，内力として伝播するため，外力の総和と内力の総和はつり合うことになる．したがって，材料の形状や材質が異なっていても，外力の総和と内力の総和は等しい．しかし，内力が伝播する断面が小さい場合と大きい場合では，同じ内力でも材料の負担は異なっている．そこで材料力学では，内力をその仮想断面の断面積で割った**応力**（stress）で評価する．応力は物理的な意味では単位断面積あたりの内力という定義になるため，圧力のように面に対する物理量と思われがちだが，正しい定義は材料内部の1点における物理量であることに注意してほしい．仮想断面に垂直に発生する応力を**垂直応力**（normal stress）とよび，σ（シグマ）で表し，水平に発生する応力を**せん断応力**（shear stress）とよび，τ（タウ）で表す．単位はPa（パスカル）である．たとえば，図2.4のように断面積が変化する材料に外力として引張荷重 P が作用しているとする．このとき，点Xを含む荷重 P に垂直な仮想断面の断面積を A とし，仮想断面で荷重 P とつり合う内力を N とすると，材料内部の点Xにおける垂直応力 σ は，

$$\sigma = \frac{N}{A} \tag{2.2}$$

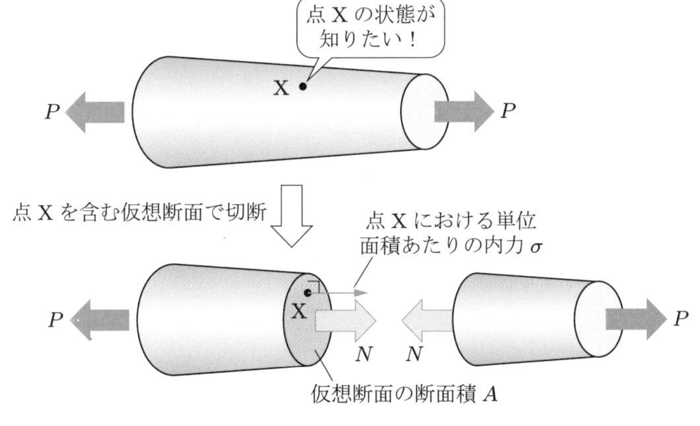

図2.4　**仮想断面上の垂直応力**

で表される．ただし，図 2.4 において内力 N を一つの矢印で表現しているが，実際には仮想断面全体に一様に作用している．

また，この仮想断面内の任意の 1 点に発生している垂直応力 σ を仮想断面内ですべて足し合わせると内力 N となるので，以下のように面積分で表現することもできる．

$$N = \int_A \sigma \, dA \tag{2.3}$$

さて，材料内部の任意の点（位置）における垂直応力 σ を求めようとする場合，**仮想断面の取り方によって，応力は変化する**ことになる．例として，図 2.5 (a) に示すように断面積 A_0 の丸棒に引張荷重 P が作用した場合の内力 N を考えよう．軸力（引張荷重）P に対して，垂直断面を仮想断面と考えた場合の内力 N は外力 P と等しいので，垂直応力 σ_0 は，

$$\sigma_0 = \frac{N}{A_0} = \frac{P}{A_0} \tag{2.4}$$

となる．しかし，仮想断面なのだから，材料をどのように「切って」も構わない．そこで，図 2.5 (b) のように仮想断面の法線 n が軸線と角度 θ をなすように斜めに切ってみると，内力 N は断面の垂直方向分力 N_n と水平方向分力 N_s に分解できる．

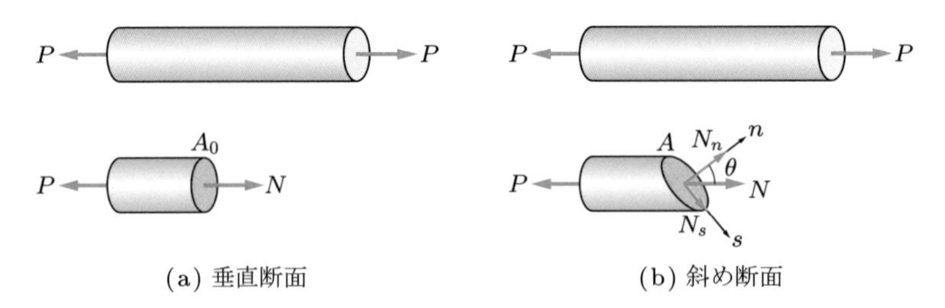

図 2.5　**仮想断面の取り方と内力**

このとき，

$$N_n = N\cos\theta \tag{2.5}$$

$$N_s = N\sin\theta \tag{2.6}$$

となり，斜め断面の面積 A は

$$A = \frac{A_0}{\cos\theta} \tag{2.7}$$

となる．したがって，垂直応力 σ とせん断応力 τ は，それぞれ以下の式で表される．

$$\sigma = \frac{N_n}{A} = \frac{N\cos\theta}{A_0/\cos\theta} = \frac{N}{A_0}\cos^2\theta = \sigma_0\cos^2\theta \tag{2.8}$$

$$\tau = \frac{N_s}{A} = \frac{N\sin\theta}{A_0/\cos\theta} = \frac{N}{A_0}\sin\theta\cos\theta = \sigma_0\sin\theta\cos\theta \tag{2.9}$$

また，断面の法線と軸線のなす角度 θ によって垂直応力 σ あるいはせん断応力 τ がどのように変化するかをグラフにすると，図 2.6 となる．応力は θ の関数であり，垂直応力の最大値は軸の垂直断面（$\theta = 0°$）で生じる．したがって，とくに断りのない限り，1 次元問題[†]では応力の算出には垂直断面を使用するものとし，添え字なしの A で表す．仮想断面に対する応力の計算については，第 9 章で詳しく解説する．

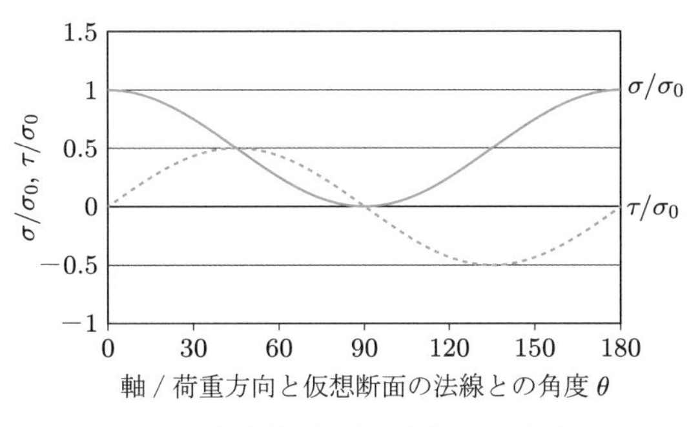

図 2.6　仮想断面の取り方と応力の変化

強度設計では，材料に生じる応力を求め，材料が壊れないかどうかを判断するが，そのためには，どのような仮想断面に対してどの方向の応力が働いているのかをつねに意識しなければならない．また，図 2.7 に示すように，応力には垂直応力 σ とせん断応力 τ の 2 種類しかなく，今後学ぶ種々の応力はこのどちらかに含まれる．

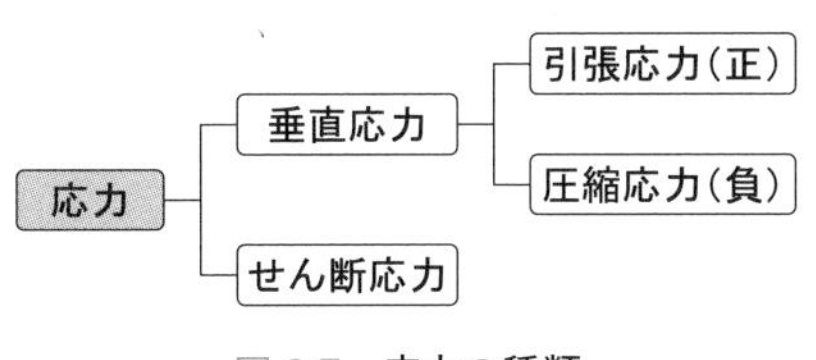

図 2.7　応力の種類

† 1 次元問題とは，引張荷重に対する垂直応力と伸びのように，1 方向のみの現象と考えて差し支えない問題をいう．薄板や円筒などは，2 方向から引張荷重を受けることが多く，第 9 章以降で 2 次元問題として取り扱う．本来，機械部品や構造物は 3 次元問題として解析しなくてはならないが，材料力学では 1 次元や 2 次元の問題に近似して解析を行う．

例題 2.1　直径 $d = 10\,\mathrm{mm}$ の丸棒を $P = 1\,\mathrm{kN}$ で引っ張ったとき，軸線と断面の法線 n のなす角 $\theta = 30^\circ$ および 45° の断面に発生する垂直応力 σ_{30°，σ_{45° をそれぞれ計算せよ．

［解答］　切断面の法線 n が軸線となす角 θ を図示すると，図 2.8 のようになる．

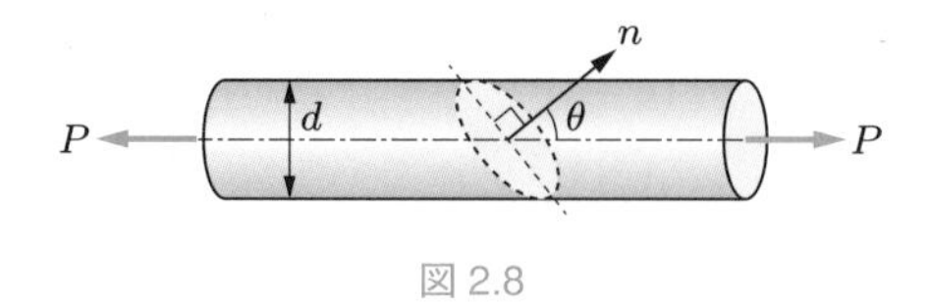

図 2.8

左右方向の力のつり合い式を立てると，内力 N は

$$N = P = 1\,\mathrm{kN}$$

となる．内力 N の単位を N，断面積 A の単位を mm^2 として式 (2.8) に $\theta = 30^\circ$ を代入すると，

$$\sigma_{30^\circ} = \frac{N}{A_0}\cos^2\theta\bigg|_{\theta=30^\circ} = \frac{1000}{\pi \times 10^2/4}\cos^2 30^\circ \simeq 9.55\,\mathrm{MPa}$$

となる．同様に，式 (2.8) に $\theta = 45^\circ$ を代入すると，

$$\sigma_{45^\circ} = \frac{N}{A_0}\cos^2\theta\bigg|_{\theta=45^\circ} = \frac{1000}{\pi \times 10^2/4}\cos^2 45^\circ \simeq 6.37\,\mathrm{MPa}$$

となる．■

2.3 変形とひずみ

材料に外力が負荷されると，その材料は変形する．たとえば，「ゴムひもを引っ張ると，長くなると同時に幅が縮む」という現象は日常的に経験するだろう．このように，引張方向に対して材料が伸び，引張荷重と垂直方向に縮む現象を**ポアソン効果** (Poisson effect) という．

図 2.9 に示すように，長さ l，断面の直径 d の丸棒材料が外力を受け，長さが l' に伸びたとき，変形量を λ（ラムダ）で表すと，

$$\lambda = l' - l \tag{2.10}$$

となる．しかし，この変形量は材料の元の長さに依存しているため，このままでは材

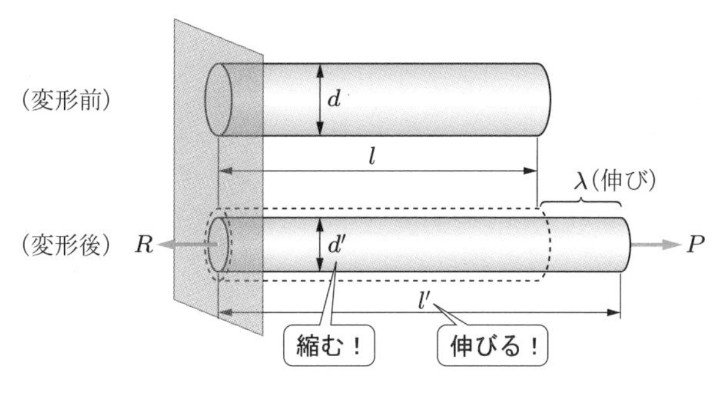

図 2.9　引張荷重による変形

料の伸びやすさを知るのには使いづらい．そこで，元の長さ l で割って無次元化した量を考える．この量を**ひずみ**（strain）とよび，ε（イプシロン）で表すと，

$$\varepsilon = \frac{\lambda}{l} = \frac{l' - l}{l} \tag{2.11}$$

となる．同様に，元の断面幅（直径）を d，変形後の断面幅を d'，幅方向変形量を λ' として，幅方向のひずみ ε' も次式で算出できる．

$$\varepsilon' = \frac{\lambda'}{d} = \frac{d' - d}{d} \tag{2.12}$$

このとき，荷重方向のひずみ ε を**縦ひずみ**，または**垂直ひずみ**といい，単にひずみとも表現する．また，荷重と垂直方向のひずみである ε' を横ひずみという．**等方性材料**† では，軸力を受ける棒材の断面の幅方向の横ひずみ ε' と厚さ方向の横ひずみ ε' は等しい．また，一般に横ひずみ ε' は縦ひずみ ε と逆の符号をもつ．さらに，次式のように，縦ひずみ ε に対する横ひずみ ε' の比にマイナスを付けた値を**ポアソン比**（Poisson's ratio）とよび，ν（ニュー）で表す．

$$\nu = -\frac{\varepsilon'}{\varepsilon} \tag{2.13}$$

ポアソン比 ν は材料固有の値を示す物性値であるが，一般的な構造材料で 0.3 程度，ゴムで 0.5 に近い値となる．ポアソン比 ν もひずみ同様に無次元量であり，単位はない．

圧縮荷重を負荷した場合に，縦ひずみ ε はどうなるだろうか．一般に圧縮変形後の長さは元の長さよりも短くなるため，$l' - l < 0$，すなわち $\varepsilon < 0$ となる．圧縮による

† 等方性材料とは，材料の変形しやすさや密度などの性質が方向によらず，一定の材料をいう．一方，木材のように，方向により性質の異なる材料を異方性材料とよぶ．

横ひずみ ε' は縦ひずみ ε と逆符号であるから正となるため，圧縮変形後の断面積は元の断面積よりも大きくなることがわかる．

> **例題 2.2** 直径 $d = 10\,\mathrm{mm}$，長さ $l = 80\,\mathrm{mm}$ の丸棒に引張荷重 $P = 2\,\mathrm{kN}$ が負荷されたとき，伸び $\lambda = 0.3\,\mathrm{mm}$ であった．この材料のポアソン比 $\nu = 0.3$ のとき，縦ひずみ ε と横ひずみ ε' を求めよ．

［解答］ 形状寸法や外力を図示すると，図 2.10 のようになる．

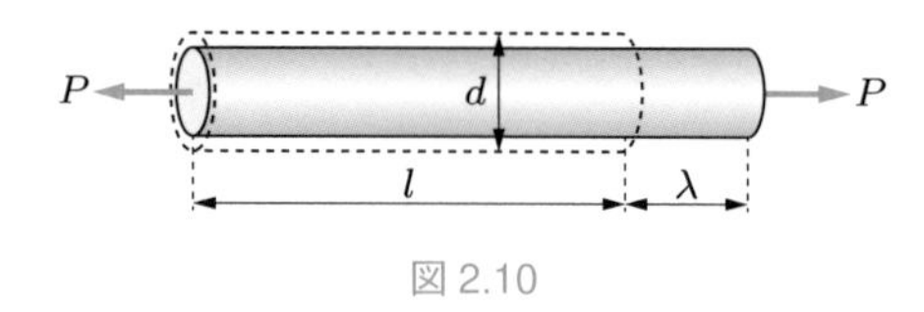

図 2.10

縦ひずみ ε は，式 (2.11) より

$$\varepsilon = \frac{\lambda}{l} = \frac{0.3}{80} = 3.75 \times 10^{-3}$$

となる．横ひずみ ε' は，式 (2.13) より

$$\varepsilon' = -\nu\varepsilon = -0.3 \times 3.75 \times 10^{-3} \simeq -1.13 \times 10^{-3}$$

となる． ■

2.4 縦弾性係数

図 2.11 に示すように，ばねにおもりを吊り下げたとき，ばねはおもりの重さに比例して伸びる．この比例関係は，荷重 P，ばねの伸び λ，ばね定数 k とすれば，

$$P = k\lambda \tag{2.14}$$

と表される．このようなばねの例と同様に，微小変形領域においては，ほとんどの材料で，荷重（内力）と変形量に比例関係がある．この比例定数は，材料の伸びやすさ（伸びにくさ）を示すため，材料に固有の特性と考えられる．

ここでは，同じ材質の丸棒で断面積が 2 倍，長さが 2 倍になった場合に，荷重と変形量の関係はどうなるかについて図 2.12 に示す．図からわかるように，同じ荷重 P であっても断面積が 2 倍であれば，全体の伸び λ は小さくなり，長さが 2 倍になれば全体の伸び λ は大きくなる．これでは同一の材料であっても比例定数が異なってしまう．そこで，断面積に依存しない荷重（内力）である垂直応力 σ と，元の長さに依存

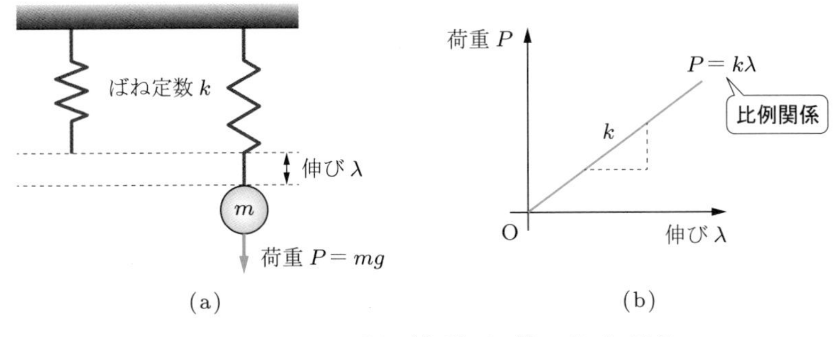

図 2.11　**おもりの重さ（荷重）とばねの伸びの関係**

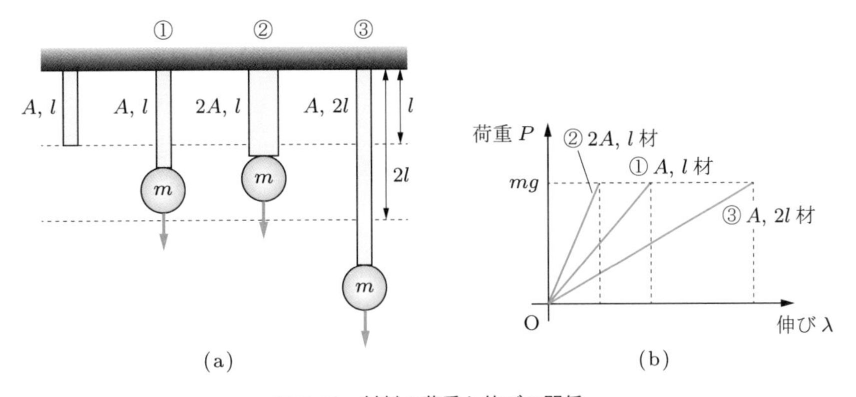

図 2.12　**材料の荷重と伸びの関係**

しない変形量であるひずみ ε で表現すると都合がよい．荷重 P と変形量 λ に比例関係があるのであれば，定数 A および定数 l でそれぞれを割った垂直応力 $\sigma = P/A$ およびひずみ $\varepsilon = \lambda/l$ にも比例関係は成立し，ばね定数 k に相当する比例定数を求めると，

$$k = \frac{P}{\lambda} \quad \leftrightarrow \quad E = \frac{\sigma}{\varepsilon} = \frac{P/A}{\lambda/l} \tag{2.15}$$

となる．この垂直応力 σ とひずみ ε の関係における比例定数 E を**縦弾性係数**（longitudinal modulus of elasticity）または**ヤング率**（Young's modulus）とよぶ．先にポアソン比 ν は材料固有の物性値であると述べたが，縦弾性係数 E も材料の変形しにくさを示す重要な物性値である．ここで，式 (2.15) を変形すると

$$\sigma = E\varepsilon \tag{2.16}$$

となり，この式を**フックの法則**（Hooke's law）とよぶ．

縦弾性係数の単位は，応力と同じ Pa（パスカル）であるが，通常 GPa が使用され

る[†]．式 (2.16) に式 (2.2) および式 (2.11) を代入すると，

$$\sigma = E\varepsilon \quad \Rightarrow \quad \frac{N}{A} = E\frac{\lambda}{l}$$

となり，

$$\lambda = \frac{Nl}{EA} = \frac{Pl}{EA} \tag{2.17}$$

となる．このようにして，断面積 A，長さ l，縦弾性係数 E の材料に引張（圧縮）荷重 P（内力 N）が作用したときの伸び λ を算出できる．式 (2.17) の分母の EA は材料の伸びにくさを表す量であり，**伸び剛性**（extension rigidity，elongation rigidity）とよばれる．材料の断面積 A を大きくしたり（設計変更），縦弾性係数 E の大きな材料を使用したり（材料変更）することで，伸び λ が小さくなるため，伸び剛性 EA は設計において重要な指針となる．また，代表的な材料の値として，鉄鋼の縦弾性係数である 206 GPa，アルミ合金の縦弾性係数である 70 GPa は覚えておくとよい．

ここまで学んだように，単純な引張や圧縮が作用する材料に対して，設計値としての形状と材質を決定すれば，強度設計に必要な垂直応力，そして剛性設計に必要な変形量を計算することができる．表 2.1 にこれらの関係をまとめる．

表 2.1　**単純な引張や圧縮における各量の関係**

名称	内力	断面積	長さ	縦弾性係数	伸び剛性	応力	変形量	ひずみ	比例関係
文字	N	A	l	E	EA	σ	λ	ε	—
関係式	—	—	—	—	—	$\frac{N}{A}$	$\frac{Nl}{EA}$	$\frac{\lambda}{l}$	$\sigma = E\varepsilon$

例題 2.3　直径 $d = 10$ mm，長さ $l = 80$ mm の丸棒に引張荷重 $P = 2$ kN が負荷されたとき，伸び $\lambda = 0.3$ mm であった．この材料の縦弾性係数 E [GPa] を求めよ．

[解答]　形状寸法や外力を図示すると，図 2.13 のようになる．

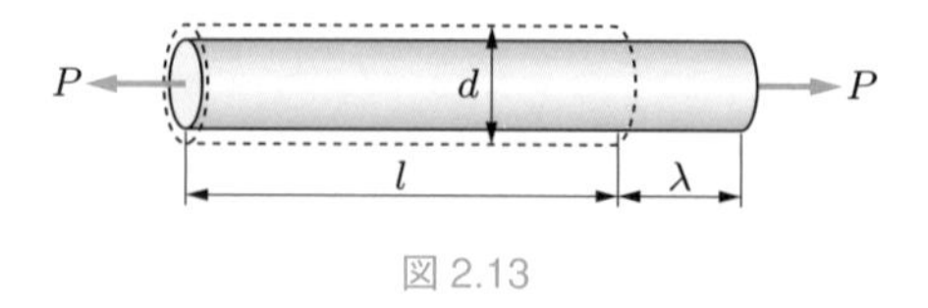

図 2.13

† 一般的な機械材料のひずみは 10^{-3} のような小さい値を示すため，縦弾性係数の単位には，応力の MPa に対して 10^3 倍である GPa を使用すると都合がよい．

左右方向の力のつり合い式を立てると，内力 N は

$$N = P = 2\,\mathrm{kN}$$

となる．垂直応力 σ は式 (2.2) より

$$\sigma = \frac{N}{A} = \frac{P}{\pi d^2/4} = \frac{4P}{\pi d^2} = \frac{4 \times 2000}{\pi \times 10^2} \simeq 25.46 \simeq 25.5\,\mathrm{MPa}$$

となる．縦ひずみ ε は式 (2.11) より

$$\varepsilon = \frac{\lambda}{l} = \frac{0.3}{80} = 3.75 \times 10^{-3}$$

となり，縦弾性係数 E は単位を GPa として表すと

$$E = \frac{\sigma}{\varepsilon} = \frac{25.47}{3.75 \times 10^{-3}} \simeq 6.792 \times 10^3\,\mathrm{MPa} \simeq 6.79\,\mathrm{GPa}$$

と求められる．■

例題 2.4　直径 $d = 10\,\mathrm{mm}$，長さ $l = 1\,\mathrm{m}$，縦弾性係数 $E = 70\,\mathrm{GPa}$ の丸棒に引張荷重 $P = 20\,\mathrm{kN}$ が作用した場合の伸び λ は何 mm になるか答えよ．また，ポアソン比 $\nu = 0.3$ の場合，負荷時の直径 d' は何 mm になるか答えよ．

［解答］　形状寸法や外力を図示すると，図 2.14 のようになる．

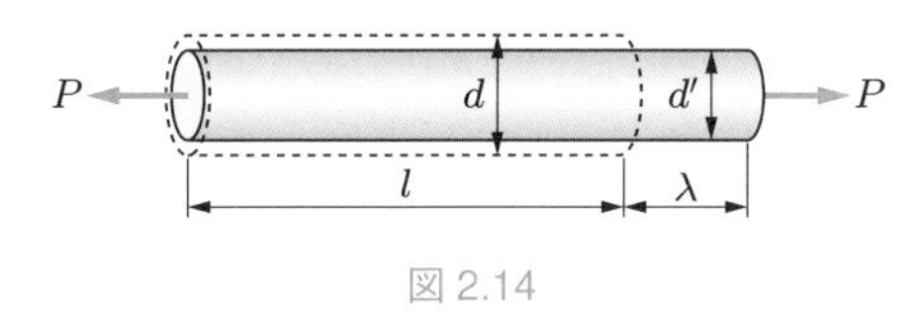

図 2.14

左右方向のつり合い式を立てると，内力 N は

$$N = P = 20\,\mathrm{kN}$$

となる．伸び λ は，式 (2.17) より

$$\lambda = \frac{Nl}{AE} = \frac{Pl}{(\pi d^2/4)E} = \frac{4Pl}{\pi d^2 E}$$
$$= \frac{4 \times (20 \times 1000) \times 1000}{\pi \times 10^2 \times (70 \times 1000)} \simeq 3.637 \simeq 3.64\,\mathrm{mm}$$

となる．負荷時の直径 d は，式 (2.12)，(2.13) より

$$d' = d(1+\varepsilon') = d\left(1-\nu\frac{\lambda}{l}\right) = 10 \times \left(1 - 0.3 \times \frac{3.639}{1000}\right) \simeq 9.99\,\mathrm{mm}$$

と求められる．■

2.5 引張試験

強度設計を行う際に，材料が安全に使用できるかどうか知るには，材料の縦弾性係数，破壊するときの垂直応力やひずみの値が必要であり，これらの値は材料試験[†1]によって実際に計測して求められる．

一般に，金属材料の試験では，丸棒に加工された試験片の両端を試験機につかませ，一端を固定，他端を移動させることで引張荷重を与える．荷重は試験機の荷重計で計測し，伸びは伸び計やひずみゲージ[†2]などで計測する．垂直応力は計測された荷重を初期断面積 A で割った**公称応力**（nominal stress），ひずみは伸びを標点間距離 l で割った公称ひずみとして算出する．公称応力および公称ひずみは，前節までに学んだ垂直応力およびひずみの定義と同じだが，「公称」が付くのは，試験中にポアソン効果によって断面積が変化することを考慮した**真応力**（true stress），伸びの変化を考慮した**真ひずみ**（true strain）と区別するためである．材料力学では，微小ひずみを仮定しているので，ポアソン効果による断面積の変化はないと仮定して，応力，ひずみと表記した場合には，公称応力，公称ひずみを示す．

試験中の公称応力と公称ひずみの変化をグラフ化したものを応力－ひずみ線図といい，軟鋼の場合を図 2.15 に示す．断面積 A の材料に引張荷重 P を負荷すると，はじめは応力 σ の増加とともにひずみ ε が線形に増加する．この線形限界の応力 σ_P を比例限度，材料が弾性を示す限界の応力 σ_E を弾性限度という．このように，材料が弾性を示す領域を弾性域といい，弾性域初期の比例定数（傾き）により縦弾性係数 E が求められる．弾性域を過ぎると，材料は荷重を取り除いてもひずみが残る塑性域に入る．塑性域で除荷[†3]した場合，縦弾性係数 E の関係でひずみも減少し，応力がゼロでもひずみ ε_P が存在した状態となる．この ε_P を**永久ひずみ**（permanent strain）または残留ひずみという．軟鋼の場合，塑性域に入ってすぐに，応力があまり変化せずひずみが増加する**降伏点**（yield point）に到達する．上限側の応力 σ_Yu を上降伏点（upper

---

†1　材料試験では，万能試験機により引張や圧縮の外力を与えることで，各種材料の変形量と荷重を同時に計測する．曲げやねじりなどから外力と変形量を計測できる試験装置もあるが，ここでは引張試験について詳細を述べる．

†2　物体表面に抵抗線を貼り付けて物体の伸縮に伴う電気抵抗の変化をひずみに換算するもの．9.9 節を参照．

†3　荷重を取り除くこと．

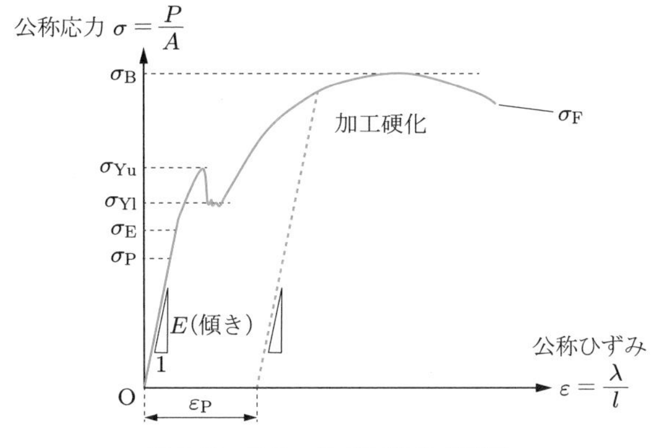

図 2.15 **応力－ひずみ線図（軟鋼）**

yield point），下限側の応力 σ_{Yl} を下降伏点（lower yield point）という．通常，上降伏点 σ_{Yu} を σ_Y で表し，**降伏応力**（yield strength）とよぶ．さらに試験を継続すると，再び応力が増加して（これを加工硬化という）最大点に達し，その後，応力が低下して破断する．この最大点における応力を**引張強さ**（tensile strength）または引張強度といい，σ_B で表す．引張強さ σ_B および降伏応力 σ_Y も，縦弾性係数 E と同様に材料固有の物性値である．また，破断点における応力 σ_F は**破断強さ**（failure strength）という．

軟鋼材以外の金属材料，たとえばアルミニウム合金などは図 2.16 のような応力－ひずみ線図を示し，明確な降伏点が存在しない．そのため，降伏応力の代わりに 0.2% の永久ひずみが発生する応力を**耐力**（proof stress）とよび，$\sigma_{0.2}$ で表す．降伏応力や耐力は，この応力以上に負荷されると変形が急激に大きくなることを意味するため，設計では強度と同様に材料の限界値として重要である．

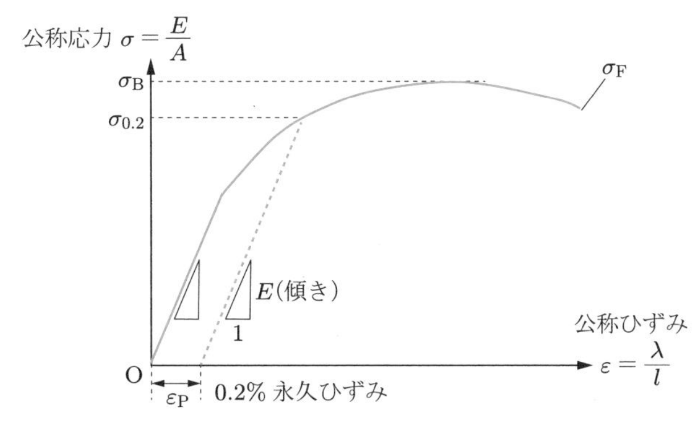

図 2.16 **応力－ひずみ線図（アルミニウム合金）**

2.6 強度設計と剛性設計

機械部品の設計では，材料力学の知識を使って，種々の形状，材質の材料に色々な負荷が作用した場合の応力と変形（ひずみ）を算出して製作を行う．その際，機械や機器構造物がその機能を損なうような変形や破壊を防ぐためには，材料力学の知識が必要となる．

機械を構成する部材に作用する応力を**設計応力**（design stress）とよび，σ_{d} で表す．設計応力 σ_{d} は，材料が安全に使用できる限界の応力以下でなければならない．この限界の応力を**許容応力**（allowable stress）とよび，σ_{a} で表す．この関係を次式に示す．

$$\sigma_{\mathrm{d}} \leq \sigma_{\mathrm{a}} \quad \Rightarrow \quad \sigma_{\mathrm{d}} \leq \frac{\sigma_{\mathrm{B}}}{S} \text{ または } \sigma_{\mathrm{d}} \leq \frac{\sigma_{\mathrm{Y}}}{S} \tag{2.18}$$

ここで，許容応力 σ_{a} は部材に不都合な変形や破壊を生じさせる応力であり，その限界値として材料固有の強さを表す引張強さ σ_{B} や降伏応力 σ_{Y} が用いられている．また，これらの引張強さ σ_{B} や降伏応力 σ_{Y} は，2.5 節で紹介した引張試験により得られる．式 (2.18) の S は，材料の強さのばらつきに対する**安全率**（safety factor）である．この安全率 S には，設計応力 σ_{d} を見積もる際の推定誤差や近似誤差，さらに衝撃負荷や繰り返し負荷（疲労），経年劣化などの使用環境変化の不確かさに対する余裕も含められている．安全率 S は，材料や荷重レベルに応じて 1.5〜20 の範囲の値が選択される．たとえば $S=5$ とすると，その材料の引張強さの 1/5 以下が安全に使用できる範囲であることを示している．

以上の設計応力 σ_{d}，許容応力 σ_{a} および安全率 S に基づき機械の**強度設計**を行う場合，部材の強さを知る必要がある．

部材の強さ（許容荷重 P_{a}）は，使用されている材料の強さ（許容応力 σ_{a}）と部材の寸法（断面積 A）から，つぎのように決定される．

$$P_{\mathrm{a}} = \sigma_{\mathrm{a}} A \tag{2.19}$$

つまり，部材の強さを増大させたい場合は，引張強さ σ_{B} や降伏応力 σ_{Y} が高い材料を使用して許容応力 σ_{a} を増加させたり，部材の断面積 A を増やしたりすればよいことになる．これらは，エンジニアが設計する機械部材（材料）に設けられた制約条件を考慮して判断することになる．

一方で，部材に作用する応力（設計荷重 P_{d}）と変形量 λ の比を**剛性**といい，これを次式に示す．

$$\frac{P_\mathrm{d}}{\lambda} = \frac{EA}{l} \tag{2.20}$$

式 (2.20) の右辺の EA は，式 (2.17) で述べた伸び剛性（部材の変形しにくさ）を表すものである．つまり，部材の剛性を高めるためには，部材の断面積 A を大きくしたり，高い縦弾性係数 E を有する材料を使用したりすればよい．これらもエンジニアの判断にゆだねられており，**剛性設計**では重要な問題となる．

例題 2.5　図 2.17 に示すように，降伏点 $\sigma_\mathrm{Y} = 240\,\mathrm{MPa}$ の材料で製作されたアイボルト 1 本を用いて，質量 $m = 80\,\mathrm{kg}$ の物体を安全に吊り下げるように設計したい．安全率 $S = 8$ とした場合，このアイボルトの直径 d は何 mm 以上にしなければならないか．有効数字 3 桁で答えよ．

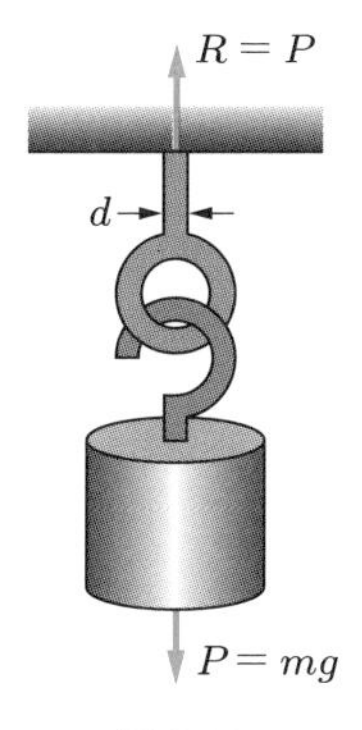

図 2.17

［解答］　ボルトに発生する引張応力，つまり設計応力 σ_d は

$$\sigma_\mathrm{d} = \frac{P}{A} = \frac{N}{A} = \frac{4mg}{\pi d^2}$$

となる．一方，許容応力 σ_a は

$$\sigma_\mathrm{a} = \frac{\sigma_\mathrm{Y}}{S} = \frac{240}{8} = 30\,\mathrm{MPa}$$

となる．よって，式 (2.18) より

$$\sigma_\mathrm{d} \leq \sigma_\mathrm{a} \quad \Leftrightarrow \quad \frac{4mg}{\pi d^2} \leq 30$$

であり，

$$d \geq \sqrt{\frac{4 \times 80 \times 9.81}{30 \times \pi}} \simeq 5.771\,\mathrm{mm}$$

となる．以上より，安全に物体を吊り下げることができるボルトの最小直径 d は 5.771 mm 以上でなければならないため，切り上げて d は 5.78 mm 以上となる．

確認のため，直径 $d = 1.45$ mm の場合にボルトに発生する引張応力を計算すると，

$$\sigma = \frac{4mg}{\pi d^2} = \frac{4 \times 80 \times 9.81}{\pi \times 5.78^2} \simeq 29.91\,\mathrm{MPa}$$

となり，設計要求を満たしていることがわかる．もし，四捨五入して $d = 5.77$ mm とすると，

$$\sigma = \frac{4mg}{\pi d^2} = \frac{4 \times 80 \times 9.81}{\pi \times 5.77^2} \simeq 30.01\,\mathrm{MPa}$$

となり，許容応力 σ_a より大きな応力が発生してしまう[†]． ■

演習問題

2-1　直径 $d = 25$ mm，長さ $l = 1$ m の丸棒 OA の左端 O が固定され，右端 A に $P_1 = 5$ kN の引張荷重が加えられている．固定端 O から 0.5 m の位置 C でさらに引張荷重 $P_2 = 3$ kN を加えたとき，OC 部，CA 部の内力および引張応力をそれぞれ求めよ．

2-2　直径 $d = 20$ mm，長さ $l = 1$ m，縦弾性係数 $E = 3$ GPa の丸棒に引張の軸力 $P = 10$ kN を負荷したときの引張応力と伸びを求めよ．

2-3　直径 $d = 30$ mm，長さ $l = 2$ m，縦弾性係数 $E = 70$ GPa の丸棒について，許容応力 $\sigma_\mathrm{a} = 60$ MPa，許容変形量 $\lambda = 0.3$ mm である場合，許容引張荷重は何 kN か答えよ．

2-4　一辺が $a = 20$ mm の正方形断面をした，長さ $l = 500$ mm，ポアソン比 $\nu = 0.33$ の角棒に引張荷重 $P = 30$ kN を負荷した．このとき，角棒に発生する（最大）引張応力を求めよ．また，負荷時の伸び $\lambda = 12$ mm のとき，縦ひずみ，横ひずみを求めよ．さらに，負荷時の一辺の長さは何 mm になるか答えよ．

---

† 実際の設計では規格品のボルトを使用することが一般的であり，その中で安全な寸法を選択する．

3 引張の応用問題

☑ 確認しておこう！

(1) 縦弾性係数 E，長さ l，断面積 A の部材に引張荷重 P が作用するときの伸び λ とひずみ ε を求めてみよう．
(2) 1K（ケルビン）の温度変化は，摂氏では何℃の温度変化となるだろうか．
(3) トラス構造の特徴について調べてみよう．また，身の回りにあるトラス構造にはどのような例があるだろうか．
(4) 切手やトイレットペーパーのミシン目の役割は何だろうか．また，同様の役割をもつ製品にはどんなものがあるだろうか．

第2章では，材料に生じる応力，ひずみの定義，フックの法則を学び，縦弾性係数やポアソン比などの物性値について学んだ．そして，材料の物性値と形状寸法がわかっていれば，与えられた荷重に対する応力，ひずみ，変形量が求められることも学んだ．本章では，実際に起こりうるさまざまな状況や複雑な形状の材料について，引張・圧縮の垂直応力と変形量の算出方法を学ぶ．具体的には，反力が未知となる不静定問題，熱による伸び，軸力のみを伝えるトラス構造の応力と変形量の求め方などを学ぶ．

3.1 不静定問題

第2章では，材料の形状寸法，縦弾性係数，負荷される荷重から，応力や変形，ひずみが計算できることを説明した．このように，力のつり合いと力のモーメントのつり合いから外力に対する反力が求められる状態を**静定**（statically determinate）という．一方，外力から反力が求められない状態を**不静定**（statically indeterminate）という．不静定の例として，図3.1に示すように両端が剛体壁に挟まれ変形が拘束された長さ l の棒ABに，荷重 P が作用する場合などが挙げられる．図3.1では，壁から反力 R_{A}，R_{B} が発生するため，未知数は二つである．しかし，力のモーメントは発生しないため，力のつり合い式が一つ立てられるだけであり，式の数よりも未知数が多くなるので，反力 R_{A}，R_{B} を求めることができない．このように，立てられるつり合い式の数よりも未知数が多い問題を**不静定問題**という．

このような不静定問題であっても，静定問題と同様に，内力を未知数として（文字

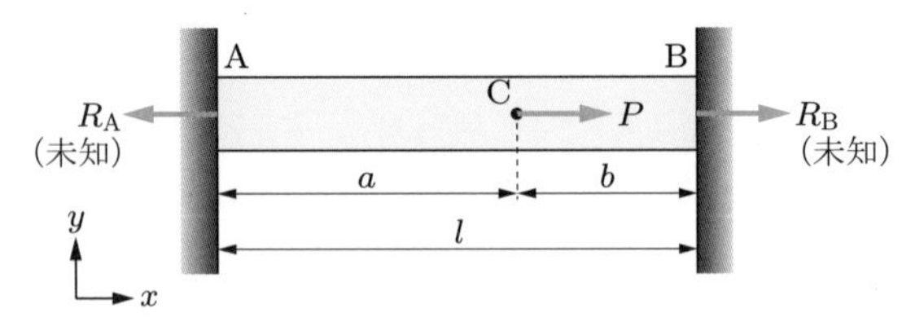

図 3.1　**剛体壁に挟まれた棒**

のまま）力のつり合い式を立て，変形量に関する条件式を用いて内力を求めて解いていけばよい．

たとえば図 3.1 の場合，まず反力が R_A，R_B であるとして，力のつり合い式を立てる．図において反力の方向が外向きに描かれているが，反力の方向が自明でない場合，つねに正方向の力（引張）が作用していると仮定する．最終的に値がマイナスになった場合には，反力が圧縮であったと判断できる．力のつり合い式は x 方向を正にすると，

$$P + R_B - R_A = 0 \tag{3.1}$$

となる．

つぎに，内力を求めるために，図 3.2 に示すように点 C で仮想的に切断した状態を考える．仮想的に切断して得られた部材 AC および部材 CB には，それぞれ R_A，R_B とつり合う内力 N_{AC}，N_{CB} が生じる．したがって，力のつり合い式

$$N_{AC} - R_A = 0, \quad R_B - N_{CB} = 0$$

より，内力 N_{AC}，N_{CB} は

$$N_{AC} = R_A, \quad N_{CB} = R_B \tag{3.2}$$

となる．この棒の断面積を A，縦弾性係数を E とすると，部材 AC および部材 CB の伸び λ_{AC}，λ_{CB} は式 (2.17) より

$$\lambda_{AC} = \frac{R_A a}{EA} \tag{3.3}$$

$$\lambda_{CB} = \frac{R_B b}{EA} \tag{3.4}$$

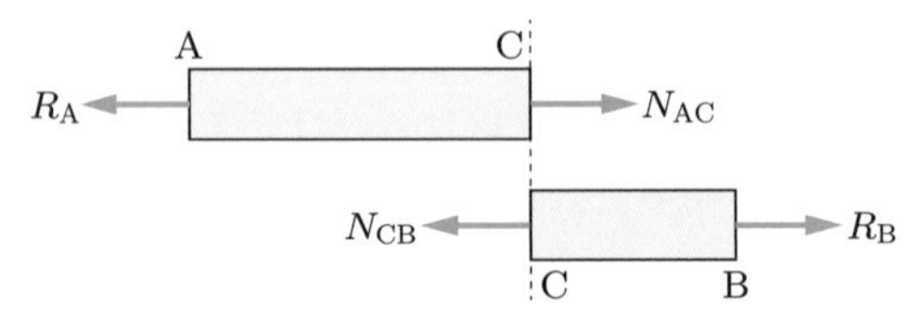

図 3.2　**剛体壁に挟まれた棒の内力**

となり，未知数である反力 R_{A}，R_{B} を含んだ値として算出できる．

しかし，実際には剛体壁に挟まれているため，棒 AB 全体の変形量はゼロでなければならない．つまり，変形量に関する条件は次式となる．

$$\lambda_{\mathrm{AC}} + \lambda_{\mathrm{CB}} = 0 \tag{3.5}$$

式 (3.5) に式 (3.3) および式 (3.4) を代入すると，

$$\frac{R_{\mathrm{A}}a}{EA} + \frac{R_{\mathrm{B}}b}{EA} = 0$$

となり，これを整理すると，

$$R_{\mathrm{A}}a + R_{\mathrm{B}}b = 0 \tag{3.6}$$

となる．式 (3.6) と式 (3.1) はともに未知数 R_{A}，R_{B} の方程式なので，両式から以下のように反力 R_{A} が求めることができる．つまり，式 (3.1) より

$$R_{\mathrm{A}} = P + R_{\mathrm{B}} \tag{3.7}$$

であるから，これを式 (3.6) に代入すると，

$$(P + R_{\mathrm{B}})a + R_{\mathrm{B}}b = 0 \quad \Rightarrow \quad R_{\mathrm{B}}(a + b) = -Pa$$

となり，反力 R_{B} は

$$R_{\mathrm{B}} = -\frac{Pa}{a + b} = -\frac{Pa}{l} \tag{3.8}$$

と求められる．したがって，反力 R_{A} は式 (3.7) より

$$R_{\mathrm{A}} = \frac{Pl - Pa}{l} = \frac{Pb}{l} \tag{3.9}$$

となる．また，式 (3.8) および式 (3.9) をそれぞれ式 (3.3)，式 (3.4) に代入すれば，部材 AC および CB のそれぞれの変形量 λ_{AC}，λ_{CB} は

$$\lambda_{\mathrm{AC}} = \frac{R_{\mathrm{A}}a}{EA} = \frac{Pab}{EAl}, \quad \lambda_{\mathrm{CB}} = \frac{R_{\mathrm{B}}b}{EA} = -\frac{Pab}{EAl} \tag{3.10}$$

となる．変形量の正負より，部材 AC には引張による伸び，部材 CB には圧縮による縮みが発生していることがわかる．また，部材 AC および CB に生じる応力 σ_{AC}，σ_{CB} については，以下のようになる．

$$\sigma_{AC} = \frac{N_{AC}}{A} = \frac{R_A}{A} = \frac{Pb}{Al}, \quad \sigma_{CB} = \frac{N_{CB}}{A} = \frac{R_B}{A} = -\frac{Pa}{Al} \tag{3.11}$$

このように，不静定問題の場合には，変形量についての条件式を考慮することで反力が求められ，最終的に変形量と応力を求めることができる．

例題 3.1　縦弾性係数 $E_A = 206\,\mathrm{GPa}$，断面積 $A_A = 50\,\mathrm{mm}^2$ の材料 A と，縦弾性係数 $E_B = 70\,\mathrm{GPa}$，断面積 $A_B = 100\,\mathrm{mm}^2$ の材料 B が，図 3.3 のように，$l = 2\,\mathrm{m}$ 離れた剛体に接合され，$P = 20\,\mathrm{kN}$ で引っ張られている．このときの伸び λ を求めよ．

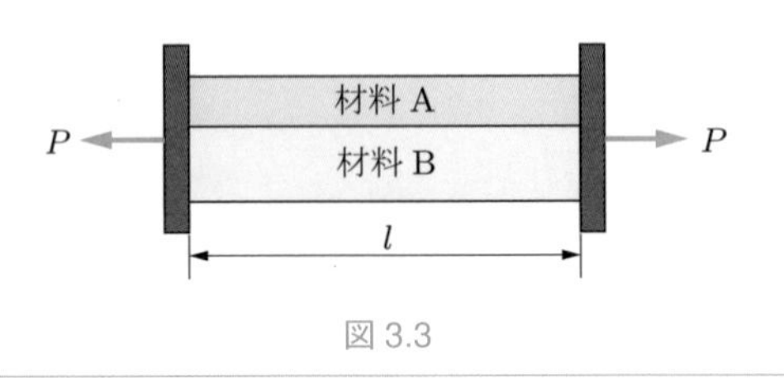

図 3.3

[解答]　図 3.4 のように作用する外力 P と材料 A，B の内力 N_A，N_B について，力のつり合い式を立てると，

$$N_A + N_B - P = 0$$

となる．未知数が内力 N_A，N_B の二つに対して，つり合い式はこの式一つだけとなるため，不静定問題となる．

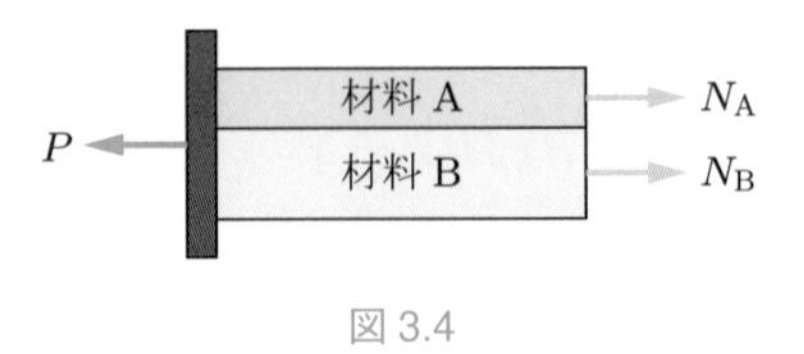

図 3.4

したがって，力のつり合い式と，変形量に関する条件式から内力 N_A，N_B を求める．材料 A，B のそれぞれの伸び λ_A，λ_B は

$$\lambda_A = \frac{N_A l}{E_A A_A}, \quad \lambda_B = \frac{N_B l}{E_B A_B}$$

となる．材料 A と材料 B は接合されているため，λ_A と λ_B は等しくなる．したがって，変形量に関する条件式は

$$\lambda_A = \lambda_B \quad \Leftrightarrow \quad \frac{N_A l}{E_A A_A} = \frac{N_B l}{E_B A_B}$$

となるので，内力 N_A は

$$N_A = \frac{E_A A_A}{E_B A_B} N_B$$

となる．この内力 N_A を力のつり合い式に代入すると，N_B は

$$N_B = \frac{P}{1 + \dfrac{E_A A_A}{E_B A_B}}$$

と求められる．したがって，λ_B の式に N_B を代入すると，

$$\lambda_B = \frac{N_B l}{E_B A_B} = \frac{l}{E_B A_B} \frac{P}{1 + \dfrac{E_A A_A}{E_B A_B}} = \frac{Pl}{E_A A_A + E_B A_B}$$

となる．全体の伸び λ は材料Bの伸びと等しいので，

$$\lambda = \lambda_B = \frac{Pl}{E_A A_A + E_B A_B} = \frac{(20 \times 10^3) \times 2000}{50 \times (206 \times 10^3) + 100 \times (70 \times 10^3)} \simeq 2.31\,\text{mm}$$

となる．■

3.2 熱応力

これまで学んできた材料に引張や圧縮の外力が負荷された場合と同様に，材料に温度変化が生じた場合にも材料は変形する．これを熱膨張とよぶ．また，拘束された状態で温度変化が生じると応力も発生する．たとえば，流し（シンク）に熱湯を流したときに「ボンッ」という音を聞いたことがあるのではないだろうか．この現象は熱膨張の例である．熱による材料の変形度合いを示す材料固有の物性値を**熱膨張係数**（coefficient of thermal expansion：CTE）または**線膨張係数**（coefficient of linear expansion）とよび，α（アルファ）で表す．熱膨張係数は，材料の温度変化1Kあたりのひずみで定義され，単位は K^{-1}（$= /\text{K}$）である．表3.1に代表的な材料の熱膨張係数 α の値を示す．また，材料に温度変化が加えられたとき，材料に生じる熱によるひずみを**熱ひずみ**（thermal strain）という．

ここでは，図3.5(a)に示すような長さ l，断面積 A，縦弾性係数 E の材料に温度変化が生じた場合の変形量，応力について説明する．図3.5(b)に示すように，材料に ΔT の温度変化が生じた場合，材料に生じる熱ひずみ $\varepsilon_{\text{thermal}}$ は

表 3.1　**おもな材料の熱膨張係数**

材料	$\alpha\,[10^{-6}/\mathrm{K}]$	材料	$\alpha\,[10^{-6}/\mathrm{K}]$
軟鋼	11.7	木材	3〜6
アルミニウム合金	23.1	ダイヤモンド	1
チタン合金	8.4	ポリエチレン	100〜200
ニッケル鋼（Fe-Ni36）	0.13	ガラス	8〜9
セラミックス	0.1〜0.5	炭素繊維	−0.7

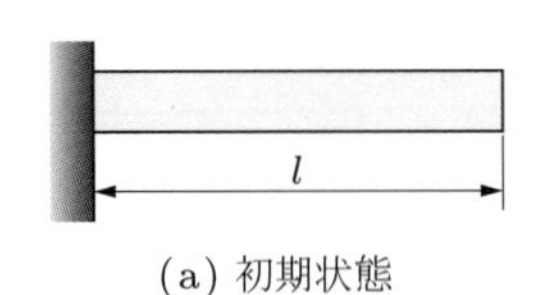

(a) 初期状態

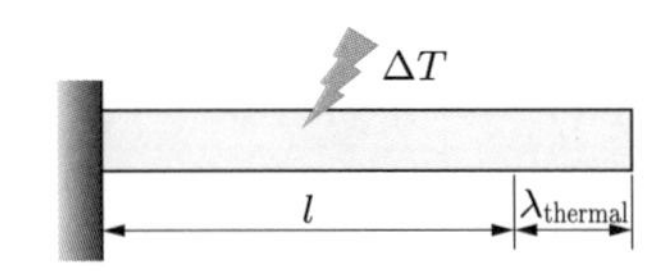

(b) 材料にΔTの温度変化が生じた場合

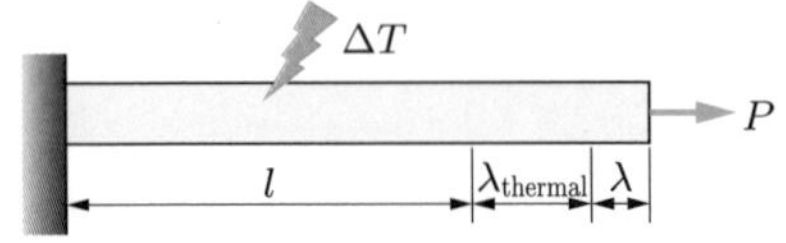

(c) 材料に荷重が作用し，温度変化が生じた場合

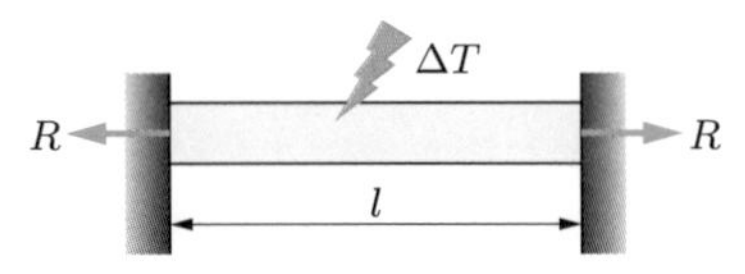

(d) 材料が剛体壁に挟まれた状態で材料に温度変化が生じた場合

図 3.5　**温度変化に対する材料の変形**

$$\varepsilon_{\mathrm{thermal}} = \alpha \Delta T \tag{3.12}$$

であり，ひずみの定義式 (2.11) より，熱膨張による伸び $\lambda_{\mathrm{thermal}}$ は

$$\lambda_{\mathrm{thermal}} = \alpha \Delta T l \tag{3.13}$$

となる．材料が変形を拘束されずに温度変化した場合は，式 (3.13) に示す変形量を生じるが，材料内部に応力は発生しない．

それでは，図 3.5 (c) に示すように，材料に引張荷重 P と温度変化 ΔT が同時に作用した場合はどうなるだろうか．その場合，荷重 P によるひずみを ε とすると，全体のひずみ $\varepsilon_{\mathrm{total}}$ は，荷重によるひずみ ε と熱ひずみ $\varepsilon_{\mathrm{thermal}}$ の和として求められる†．したがって，

$$\varepsilon_{\mathrm{total}} = \varepsilon + \varepsilon_{\mathrm{thermal}} = \frac{P}{EA} + \alpha \Delta T \tag{3.14}$$

† 材料に荷重や熱が独立して作用したとき，その結果が個々の作用の和と同等となるという考え方を**重ね合わせの原理**（principle of superposition）という．

となる．同様に変形量も重ね合わせることができるため，全体の伸び λ_{total} は

$$\lambda_{\text{total}} = \lambda + \lambda_{\text{thermal}} = \frac{Pl}{AE} + \alpha \Delta T l \tag{3.15}$$

となる．このとき，材料に発生する応力は，荷重 P による応力 $\sigma = P/A$ のみである．

つぎに，図 3.5 (a) の材料が剛体壁に挟まれた状態で加熱され，ΔT の温度変化が生じた場合はどうなるだろうか．材料は熱膨張により伸びようとするため，壁には反力 R が発生する．反力を図 3.5 (d) のように正方向に仮定すると，全体の伸び λ_{total} は式 (3.15) より

$$\lambda_{\text{total}} = \lambda + \lambda_{\text{thermal}} = \frac{Rl}{AE} + \alpha \Delta T l \tag{3.16}$$

となる．しかし，材料は剛体壁に挟まれているため，全体の伸びはゼロである．したがって，

$$\lambda_{\text{total}} = 0 \quad \Leftrightarrow \quad \frac{Rl}{AE} + \alpha \Delta T l = 0 \tag{3.17}$$

から

$$\sigma_{\text{thermal}} = \frac{R}{A} = -\alpha \Delta T E \tag{3.18}$$

となり，材料に圧縮応力が発生していることがわかる．この圧縮応力を**熱応力**（thermal stress）という．材料の熱応力は予想以上に大きくなる場合があり，温度変化による熱応力を考慮せずに設計すると，材料が大きく変形したり破壊したりして非常に危険である．

例題 3.2 真冬（273 K = 0℃）にレールをすき間なく設置した場合，真夏（323 K = 50℃）に発生する熱応力を求めよ．ただし，レールの材質は軟鋼とし，縦弾性係数 $E = 206$ GPa，熱膨張係数 $\alpha = 11.7 \times 10^{-6}$/K とする．また，軟鋼の降伏応力を $\sigma_{\text{Y}} = 600$ MPa，安全率を $S = 5$ とした場合の許容応力を求め，このレールが安全に使用できるか確認せよ．

[解答] レールがすき間なく設置されているということは，剛体壁に挟まれた状態と考えてよい．したがって，真冬と真夏の温度差 ΔT は 50 K であるから，式 (3.18) より

$$\sigma_{\text{thermal}} = -\alpha \Delta T E = -11.7 \times 10^{-6} \times 50 \times 206 \times 10^{3} \simeq 121 \text{ MPa}$$

となる．一方，レールの許容応力 σ_{a} は

$$\sigma_a = \frac{\sigma_Y}{S} = \frac{600}{5} = 120\,\text{MPa}$$

となる．したがって，熱応力 σ_{thermal} が許容応力 σ_a より大きくなるため，安全とはいえない．そのため実際には，レールとレールの間にはすきまが設けられていて，熱応力の発生を防いでいる．■

例題 3.3　図 3.6 のように，異種材料をつないで剛体壁に固定した．温度が T から $T + \Delta T$ まで上昇したとき，材料に生じる応力を求めよ．ただし，2 種類の材料の長さを l_1 と l_2，縦弾性係数を E_1 と E_2，熱膨張係数を α_1 と α_2 とし，断面積はどちらも A とする．

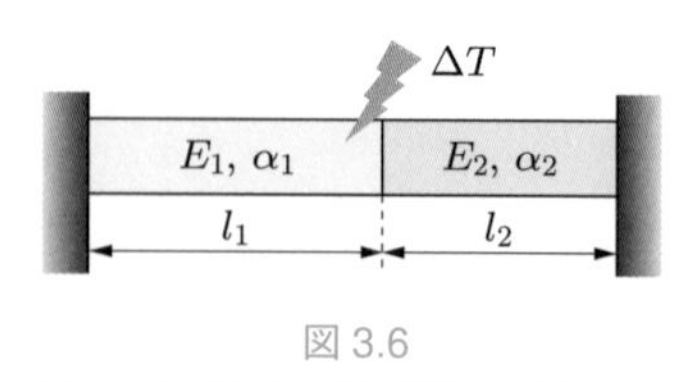

図 3.6

［解答］　それぞれの材料は熱による変形と剛体壁からの反力 R（未知数のため正）による変形を生じるので，式 (3.15) より各材料の伸び λ_1 と λ_2 を算出すると，それぞれ

$$\lambda_1 = \frac{Rl_1}{E_1A} + \alpha_1\Delta T l_1, \quad \lambda_2 = \frac{Rl_2}{E_2A} + \alpha_2\Delta T l_2$$

となる．材料は剛体壁に固定されているため，全体の伸びはゼロであるから

$$\lambda_{\text{total}} = \lambda_1 + \lambda_2 = 0$$

が成り立つ．この式にそれぞれの伸び λ_1 と λ_2 を代入して整理すると，

$$\left(\frac{Rl_1}{E_1A} + \alpha_1\Delta T l_1\right) + \left(\frac{Rl_2}{E_2A} + \alpha_2\Delta T l_2\right) = 0$$
$$\Rightarrow \quad \left(\frac{l_1}{E_1} + \frac{l_2}{E_2}\right)\frac{R}{A} + (\alpha_1 l_1 + \alpha_2 l_2)\Delta T = 0$$

となり，材料に生じる垂直応力 $R/A = \sigma$ は以下のように求められる．

$$\sigma = -\frac{(\alpha_1 l_1 + \alpha_2 l_2)\Delta T}{\dfrac{l_1}{E_1} + \dfrac{l_2}{E_2}}$$

■

3.3 トラス構造の応力と変形

トラス（truss）とは，棒状の部材を回転自由なヒンジで結合した構造形態を指し，基本の形状は 3 本の棒を組み合わせた三角形として表現されることが多い．トラスの特徴は，結合部が回転自由なので，構造に外力が加えられたときに棒状の部材には力のモーメントが作用せず，発生するのは引張か圧縮の軸力のみとなる点である．本節では，静定および不静定トラスについて，トラス構造全体の変形量と，各部材に生じる応力や変形量の求め方について解説する．

3.3.1 ▶ 静定トラス

図 3.7 (a) に示すような，断面積 A，縦弾性係数 E，長さ l，$\angle \mathrm{BOC} = 2\theta$ とする 2 本の部材 OB，OC で構成されたトラス構造について考える．図 3.7 (b) に示すように，点 O に下向きの外力 P が加わった場合，トラスの結合部が回転自由のため力のモーメントは発生せず，部材 OB，OC が伸びることで点 O が点 O′ まで変位し，トラス構造全体の変形量として δ が発生する．このときの各部材に生じる応力および，変形量を求めてみよう．

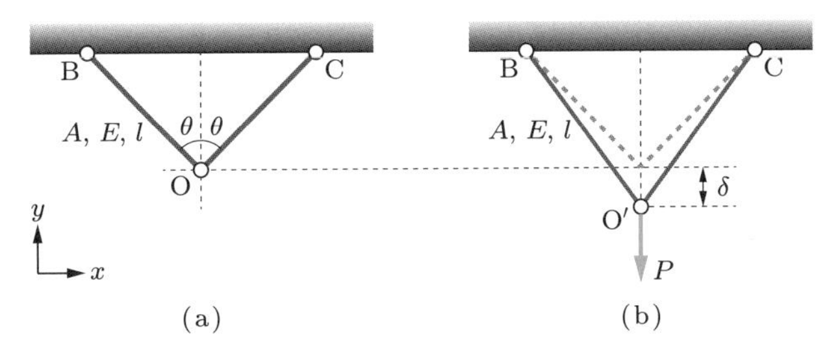

図 3.7　トラス構造の例

図 3.8 の左図に示すように，部材 OB，OC を任意の位置で仮想的に切断すると，断面には外力 P による軸方向の内力 N が発生していると考えられる．そして，図 3.8 の右図に示すように，部材 OB，OC の内力 N の y 方向分力が外力 P とつり合う．したがって，y 方向の力のつり合い式は

$$2N\cos\theta - P = 0 \tag{3.19}$$

となり，内力 N は

$$N = \frac{P}{2\cos\theta} \tag{3.20}$$

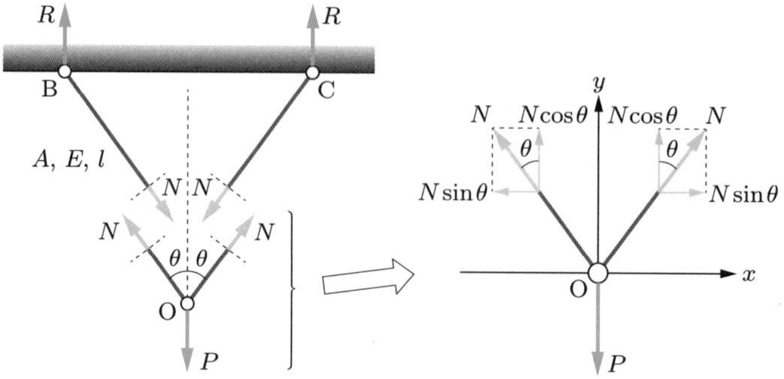

図 3.8　**力のつり合い**

と求めることができる．これより，部材 OB，OC に生じる応力 σ は

$$\sigma = \frac{N}{A} = \frac{P}{2A\cos\theta} \tag{3.21}$$

となる．

つぎに，部材 OB，OC の変形量 λ は，式 (2.17) より

$$\lambda = \frac{Nl}{EA} = \frac{Pl}{2EA\cos\theta} \tag{3.22}$$

となる．変形は微小であるため，図 3.9 に示すように変形後の角度 θ' は，変形前の角度 θ と等しいとみなす．部材 OB の変形量 λ とトラス構造としての変形量 δ は，三角関数の定義から，

$$\lambda = \delta\cos\theta \tag{3.23}$$

となる．式 (3.23) に式 (3.22) を代入すると，

$$\frac{Pl}{2EA\cos\theta} = \delta\cos\theta$$

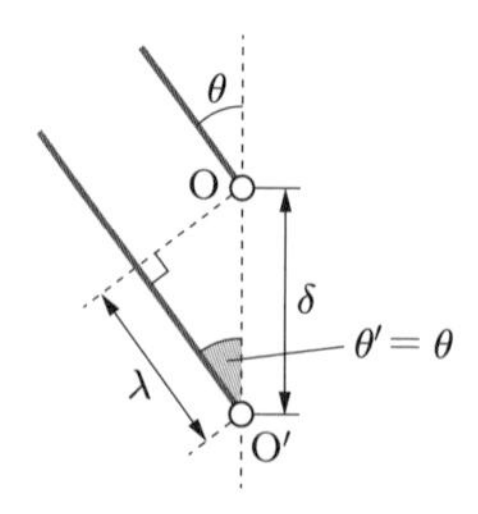

図 3.9　**微小変形の様子**

であり，

$$\delta = \frac{Pl}{2EA\cos^2\theta} \tag{3.24}$$

となり，トラス構造全体の変形量 δ が算出できた．

3.3.2 ▶ 不静定トラス

図 3.10 (a) に示すような断面積 A，縦弾性係数 E，長さ l の部材 OB，OC に，同じく断面積 A，縦弾性係数 E の部材 OD が $\angle\mathrm{BOD} = \angle\mathrm{COD} = \theta$ となるように加えられた，合計 3 本で構成されたトラス構造について考える．図 3.10 (b) に示すように，点 O に下向きに外力 P が負荷された場合，点 O が点 O′ まで変位し，トラス構造全体の変形量 δ が生じる．このとき，各部材に生じる応力および変形量を求めてみる．

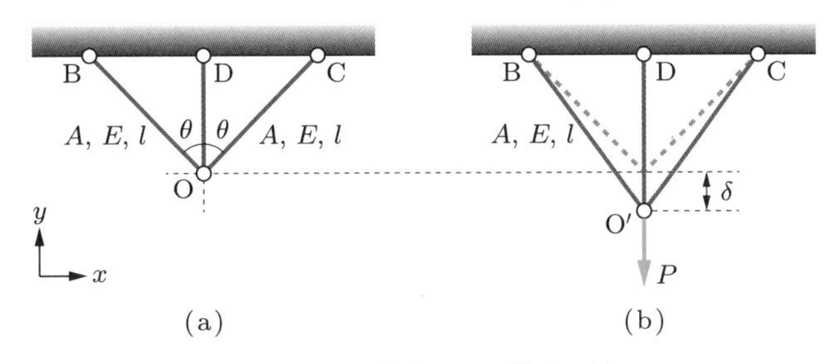

図 3.10　**不静定トラス構造の例**

図 3.11 に示すように，部材 OD に生じる内力を N_1，部材 OB，OC に生じる内力を N_2 とすると，y 方向の力のつり合い式は，

$$2N_2\cos\theta + N_1 - P = 0 \tag{3.25}$$

となる．トラスの結合部にはモーメントは発生しないので，つり合い式は式 (3.25) の一つだけだが，未知数は N_1，N_2 の二つなので，このトラスは不静定である．したがって，3.1 節で学んだように，内力 N_1，N_2 は未知数のままにして変形量を求める．

部材 OB，OC の内力 N_2 による伸び λ は

$$\lambda = \frac{N_2 l}{EA} \tag{3.26}$$

となる．一方，中央の部材 OD の長さは $l\cos\theta$ であり，内力 N_1 による y 方向の変形量（部材 OD の伸び）は，トラス構造全体の変形量 δ と等しいので，

$$\delta = \frac{N_1 l\cos\theta}{EA} \tag{3.27}$$

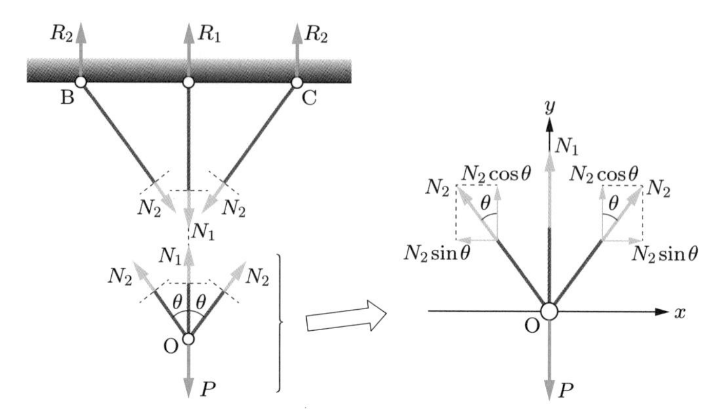

図 3.11　**不静定トラスの力のつり合い**

と表せる．部材 OD の変形量 δ と部材 OB，OC の変形量 λ の関係は式 (3.23) と同じであり，これが変形量に関する条件式である．よって，式 (3.23) に式 (3.26) と式 (3.27) を代入すると，

$$\lambda = \delta\cos\theta \quad \Rightarrow \quad \frac{N_2 l}{EA} = \frac{N_1 l\cos\theta}{EA}\cos\theta$$

となり，

$$N_2 = N_1\cos^2\theta \tag{3.28}$$

となる．したがって，式 (3.25) に式 (3.28) を代入すると，

$$2N_1\cos^3\theta + N_1 - P = 0$$

となり，N_1，N_2 は

$$N_1 = \frac{P}{1+2\cos^3\theta} \tag{3.29}$$

$$N_2 = \frac{P\cos^2\theta}{1+2\cos^3\theta} \tag{3.30}$$

と求められる．各部材に発生する応力 σ_1，σ_2 は，内力 N_1，N_2 を断面積 A で割れば求められ，

$$\sigma_1 = \frac{N_1}{A} = \frac{P}{A(1+2\cos^3\theta)}$$

$$\sigma_2 = \frac{N_2}{A} = \frac{P\cos^2\theta}{A(1+2\cos^3\theta)}$$

となる．また，トラス構造としての変位量 δ は，式 (3.29) を式 (3.27) に代入して，

$$\delta = \frac{Pl\cos\theta}{EA(1+2\cos^3\theta)} \tag{3.31}$$

と求められる．

例題 3.4 図 3.12 に示す 3 本の部材で構成されたトラス構造の点 O に鉛直下向きに荷重 $P = 1\,\mathrm{kN}$ が作用したとき，荷重方向の変形量 $\delta\,[\mathrm{mm}]$ を求めよ．ただし，左右の部材の長さを $l = 1\,\mathrm{m}$ とし，中央の部材とのなす角はどちらも $\theta = 30°$ とする．また，部材はすべて直径 $d = 10\,\mathrm{mm}$，縦弾性係数 $E = 206\,\mathrm{GPa}$ の丸棒とする．

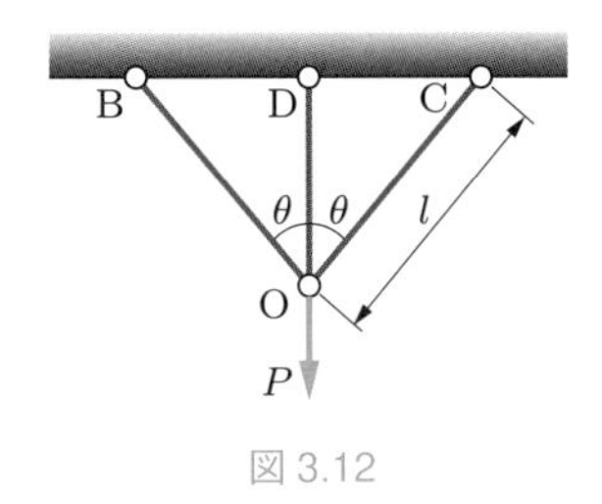

図 3.12

［解答］ 式 (3.31) より，変形量 δ は以下のようになる．

$$\delta = \frac{Pl\cos\theta}{EA(1+2\cos^3\theta)} = \frac{1000\times1000\times\cos30°}{(206\times10^3)\times(\pi\times10^2/4)\times(1+2\times\cos^3 30°)}$$
$$\simeq 2.33\times10^{-2}\,\mathrm{mm}$$

■

3.4 応力集中

機械部品においては，部品どうしをボルトで接合するために孔を開けるということが頻繁に行われる．このような孔の開いた材料に荷重が負荷されたときには，どのような応力状態となるのだろうか．

図 3.13 に，円孔が開けられた十分に大きな板状の材料（無限板）が引張荷重 P を受けているときの応力状態を示す．材料の荷重に垂直な断面において，円孔から十分離れた位置では材料内部に一様な応力 σ_n が生じるが，円孔付近では応力が一様に発生せず，円孔縁で最大引張応力 $\sigma_{\max}$ が発生する．

このように断面が急激に変化する部位や，材質の変化のある場所において，局部的に大きな応力が発生することを**応力集中**（stress concentration）という．応力集中は円孔だけでなく，異なる直径部分で構成された段付き軸のある材料や，部分的な切断

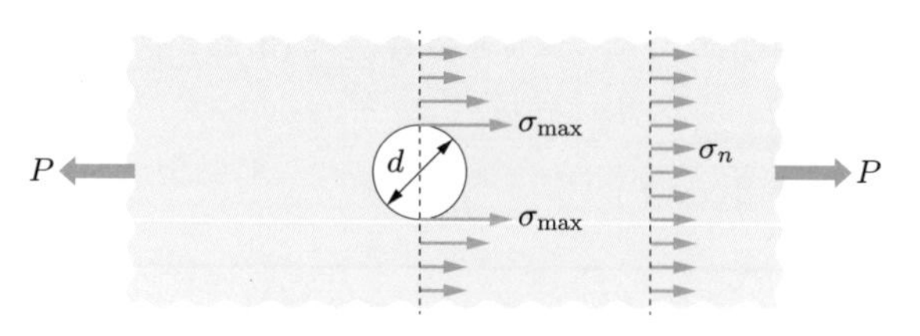

図 3.13　**円孔付近に生じる応力集中**

や溝などの切欠き加工された材料などにも発生するため，設計時に注意が必要である．

また，局部的に発生する最大応力 $\sigma_{\max}$ と一様な引張応力 σ_n の比を**応力集中係数**（stress concentration factor：SCF）とよび，つぎのように K で表す．

$$K = \frac{\sigma_{\max}}{\sigma_n} \tag{3.32}$$

（材料力学の後に学ぶことになる）弾性力学に基づいた理論解では，たとえば長径 $2b$，短径 $2a$ の楕円孔が開いた無限板の短径方向に一様な引張応力 σ_n が作用したときの応力集中係数 K が，つぎのように求められている．

$$K = 1 + 2\frac{b}{a} \tag{3.33}$$

円孔の場合，$a = b$ より $K = 3$ となり，円孔付近では円孔から離れた断面に発生する一様応力 σ_n の 3 倍の応力が発生していることになる．これは，安全率を 3 として設計しても，孔を開けると安全ではなくなってしまうことを意味している．

式 (3.33) では無限板を仮定して理論解を導いているが，実際の工学の現場では有限幅の材料を取り扱っている．この場合，一様応力 σ_n は荷重を受け持つ最小断面を基準とした応力として計算され，公称応力あるいは基準応力とよばれる．したがって，図 3.14 に示すような，直径 d の円孔が開けられた幅 b，厚さ t の板材に引張荷重 P が作用する場合の公称応力は，つぎのようになる．

$$\sigma_n = \frac{P}{(b - d)t} \tag{3.34}$$

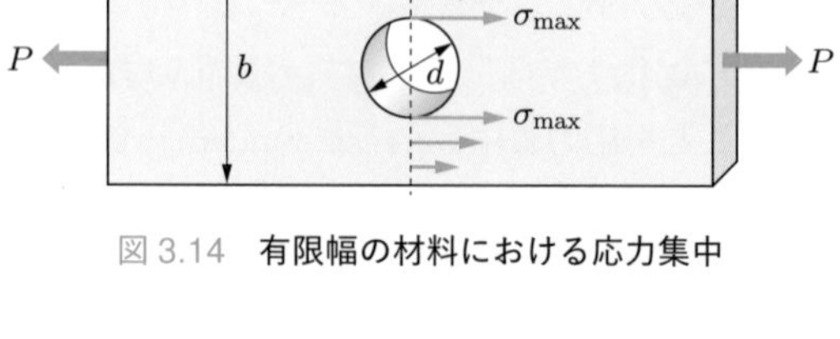

図 3.14　**有限幅の材料における応力集中**

図 3.13 において円孔から十分離れた位置では部材内部の応力は一様であると説明したが，荷重が端部の断面全体ではなく，一部のみで負荷された場合はどうなるだろうか．図 3.15 のように，段付き棒 AB が引張荷重 P を受けている場合の AC 部について考える．点 C（の面）では一部の断面のみに荷重が負荷されるため，点 C 付近での応力は中心部で大きくなるが，点 C から離れた断面の応力は一様分布に近づく．一般に，断面の一部に集中的に負荷された荷重であっても，負荷点から幅の 2〜3 倍程度離れると応力はほぼ一定となる．このように，ある断面で不均一な応力状態であっても，その断面から離れると一様な応力分布状態となることを**サン・ブナンの原理**（Saint–Venant's principle）という．

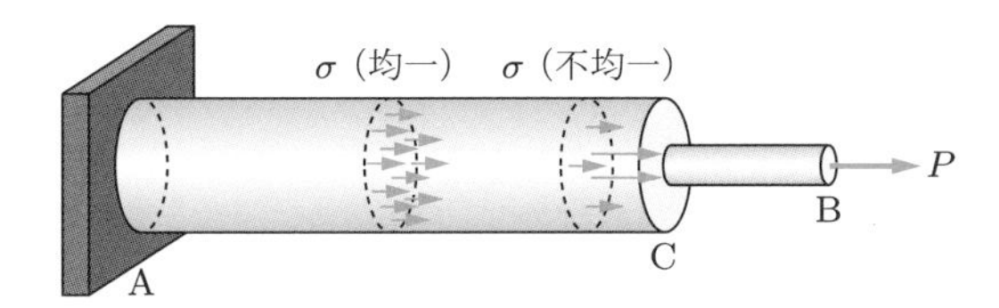

図 3.15 **サン・ブナンの原理**

例題 3.5 図 3.16 のように，長さ $l = 200$ mm，幅 $b = 50$ mm，厚さ $t = 3$ mm の板に直径 $d = 10$ mm の円孔が開いている．この板に長さ方向の引張荷重 $P = 1200$ N を負荷したときに発生する最大応力を求めよ．また，それは円孔を開けない場合に生じる応力の何倍か答えよ．ただし，応力集中係数 $K = 2.50$ とする．

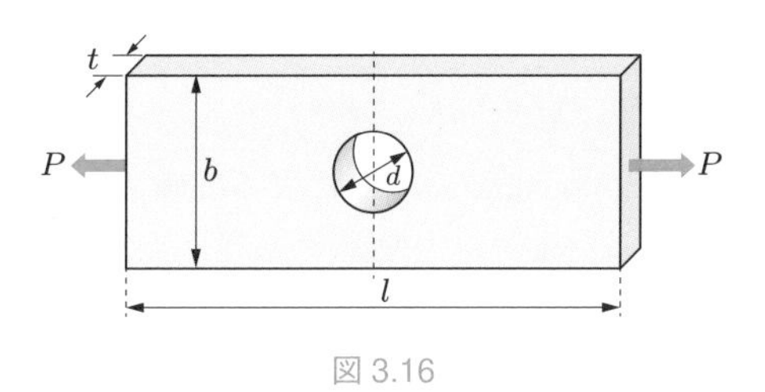

図 3.16

［**解答**］ 円孔がない場合の応力 σ は，以下のようになる．

$$\sigma = \frac{P}{A} = \frac{1200}{50 \times 3} = 8.00\,\mathrm{MPa}$$

つぎに，円孔縁に生じる最大応力 $\sigma_{\max}$ を算出する．式 (3.32) と式 (3.34) より

$$\sigma_{\max} = K\sigma_n = K\frac{P}{(b-d)t} = 2.50 \times \frac{1200}{(50-10) \times 3} = 25.0\,\mathrm{MPa}$$

となる．よって，円孔を開けない場合の $25/8 = 3.13$ 倍となる． ■

3.5 時間に依存した問題

材料力学では，材料の時間的な状態変化を考慮せず，つり合った状態での外力の大きさと材料の形状，材質から材料の内力の状態や変形を考える．しかし，実際の材料は，時間に依存したさまざまな変化を起こす．本節では，それらについて概略を述べておく．

3.5.1 ▶ 疲　労

機械は通常，動力を携えており，振動による負荷や熱膨張による繰り返し変形などが発生している．このような繰り返しの負荷により材料が破壊する現象を**疲労**（fatigue），その破壊形態を**疲労破壊**（fatigue fracture）という．たとえば，引っ張っても切れない針金でも，同じ位置を繰り返し曲げることによって壊れてしまう．このように，材料の疲労は設計に際して考慮しなければならない重大な問題である．

材料の疲労特性については，図 3.17 のような繰り返し負荷を与える疲労試験を行い，負荷の大きさと繰り返し回数の関係により評価する．与える応力波形の振幅を σ_{am}，応力波形の中心の応力を**平均応力** σ_{mean}，振幅させる応力（繰り返し応力）の最小値 $\sigma_{\min}$ と最大値 $\sigma_{\max}$ の比を**応力比** R とよび，それらの定義を以下に示す．

$$\sigma_{\mathrm{am}} = \frac{\sigma_{\max} - \sigma_{\min}}{2} \tag{3.35}$$

$$\sigma_{\mathrm{mean}} = \frac{\sigma_{\max} + \sigma_{\min}}{2} \tag{3.36}$$

$$R = \frac{\sigma_{\min}}{\sigma_{\max}} \tag{3.37}$$

疲労試験で与える繰り返し最大応力 $\sigma_{\max}$ によって破壊されるまでの繰り返し回数 N を**疲労寿命**（fatigue life）といい，それらの関係を図 3.18 に示すような **S-N 線図**（stress-number diagram）で表す．繰り返し最大応力がある応力より小さい場合，材料は 10^6～10^7 回の繰り返し負荷を与えても疲労破壊しなくなる．この応力を**疲労限**

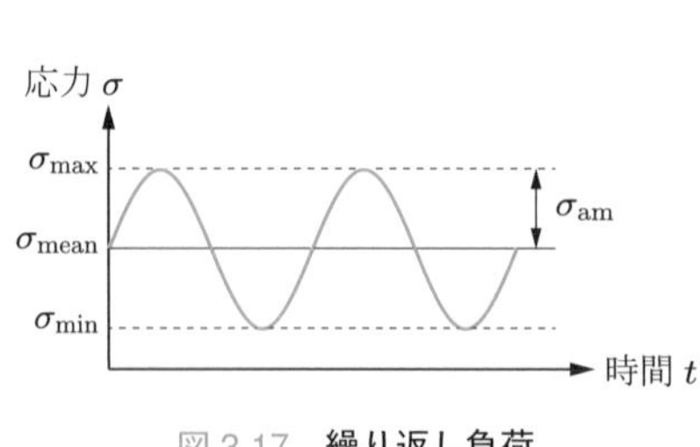

図 3.17　繰り返し負荷

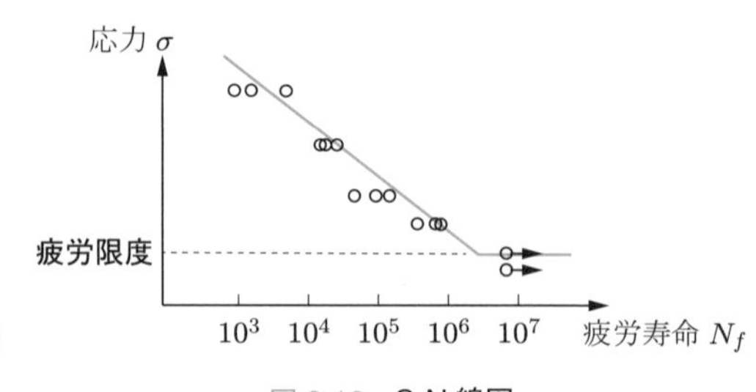

図 3.18　S-N 線図

度（fatigue limit）という．

疲労試験では一定の応力を発生させて疲労寿命を測定するが，実際の材料に発生する応力には色々な大きさの繰り返し負荷が作用する．そのような場合の疲労寿命を予測するための考え方の一つに，**マイナー則**（Miner's rule）がある．たとえば図 3.19 のように，ある繰り返し最大応力 σ_1 における疲労寿命を N_1，別の繰り返し最大応力 σ_2 における疲労寿命を N_2 とする．材料に σ_1 の繰り返し負荷が n_1 回作用し，その後 σ_2 の繰り返し負荷が n_2 回作用したとすると，この材料に蓄積した損傷 D は

$$D = \frac{n_1}{N_1} + \frac{n_2}{N_2} \tag{3.38}$$

となる．マイナー則では，この値が 1 になると疲労破壊すると考える．つまり，疲労破壊の条件は

$$D = \frac{n_1}{N_1} + \frac{n_2}{N_2} \geq 1 \tag{3.39}$$

と表せる．一般化すると，

$$D = \sum_i \frac{n_i}{N_i} \geq 1 \tag{3.40}$$

と表せる．これは，「複数の繰り返し最大応力がそれぞれの疲労寿命と繰り返し負荷回数の比をすべて足し合わせて 1 になると，疲労破壊が起こる」という累積損傷の考え方に基づいている．

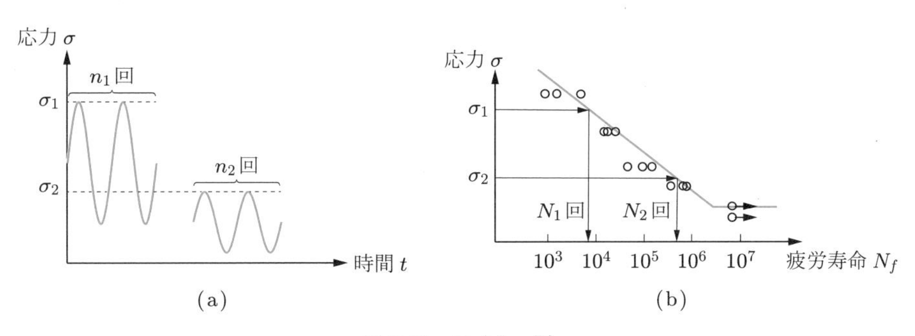

図 3.19 マイナー則

3.5.2 ▶ 粘弾性

第 1 章で述べたように，材料力学では，外力で変形した物体が力を取り去ると元に戻る弾性変形について取り扱う．しかし，金属材料は高温になると粘弾性挙動を示す．**粘弾性**とは粘性と弾性（1.2 節を参照）を合わせた性質であり，このうち**粘性**とは，負

荷が一定であっても時間の経過に伴い変形が増大する**クリープ**（creep）や，変形を一定にしても内部の応力が減少する**応力緩和**（stress relaxation）を起こす特性である．大きな負荷や高温での負荷に対し，短時間でクリープ破壊を起こす場合もある．そのため，クリープ試験では材料に一定の負荷を与え，時間的に変化するひずみを測定して，材料の粘性について評価する．

3.5.3 ▶ 衝撃特性，動特性

材料を高速で引っ張ったり圧縮したりすると，通常の静的試験とは異なり，材料に発生する応力やひずみの値が大きくなることがある．このような高速の負荷を**衝撃荷重**（impact load）といい，自動車部材の衝突実験などがその例である．また，衝撃荷重を受けた材料の挙動を**衝撃特性**という．衝撃荷重による変形については第8章で詳しく解説する．

また，衝撃荷重ほどの高速ではないが，静的試験よりも速い時間スケールでの材料の挙動を**動特性**といい，その振る舞いを論じる学問を**静力学**（statics）に対して**動力学**（dynamics）という．

演習問題

3-1　直径 $d_1 = 6\,\mathrm{mm}$，長さ $l_1 = 50\,\mathrm{mm}$ の部分と直径 $d_2 = 10\,\mathrm{mm}$，長さ $l_2 = 100\,\mathrm{mm}$ の部分で構成された段付き棒を荷重 $P = 10\,\mathrm{kN}$ で引っ張った場合の全体の伸びを求めよ．ただし，縦弾性係数 $E = 206\,\mathrm{GPa}$ とする．

3-2　円柱Aの外径 d_1 は，円筒Bの内径 d_2 より d_0 だけ大きい．この円筒Bを加熱して熱膨張させて円柱Aを差し込むためには，どれだけ温度を上昇させる必要があるか答えよ．ただし，円筒Bの熱膨張係数を α とする．

3-3　図3.20に示す断面積 A，縦弾性係数 E の部材2本で構成されたトラス構造の点Oの y 方向変位量および，それぞれの部材に生じる応力を求めよ．

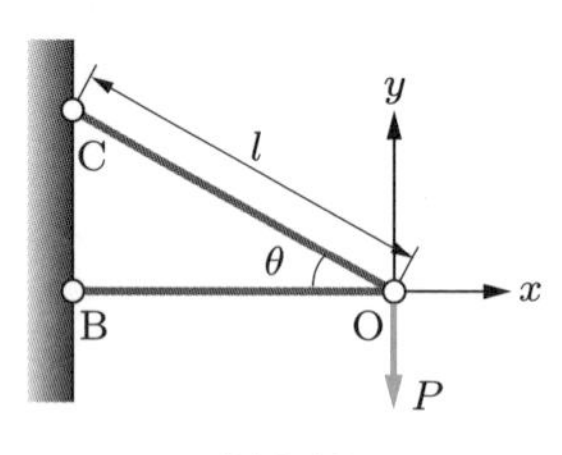

図3.20

3-4　長さ $l=200\,\mathrm{mm}$，幅 $b=50\,\mathrm{mm}$，厚さ $t=3\,\mathrm{mm}$ の板に直径 $d=10\,\mathrm{mm}$ の円孔が開いている．この板に長さ方向から加えることができる最大引張荷重は何 kN になるか答えよ．ただし，この板の許容応力 $\sigma_\mathrm{a}=90\,\mathrm{MPa}$ とし，応力集中係数 $K=2.5$ とする．

3-5　密度 ρ，引張強さ σ_B，直径 d の丸棒を天井から吊り下げた場合，自重によって破断しない長さを求めよ．

4 せん断とねじり

☑ 確認しておこう！

(1) せん断力が働いている身近な例を挙げてみよう．
(2) 丸棒に引張の軸力を負荷したとき，せん断応力が最大になる断面の法線と軸線がなす角は何度になるだろうか．
(3) 直径 d のボルト２本で締結された厚さ $1\,\mathrm{mm}$ の２枚の板に引張荷重 P を負荷した際，ボルト１本あたりに作用するせん断力を求めてみよう．
(4) 穴あけパンチで厚さ $t=1\,\mathrm{mm}$ の紙束に直径 $d=6\,\mathrm{mm}$ の孔を開ける．せん断力が作用する断面の断面積を求めてみよう．

これまでは，材料に一様な引張荷重や圧縮荷重が作用する場合の垂直応力に着目してきた．本章では，材料に一様なせん断力が作用する場合について，その大きさや変形量の求め方について述べる．せん断力とは，断面を「ずらす」あるいは「すべらす」ような力であり，仮想断面に水平に働く力をいう．また，丸棒をねじる場合にも，丸棒の断面にはせん断応力が生じる．ねじりモーメント（トルク）は機械の重要な部材である伝動軸に負荷される外力であり，ねじりによるせん断応力と変形の計算は，機械設計に欠かせない知識である．

4.1 せん断力

2.1 節でも述べたように，せん断力は材料の断面に水平に働く力のことである．たとえば，棚が斜めに傾く，あるいはハンカチは斜めに引っ張るほうがよく伸びるといった経験があるだろう．これらの現象は，図 4.1 に示すように，材料のある面にせん断力が作用したために発生している．せん断力が材料のある面に作用したとき，材料はその面をずらすように変形するが，別の面から観察すると，材料が回転するような変形，あるいは引張変形になっている．

また，2.2 節では，材料に引張荷重のみが作用した場合でも，仮想断面の取り方（荷重方向と仮想断面の法線方向が異なること）によって，せん断応力が発生することを学んだ．本章では，材料にせん断荷重およびねじりモーメントが作用して，せん断応力やせん断変形が生じる場合を取り上げる．せん断荷重が作用する例としては，図 4.2 (a)

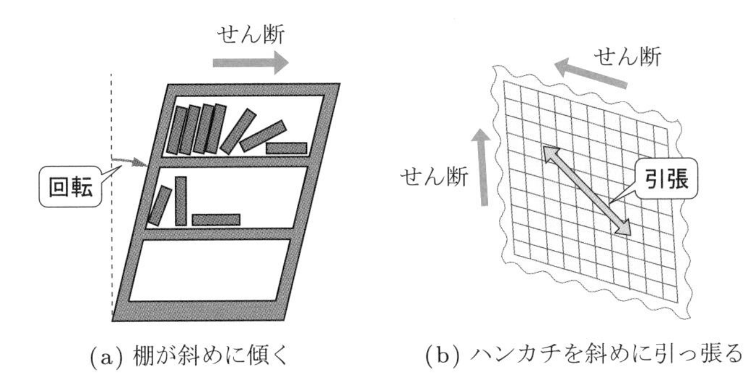

(a) 棚が斜めに傾く　　(b) ハンカチを斜めに引っ張る

図 4.1　**せん断変形の例**

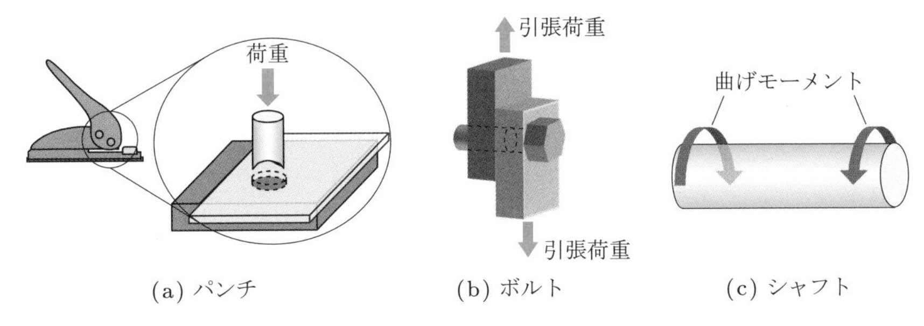

(a) パンチ　　(b) ボルト　　(c) シャフト

図 4.2　**材料にせん断応力が発生する例**

に示すような穴あけパンチの刃が紙束の断面に与える荷重や，図 4.2 (b) に示すようなボルトで締結された 2 枚の板に引張荷重が作用する場合のボルトの断面に働く荷重などが挙げられる．この場合，荷重と平行な断面では，一様なせん断応力が発生していると考える．また，図 4.2 (c) に示すような棒状の材料にねじりモーメント M_t が作用した場合にも，断面にせん断応力が発生する．ただし，4.3 節で述べるように，ねじりモーメントが作用する場合に発生するせん断応力は，断面に一様に生じないので注意する必要がある．

4.2　せん断応力

図 4.3 (a) に示すように，剛体壁に固定された断面積 A の材料にせん断荷重 P が y 方向に作用した場合の応力と変形について考える．材料にせん断荷重 P が負荷されているとき，剛体壁にはせん断荷重 P とつり合う反力 R が発生しているため，y 方向の力のつり合い式 $P - R = 0$ より，反力 R は

$$R = P \tag{4.1}$$

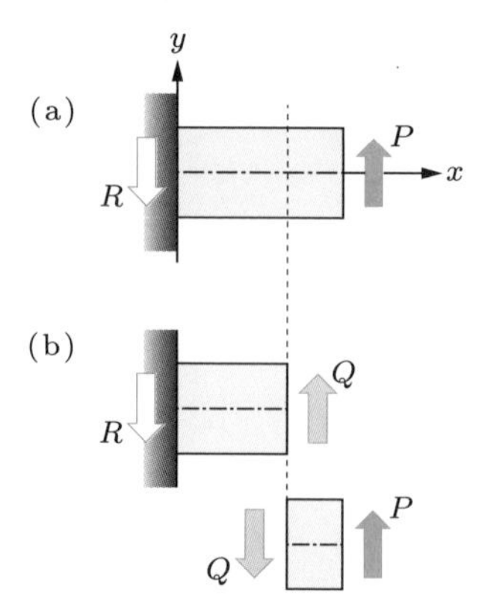

図 4.3　**せん断荷重とせん断力**

となる．また，x 軸を法線とする任意の仮想断面上では，せん断荷重 P とつり合うせん断力 Q（内力）が図 4.3 (b) のように発生している．内力と外力はつり合うので

$$Q = R = P \tag{4.2}$$

となる．この仮想断面に作用する単位面積あたりの力を**せん断応力**（shear stress）とよび，τ（タウ）で表す†．したがって，せん断応力 τ は

$$\tau = \frac{Q}{A} = \frac{P}{A} \tag{4.3}$$

となる．

一方，図 4.4 (a) に示すようなせん断力 Q が作用した材料は，材料の右側が y 軸正方向に δ だけ移動したようなせん断変形を生じる．ここで，せん断力 Q の正負は，図 4.4 (b) に示すように，右上がりの変形となるせん断力を正，右下がり変形となるせん断力を負と定義する．また，材料にせん断力 Q が作用し，せん断変形 δ が生じるとき，x 軸方向の単位長さあたりのせん断変形 δ を**せん断ひずみ**（shear strain）とよび，γ（ガンマ）で表す．つまり，材料の x 軸方向の元の長さを l とすると，せん断ひずみ γ は次式となる．

$$\gamma = \frac{\delta}{l} \tag{4.4}$$

また，せん断変形 δ によって生じる角度変化を φ とすると，微小変形では $\delta = l\varphi$ と表

† せん断応力 τ については第2章でも説明したが，ここで再度，定義する．

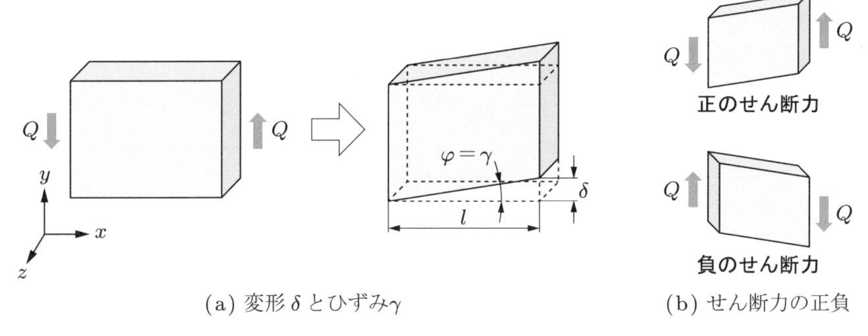

(a) 変形 δ とひずみ γ　　(b) せん断力の正負

図 4.4　**せん断荷重による変形とひずみ**

せるため，$\gamma=\varphi$ と考えることもできる．つまり，**せん断ひずみとは，せん断変形によって材料が変形する角度**と考えることができる．

また，垂直応力と同様に，せん断応力とせん断ひずみにも次式に示すような，フックの法則による比例関係が成立する．

$$\tau = G\gamma \tag{4.5}$$

この比例定数 G を**せん断弾性係数**（shearing modulus）または**横弾性係数**（modulus of transvers clasticity）とよぶ．単位としては，縦弾性係数 E と同様に，GPa が用いられる．式 (4.5) に式 (4.3)，式 (4.4) を代入し，せん断変形 δ を求めると，

$$\delta = \frac{Ql}{GA} = \frac{Pl}{GA} \tag{4.6}$$

となる．式 (4.6) における分母の GA を**せん断剛性**（shearing rigidity）とよぶ†．

ところで，図 4.4 のせん断力 Q について力はつり合っているが，力のモーメントはどうだろうか．このままでは反時計回りに回転するように見える．しかし，実際は回転せずにせん断変形を起こしているため，せん断応力 τ が回転を抑える方向にも発生していると考えられる．そこで，図 4.5 に示すような，せん断力 Q が作用する材料内部の微小要素について考え，yz 平面に τ，xz 平面に τ' が生じていると仮定する．微小要素の各辺の長さを dx，dy，dz とすると，τ が作用する微小面積 dA は

$$dA = dy\,dz \tag{4.7}$$

となるため，せん断応力 τ による z 軸に関する力のモーメント dM_z は，

† せん断剛性 GA は，引張荷重における伸び剛性 EA と同様に，せん断荷重が作用する材料の変形のしにくさを表す物理量である．

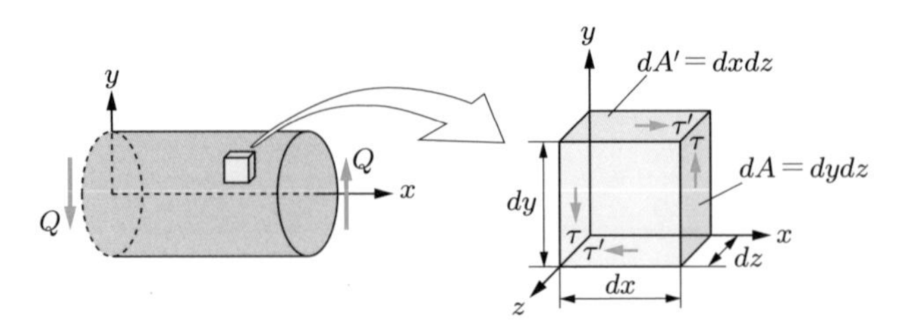

図 4.5　**共役せん断応力**

$$dM_z = \tau\, dA\, dx = \tau\, dy\, dz\, dx \tag{4.8}$$

となる．同様に τ' による z 軸に関する力のモーメント dM_z' は，τ' が作用する微小面積を dA' とすると，

$$dM_z' = \tau' dA' dy = \tau' dx\, dz\, dy \tag{4.9}$$

となる．したがって，力のモーメントのつり合いより，

$$dM_z' = dM_z \tag{4.10}$$

となり，τ' は τ と大きさが等しいことがわかる．このように，せん断応力 τ はある断面だけに単体で発生するのではなく，互いに直交する二つの断面に対して回転を打ち消す方向に同じ大きさでつねに発生している．この一対のせん断応力を**共役せん断応力**（conjugate shear stress）という．

せん断における各量の関係をまとめると，表 4.1 のようになる．

表 4.1　**せん断における各量の関係**

名称	内力	断面積	長さ	せん断弾性係数	せん断剛性	応力	変形量	ひずみ	比例関係
文字	Q	A	l	G	GA	τ	δ	γ	—
関係式	—	—	—	—	—	$\dfrac{Q}{A}$	$\dfrac{Ql}{GA}$	$\dfrac{\delta}{l}$	$\tau = G\gamma$

例題 4.1　図 4.6 のような 4 本の脚をもつテーブルがある．それぞれの脚と座面は各 1 本のボルトで締結されている．ボルトの径 $d = 6\,\mathrm{mm}$ とした場合，このテーブルは $P = 1\,\mathrm{kN}$ の負荷に安全に耐えられるかを検証せよ．ただし，ボルトのせん断強さは $\tau_B = 80\,\mathrm{MPa}$，安全率 $S = 8$ とする．

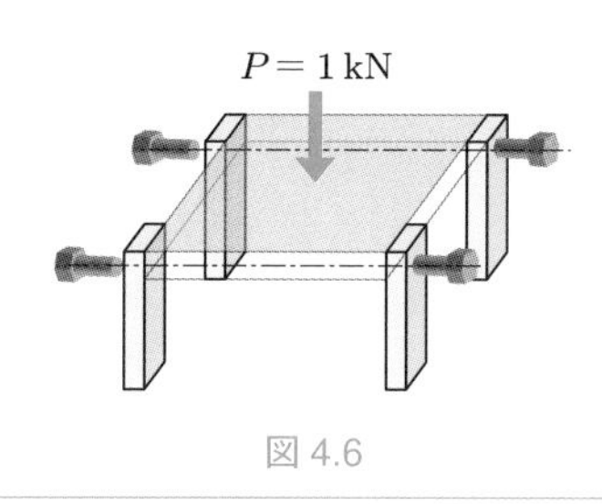

図 4.6

［解答］ ボルト 1 本あたりに作用するせん断力 Q は

$$Q = \frac{1000}{4} = 250\,\mathrm{N}$$

となるので，ボルト 1 本あたりに作用するせん断応力（= 設計応力）τ_d は

$$\tau_\mathrm{d} = \frac{Q}{A} = \frac{Q}{\pi d^2/4} = \frac{250}{\pi \times 6^2/4} \simeq 8.84\,\mathrm{MPa}$$

となる．つぎに，許容応力 τ_a を求める．式 (2.18) より

$$\tau_\mathrm{a} = \frac{\tau_\mathrm{B}}{S} = \frac{80}{8} = 10\,\mathrm{MPa} > 8.84\,\mathrm{MPa}$$

となる．よって，許容応力 τ_a のほうが大きいので安全といえる． ■

4.3 ねじりモーメント

ねじりモーメントは，円形断面を有する細長い棒状（丸棒）の材料などに負荷される荷重であり，これが負荷された材料に生じるせん断応力や変形を理解することは，回転を伝える伝動軸やトーションバー（ねじり棒ばね）などの設計において重要である．本節では，中実な円形断面をもつ棒材（軸）にねじりモーメントが作用した場合に，軸の垂直断面に発生するせん断応力と変形について考える．ただし，軸の変形量は微小であると仮定し，材料はつぎの二つの前提条件を満たすものとする．

(1) 軸の断面は，ねじられた後も変形前と同じ円形を保ち，かつ平面のままである（図 4.7 (a)）．
(2) 円形断面上の半径方向に引かれた直線は，変形の後も直線のままで長さは変わらない（図 4.7 (b)）．

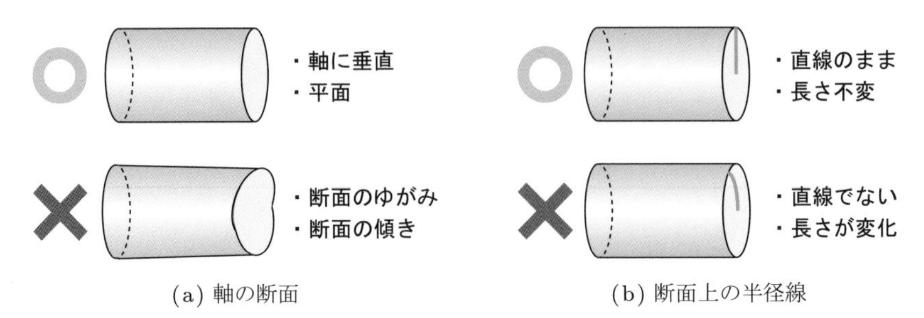

図 4.7　**ねじりに関する前提条件**

4.3.1 ▶ ねじりによる変形とせん断ひずみの関係

これまでに学んだ垂直力あるいはせん断力による応力やひずみは，断面内に一様に生じていたが，材料がねじりモーメントを受ける場合はどうだろうか．

図 4.8 (a) に示すような長さ l，直径 $d = 2r_0$ の中実丸軸の右端に，外力としてねじりモーメント M_t が作用する場合について考える．左端には反ねじりモーメントとして逆方向に M_t が発生しており，ほかに作用する力はないので，中実丸軸に作用する外力と反力はつり合っている．そして，ねじりモーメント M_t が作用した結果，右端の点 B が点 B′ まで回転したとする．このときの中実丸軸を正面と右方向から見た状態を図 4.8 (b) に示す．ねじりモーメント M_t により，右側面は，x 軸，つまり点 O を中心に回転移動している．

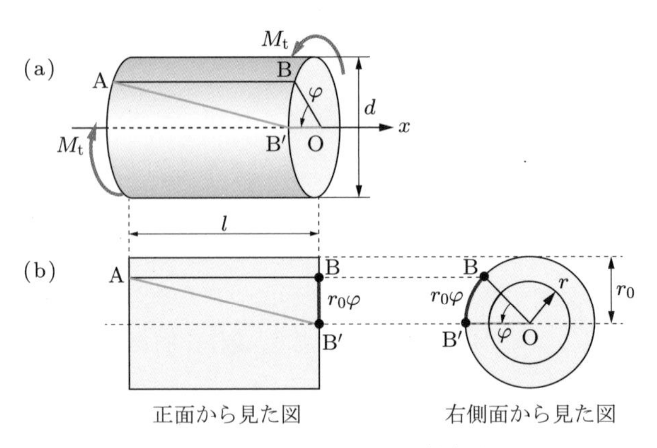

図 4.8　**ねじりによるせん断変形**

このときの回転角を**ねじれ角**（angle of twist）とよび，φ（ファイ）で表し，単位は rad である．ねじれ角 φ は，ねじりにおける変形量に相当する．また，断面の中心から任意の半径位置を r とすると，ねじれ角 φ が発生する際のせん断変形量 δ は半径 r での円弧の長さであり，

$$\delta = r\varphi \tag{4.11}$$

となる．つまり，せん断変形量 δ は一様ではなく，中心から半径方向の位置 r の関数であり，中心でゼロ，表面において最大値は

$$\delta_{\max} = r_0\varphi = \frac{d}{2}\varphi \tag{4.12}$$

となる．

また，せん断ひずみは式 (4.4) より

$$\gamma = \frac{\delta}{l} = \frac{r\varphi}{l} = r\varphi' \tag{4.13}$$

と表せる．ここで，φ' は次式で定義される単位長さあたりのねじれ角であり，**比ねじれ角**（specific angle of twist）とよばれる．

$$\varphi' = \frac{\varphi}{l} \tag{4.14}$$

比ねじれ角 φ' は，ねじりにおけるひずみに相当する物理量と考えられるが，単位のないひずみと異なり，単位 rad/m をもつ．比ねじれ角 φ' は，回転軸の設計において，許容変形量を定義する量として重要である．

4.3.2 ▶ ねじりによるせん断応力

つぎに，せん断応力 τ およびねじれ角 φ と，外力であるねじりモーメント M_{t} の関係を明らかにする．

ねじりモーメント M_{t} により断面に発生するせん断応力 τ と比ねじれ角 φ' の関係は，材料のせん断弾性係数を G とすると，式 (4.5) と式 (4.13) より

$$\tau = G\gamma = G\frac{r\varphi}{l} = Gr\varphi' \tag{4.15}$$

と表せる．また，せん断応力 τ を仮想断面上ですべて足し合わせると，ねじりモーメント M_{t} と同じ量になるはずである．そこでまず，図 4.9 に示すように，仮想断面の任意の半径位置 r 付近でのせん断応力 τ による点 O まわりの微小領域におけるねじりモーメントについて考える．断面積 dA のドーナツ状の微小領域において，ねじりモーメント dM_{t} は，せん断応力 τ による力 τdA と垂直距離 r の積となり，

$$dM_{\mathrm{t}} = r \times \tau dA = r \times Gr\varphi' dA = G\varphi' r^2 dA \tag{4.16}$$

となる．断面全体に作用するねじりモーメント M_{t} は，式 (4.16) を $0 \leq r \leq d/2$ の範

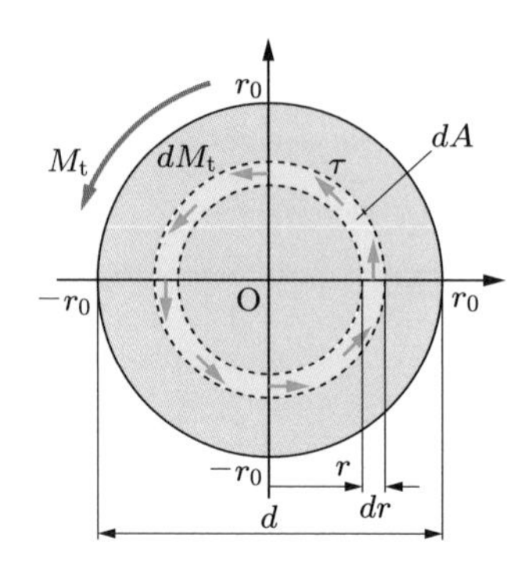

図 4.9　**微小領域に生じるせん断応力とねじりモーメント**

囲で積分すればよいので，

$$M_t = \int_0^{d/2} dM_t = \int_0^{d/2} G\varphi' r^2\, dA = G\varphi' \int_0^{d/2} r^2\, dA = G\varphi' I_p \qquad (4.17)$$

と求められる．ここで，I_p は次式で表され，**断面二次極モーメント**（polar moment of inertia of area）とよばれ，断面の形状によるねじりにくさを表す．

$$I_p = \int r^2 dA \qquad (4.18)$$

つぎに，式 (4.14) を式 (4.17) に代入し，ねじりモーメント M_t とねじりの変形量であるねじれ角 φ との関係を求めると，

$$M_t = G\varphi' I_p = \frac{G\varphi I_p}{l}$$

となり，

$$\varphi = \frac{M_t l}{G I_p} \qquad (4.19)$$

が得られる．ここで，GI_p を**ねじり剛性**（torsional rigidity）とよぶ†．

また，せん断応力 τ とねじりモーメント M_t の関係は，式 (4.15) に式 (4.19) を代入して，

† ねじり剛性 GI_p は，引張荷重における伸び剛性 EA，せん断荷重におけるせん断剛性 GA と同様に，ねじりモーメントが作用する材料の変形のしにくさを表す物理量である．

$$\tau = Gr\frac{\varphi}{l} = Gr\frac{M_{\mathrm{t}}l}{GI_{\mathrm{p}}l} = \frac{M_{\mathrm{t}}}{I_{\mathrm{p}}}r \tag{4.20}$$

となる．上式からわかるように，せん断応力 τ は，図 4.10 のように断面の中心点 O でゼロ，表面で次式に示す最大値 $\tau_{\max}$ となる．

$$\tau_{\max} = \frac{M_{\mathrm{t}}}{I_{\mathrm{p}}} \cdot \frac{d}{2} = \frac{M_{\mathrm{t}}}{Z_{\mathrm{p}}} \tag{4.21}$$

ここで，式 (4.21) の Z_{p} を**極断面係数**（polar modulus of section）とよび，

$$Z_{\mathrm{p}} = \frac{I_{\mathrm{p}}}{d/2} \tag{4.22}$$

となる．

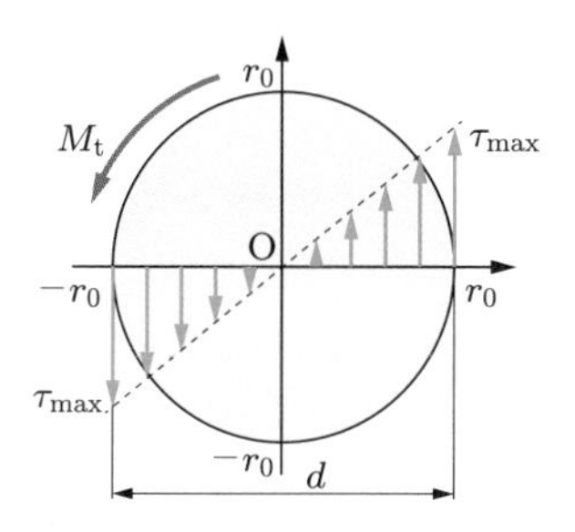

図 4.10　**せん断応力分布**

4.3.3 ▶ 中実丸軸の断面二次極モーメント

中実丸軸の断面二次極モーメント I_{p} は，式 (4.18) より半径 r と微小面積 dA で算出できる．図 4.11 に示すようにドーナツ状の微小面積 dA は長方形に近似でき，次式で求められる†．

$$dA = 2\pi r \times dr \tag{4.23}$$

したがって，直径 d の中実丸軸の場合，断面二次極モーメント I_{p} は

$$I_{\mathrm{p}} = \int r^2 dA = \int_0^{d/2} r^2 \times 2\pi r dr$$

† ドーナツ状の微小面積を半径 $r + dr$ の円と半径 r の円の面積の差として求めると，$dA = \pi(r + dr)^2 - \pi r^2 = \pi\{2rdr + (dr)^2\}$ となる．ここで，$(dr)^2$ は高次の微小項のため省略し，$dA = 2\pi r dr$ と考えると，長方形に近似した場合と同様となる．

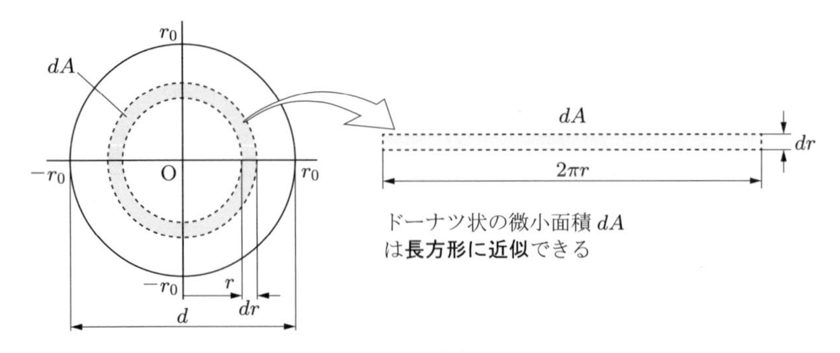

図 4.11　**中実丸軸の断面**

$$= 2\pi \int_0^{d/2} r^3 dr = 2\pi \left[\frac{r^4}{4} \right]_0^{d/2} = \frac{\pi d^4}{32} \tag{4.24}$$

となる．また．極断面係数 Z_p は式 (4.21) より，以下のようになる．

$$Z_\mathrm{p} = \frac{\pi d^4}{32} \frac{2}{d} = \frac{\pi d^3}{16} \tag{4.25}$$

ねじりにおける各量の関係についてまとめると，表 4.2 のようになる．

表 4.2　**中実丸軸ねじりにおける各量の関係**

	ねじりモーメント	断面二次極モーメント	長さ	せん断弾性係数	ねじり剛性	せん断応力	ねじれ角（変形量）	比ねじれ角	比例関係
文字	M_t	I_p	l	G	GI_p	τ	φ	φ'	—
関係式	—	$\dfrac{\pi d^4}{32}$	—	—	—	$\dfrac{M_\mathrm{t}}{I_p} r$	$\dfrac{M_\mathrm{t} l}{GI_p}$	$\dfrac{\varphi}{l}$	$\tau = G\gamma$ $\gamma = r\varphi$

4.3.4 ▶ 中空丸軸の断面二次極モーメント

つぎに，図 4.12 に示す内径 d_1，外径 d_2 の中空丸軸の場合について考える．中空丸軸の断面二次極モーメント I_p は，式 (4.24) の中実丸軸での積分範囲 $0 \leq r \leq d/2$ を $d_1/2 \leq r \leq d_2/2$ にすることで，つぎのように求められる．

$$\begin{aligned} I_\mathrm{p} &= \int r^2 \, dA = \int_{d_1/2}^{d_2/2} r^2 \times 2\pi r dr \\ &= 2\pi \int_{d_1/2}^{d_2/2} r^3 dr = 2\pi \left[\frac{r^4}{4} \right]_{d_1/2}^{d_2/2} = \frac{\pi (d_2^4 - d_1^4)}{32} \end{aligned} \tag{4.26}$$

ここで，内外径比 $k = d_1/d_2$ を導入すると，式 (4.26) は，

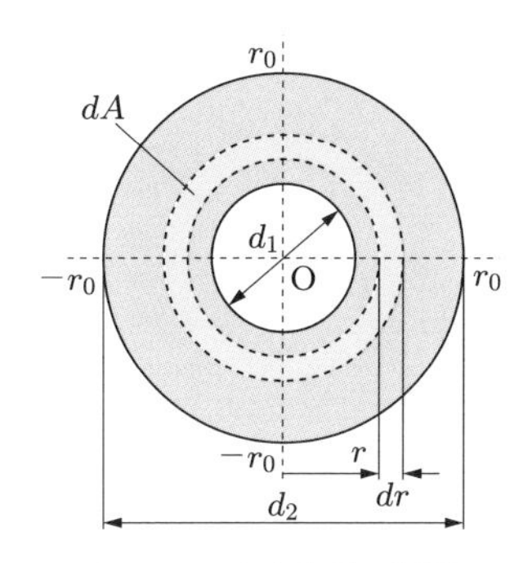

図 4.12　**中空丸軸の断面**

$$I_{\mathrm{p}} = \frac{\pi d_2^4}{32}(1 - k^4) \tag{4.27}$$

と表せる．中空丸軸のねじれ角 φ や最大せん断応力 $\tau_{\max}$ は，式 (4.26) または式 (4.27) に示す断面二次極モーメント I_{p} を式 (4.19)，式 (4.20) に代入すれば求められる．

中実丸軸と中空丸軸の断面二次極モーメント I_{p}，極断面係数 Z_{p} を表 4.3 にまとめる．

表 4.3　**中実丸軸と中空丸軸の比較**

	断面寸法	断面二次極モーメント I_{p}	極断面係数 Z_{p}
中実丸軸	直径：d	$\dfrac{\pi d^4}{32}$	$\dfrac{\pi d^3}{16}$
中空丸軸	内径：d_1 外径：d_2	$\dfrac{\pi(d_2^4 - d_1^4)}{32}$	$\dfrac{\pi(d_2^4 - d_1^4)}{16 d_2}$

例題 4.2　長さ $l = 1\,\mathrm{m}$，直径 $d = 30\,\mathrm{mm}$ の中実丸軸にねじりモーメント $M_{\mathrm{t}} = 500\,\mathrm{N \cdot m}$ が作用している．この材料のせん断弾性係数 $G = 80\,\mathrm{GPa}$ のとき，つぎの値を求めよ．

(1) 断面二次極モーメント I_{p}
(2) 中実丸軸に生じる最大せん断応力 $\tau_{\max}$
(3) 中実丸軸全体のねじれ角 φ

[解答]

(1) 式 (4.24) より，断面二次極モーメント I_{p} は，以下のように求められる．

$$I_{\mathrm{p}} = \frac{\pi d^4}{32} = \frac{\pi \times 30^4}{32} \simeq 7.953 \times 10^4 \simeq 7.95 \times 10^4\,\mathrm{mm}^4$$

(2) 式 (4.21) より，中実丸軸に生じる最大せん断応力 $\tau_{\max}$ は，以下のように求められる．

$$\tau_{\max} = \frac{M_t}{I_p}\frac{d}{2} = \frac{500 \times 10^3 \times 30}{7.952 \times 10^4 \times 2} \simeq 94.3\,\mathrm{MPa}$$

(3) 式 (4.19) より中実丸軸全体のねじれ角 φ は，以下のように求められる．

$$\varphi = \frac{M_t l}{G I_p} = \frac{500 \times 10^3 \times 1.0 \times 10^3}{80 \times 10^3 \times 7.952 \times 10^4} \simeq 7.86 \times 10^{-2}\,\mathrm{rad}$$

■

例題 4.3　長さ l，直径 d のアルミニウム合金製（せん断弾性係数 $G_{Al} = 27\,\mathrm{GPa}$）と軟鋼製（せん断弾性係数 $G_{St} = 81\,\mathrm{GPa}$）の中実丸軸がある．この中実丸軸にねじりモーメント M_t を作用させたとき，両者に発生する最大せん断応力 $\tau_{\max}$ とねじれ角 φ の比を求めよ．

[解答]　アルミニウム合金製の中実丸軸に発生する最大せん断応力を $\tau_{Al,\max}$，ねじれ角を φ_{Al}，軟鋼製の中実丸軸に発生する最大せん断応力を $\tau_{St,\max}$，ねじれ角を φ_{St} とする．式 (4.21) と式 (4.19) から，それぞれ

$$\tau_{Al,\max} = \frac{M_t}{I_p}\frac{d}{2}, \quad \varphi_{Al} = \frac{M_t l}{G_{Al} I_p}$$

$$\tau_{St,\max} = \frac{M_t}{I_p}\frac{d}{2}, \quad \varphi_{St} = \frac{M_t l}{G_{St} I_p}$$

となる．ただし，両中実丸軸の断面二次極モーメント I_p は，直径が同じであるため，

$$I_p = \frac{\pi d^4}{32}$$

となる．したがって，両中実丸軸の最大せん断応力とねじれ角の比は

$$\frac{\tau_{Al,\max}}{\tau_{St,\max}} = \frac{\dfrac{M_t}{I_p}\dfrac{d}{2}}{\dfrac{M_t}{I_p}\dfrac{d}{2}} = 1, \quad \frac{\varphi_{Al}}{\varphi_{St}} = \frac{\dfrac{M_t l}{G_{Al} I_p}}{\dfrac{M_t l}{G_{St} I_p}} = \frac{81}{27} = 3$$

となり，応力は材質に依存しないが，変形は材質に依存することが確認できる．■

4.4　伝動軸の設計

伝動軸は，軸の回転によって動力を伝える機械にとって，非常に重要な部品である．動力側が回転し，伝動軸によって機械側の従動部を回転させているとき，伝動軸にはねじりモーメントが発生しており，その大きさは伝達するトルクによって決まる．ト

ルクは力のモーメントであり，ねじりモーメントに置き換えることができる．しかし，伝動軸の設計時には伝達する**動力**（power）が設計値として与えられるのが一般的であり，トルクと伝達動力の関係を理解しなければならない．

伝動軸の回転角速度を ω [rad/s] とすると，動力 H [W] とトルク T [N·m] の関係はつぎのようになる．

$$T\,[\mathrm{N\cdot m}] = \frac{H\,[\mathrm{W}]}{\omega\,[\mathrm{rad/s}]} \tag{4.28}$$

さらに，回転角加速度 ω は通常，毎分回転数 n [rpm] で与えられるため，両者の関係は，

$$\omega\,[\mathrm{rad/s}] = \frac{2\pi n\,[\mathrm{rpm}]}{60} \tag{4.29}$$

となる．以上より，ねじりモーメント M_t は，

$$M_\mathrm{t} = T = \frac{30H}{\pi n}\,[\mathrm{N\cdot m}] \tag{4.30}$$

となる．したがって，式 (4.30) を式 (4.19) や式 (4.21) に代入すれば，ねじれ角 φ や最大せん断応力 $\tau_{\max}$ が求められる．

例題 4.4　伝達動力が $H = 50\,\mathrm{kW}$ の伝動軸を $n = 200\,\mathrm{rpm}$ で回転させた場合の伝達トルク T を求めよ．伝動軸の直径 $d = 40\,\mathrm{mm}$ の場合，最大せん断応力 $\tau_{\max}$ は何 MPa となるか答えよ．

［解答］　式 (4.28) より，トルク T は

$$T = \frac{30H}{\pi n} = \frac{30 \times 50 \times 10^3}{\pi \times 200} \simeq 2.387 \times 10^3 \simeq 2.39 \times 10^3\,\mathrm{N\cdot m}$$

となる．よって，最大せん断応力 $\tau_{\max}$ は，トルク T の単位を N·mm とすると，式 (4.21) より以下のように求められる．

$$\tau_{\max} = \frac{M_\mathrm{t}}{I_\mathrm{p}}\frac{d}{2} = \frac{T}{I_\mathrm{p}}\frac{d}{2} = \frac{2.387 \times 10^6 \times 40}{(\pi \times 40^4/32) \times 2} \simeq 190\,\mathrm{MPa}$$

■

演習問題

4-1　厚さ $t = 1\,\mathrm{mm}$ の鋼板に直径 $d = 7\,\mathrm{mm}$ の円形の孔を工業用パンチで一つ開ける．鋼板のせん断強さ $\tau_\mathrm{B} = 240\,\mathrm{MPa}$ とすると，孔を開けるのに必要な最小荷重 P は何 kN か答

えよ．

4-2　図 4.13 のように，直径 $d_1 = 50\,\mathrm{mm}$ と直径 $d_2 = 40\,\mathrm{mm}$ で構成された段付き軸にねじりモーメント $M_t = 1000\,\mathrm{N \cdot m}$ が作用するとき，それぞれの直径部に発生する最大せん断応力 τ_{max} とねじれ角 φ を求めよ．軸長さは $l_1 = l_2 = 150\,\mathrm{mm}$ とし，軸のせん断弾性係数 $G = 80\,\mathrm{GPa}$ とする．

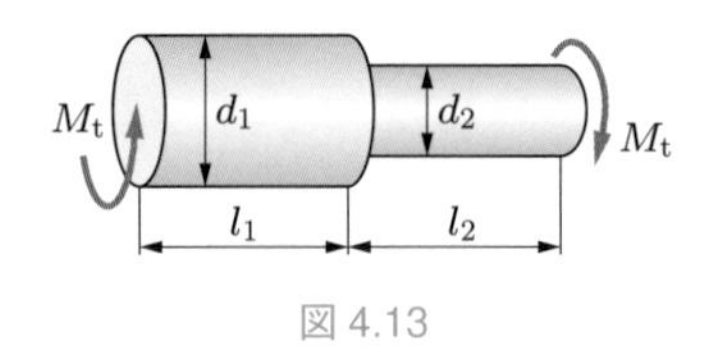

図 4.13

4-3　両端を剛体壁に固定された長さ l，直径 d の丸棒の左端から $0.4l$ の位置 C にねじりモーメント M_t が作用するとき，この軸に発生する最大せん断応力 τ_{max} と左端に対する点 C におけるねじれ角 φ を求めよ．

4-4　回転数 $n = 600\mathrm{rpm}$ で，動力 $H = 1\,\mathrm{kW}$ を伝達する直径 $d = 20\,\mathrm{mm}$ の中実丸軸がある．この軸と機械をつなぐため，図 4.14 のように，幅 $b = 6\,\mathrm{mm}$，高さ $h = 6\,\mathrm{mm}$，長さ $l = 25\,\mathrm{mm}$ の平行キーを使用する．キーに生じるせん断応力 τ を求めよ．

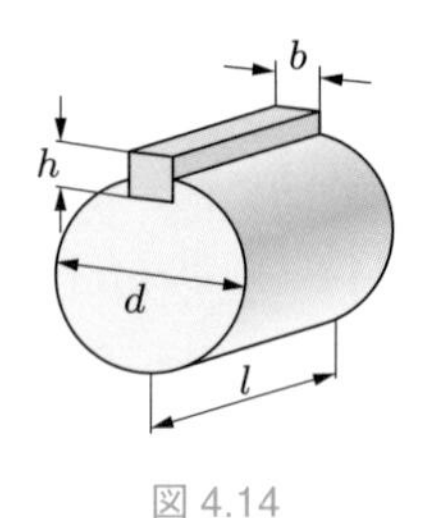

図 4.14

4-5　回転数 $n = 1600\,\mathrm{rpm}$ で，動力 $H = 18\,\mathrm{kW}$ を伝達する中実丸軸を設計する．軸材のせん断強さ $\tau_s = 200\,\mathrm{MPa}$，せん断弾性係数 $G = 83\,\mathrm{GPa}$ とし，安全率 $S = 5$ とする．このとき，安全に使用できる軸の最小直径 d_τ を求めよ．また，軸の許容比ねじれ角 $\varphi'_a = 4 \times 10^{-3}\,\mathrm{rad/m}$ とした場合の，軸の最小直径 d_φ を求めよ．

5 曲　げ

☑ 確認しておこう！

(1) 定規を両手で持って曲げて観察してみよう．図 5.1 のように，定規の平らな面を上にした場合と，エッジを上にした場合で，どのような違いがあるだろうか．また，引っ張った場合に変形は目視できるだろうか．

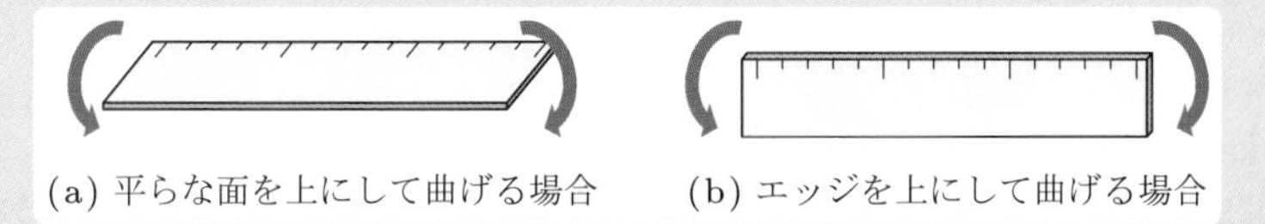

(a) 平らな面を上にして曲げる場合　(b) エッジを上にして曲げる場合

図 5.1

(2) 長さ l の細長い棒の両端が下から支えられており，左端から l_1 の位置に上から荷重 P が作用する場合の両端の反力を求めてみよう．

(3) 引張荷重，せん断荷重，ねじりモーメントが負荷された場合の外力（反力）と内力について説明してみよう．また，内力は垂直断面の位置によって異なるだろうか．

(4) 内力としての垂直力とせん断力の正負について説明してみよう．

これまで，材料に引張力，圧縮力やせん断力などの外力が負荷された場合にどのようにして応力や変形量を求めるか学んできた．本章では，細長い 1 次元の棒状の部材である "はり" が曲げ変形した際に，その横断面に生じる内力と応力の求め方を学ぶ．曲げは，機械要素や構造部材の設計において最も注意すべき外力である．

曲げの場合はこれまでと異なり，細長い部材の断面の位置によって内力が変化する．すなわち軸方向の座標位置に依存した内力を求めるため，座標軸を導入して考えることが重要になる．さらに，これまで学んだ内力は外力と同じ大きさであったが，曲げの場合は同じ断面に 2 種類の内力が同時に発生する．そのため，本章では，最初に曲げの内力について解説し，その後で曲げにより発生する応力の求め方について学ぶ†．

† 曲げによる変形量の求め方については第 6 章で学ぶ．

5.1 曲げとはり

これまで，材料に軸力として引張荷重や圧縮荷重が作用する場合，せん断荷重が作用する場合，そして，ねじりモーメントが作用する場合の，内力や応力，変形量やひずみについて学んできた．たとえば，図 5.2 に示すように細長い棒材に引張荷重やねじりモーメントを負荷した場合には，伸びやねじれ角が変形量として求められる．本章では，このような部材に対して，軸方向に垂直な荷重や力のモーメント（曲げ荷重）が作用し，軸と垂直な方向に変形する曲げについて考える．曲げでは，材料に負荷される外力が比較的小さな値であっても，材料に発生する応力や変形は大きな値となる場合がある．また，多くの機械要素や構造部材は曲げ荷重を受ける場合が多いため，材料が曲げられる際に生じる応力や変形を理解することは機械設計において必須である．

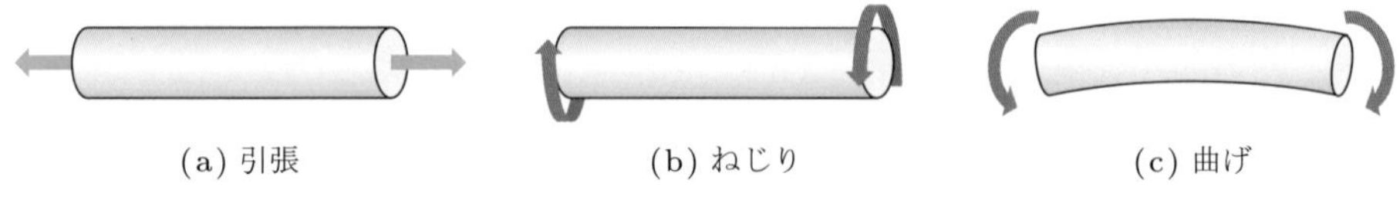

図 5.2 **荷重の種類と変形**

曲げ変形を生じる細長い 1 次元の棒状の部材のことを**はり**（梁，beam）とよび，とくにまっすぐなはりを**真直はり**（straight beam）という．本書では，真直はりのみを取り扱うものとし，以降は “はり” と表現する．また本章では，図 5.3 の左図に示すように左端面の一点（通常は中心）を座標原点とし，x 軸方向をはりの軸方向，軸に垂直上向き方向を y 軸の正方向とし，はりの断面は x 軸に垂直な断面とする．そして，この断面における応力を算出することと，この面の y 軸方向への変形量を算出することを合わせて，「はりの曲げ問題を解く」と表現する．さらに，はりの断面は図 5.3 の右図のように y 軸に対して対称とし，曲げ荷重は xy 面内に作用することを前提とする．このようなはりの状態を**対称曲げ**（symmetric bending）という．本書では，対称曲げのみを取り扱う．

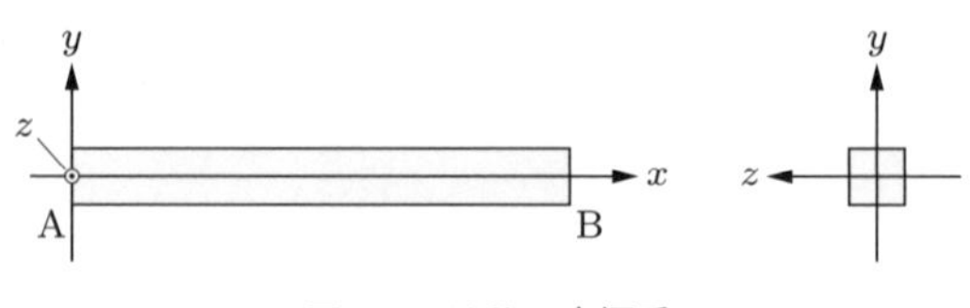

図 5.3 **はりの座標系**

5.2 はりの支持方法および荷重の種類

5.2.1 はりの支持方法と反力

はりの曲げ問題では，はりの支持方法（固定方法）と荷重の受け方にはいくつかの種類が存在し，実際の部材はそれらの組み合わせで近似できることが多い．はりの支持方法には表 5.1 に示すような移動支点，回転支点，固定支点の 3 種類があり，それぞれ自由度が異なる．**移動支点**（roller support）は x 方向への移動および z 軸まわりの回転が可能であり，y 方向に移動することはできない．したがって，移動支点では外力に対して y 方向の反力が発生する．**回転支点**（pinned support）は z 軸まわりの回転のみ可能であり，x 方向および y 方向の反力が発生する．**固定支点**（fixed support）は自由度がないため，x，y 方向の反力に加えて，z 軸まわりに反モーメントが発生する．反力，反モーメントを求める際には，表 5.1 に示す方向を正とする反力と反モーメントが発生するものと仮定して，力のつり合い式と力のモーメントのつり合い式を立てる．力のモーメントは，右手系では反時計回りが正方向であるが，5.3 節で説明する内力の正負との混乱を避けるため，本書では時計回りを正として定義している．これらの支持方法の組み合わせによるはりの名称を表 5.2 にまとめる．本章では，おもに片持ちはりと単純支持はりを取り上げる．

表 5.1　支点の種類

種　類	移動支点	回転支点	固定支点
模式図	R_y y z x	R_y R_x	R_y R_x M_z
状　態	x 方向に移動可， z 軸まわりに回転可	z 軸まわりに回転可	移動も回転も不可
反　力	y 方向反力	x 方向反力， y 方向反力	x 方向反力，y 方向反力， z 軸まわりの反モーメント

5.2.2 はりに作用する外力

はりに作用する外力には，大別すると以下の 3 種類がある．

(1) はりの一点に y 方向に負荷される集中荷重 P

(2) はりの一部あるいは全体にわたって y 方向に負荷される分布荷重 $f(x)$

(3) はりの一点に z 軸（紙面に垂直な回転軸）まわりに負荷される力のモーメント（モーメント荷重）M

表 5.2　**おもなはりの種類**

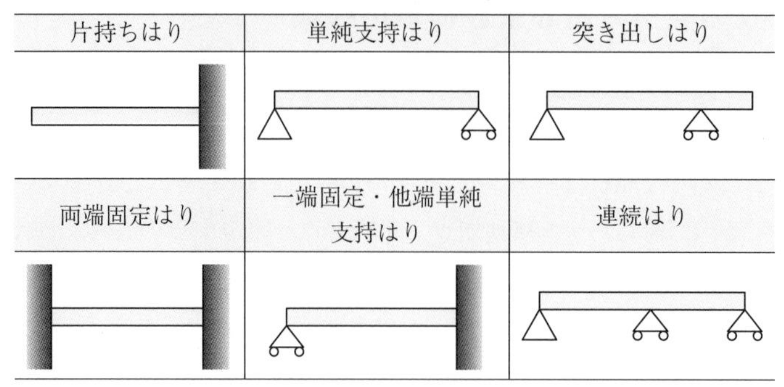

集中荷重の単位はNである．一方，分布荷重は単位長さあたりの荷重として定義され，その単位はN/mである．また，一様な大きさで負荷される分布荷重のことを等分布荷重とよぶ．

本章でおもに取り扱う片持ちはりと単純支持はりに各種の荷重が付加される様子を表 5.3 にまとめる．ここで，座標原点はつねにはりの左端とすることに注意してほしい．この理由は，片持ちはりの問題を解く際に，はりの先端を座標原点とすることで計算が容易になるからである．また，はりや荷重の種類をよく理解して，問題を解く際には必ず図を描くことが重要である．

表 5.3　**はりに負荷される荷重**

	片持ちはり	単純支持はり
集中荷重	P	P
等分布荷重	f_0	f_0
分布荷重（例）	$f(x)$	$f(x)$
モーメント荷重	M	M　M

5.2.3 ▶ 反力と反モーメントの求め方

はりに外力が作用した場合，荷重と支持方法に応じて反力や反モーメントが発生するが，材料力学では，すべての力と力のモーメントはつり合っていることを前提として問題を解く．そのため，はりに作用するすべての外力と反力を考え，力のつり合い式を立てて，反力や反モーメントを求める．

たとえば，図 5.4 に示すような長さ l の片持ちはりに等分布荷重 f_0 が作用している場合の反力について求めてみる．片持ちはりの右端は固定支点であるから，表 5.1 に示したように x 方向と y 方向の反力，z 軸まわりのモーメントが発生すると考える．このとき，材料に作用する力を図示するとよい．たとえば，図 5.4 の等分布荷重を受ける片持ちはりの場合は図 5.5 のようになる．このような図を**自由体図**（free body diagram）とよぶ．自由体図には，等分布荷重 f_0 の矢印のほかに，固定支点 B（点 B）に x 方向の反力 R_{Bx} と y 方向の反力 R_{By}，z 軸まわりの反モーメント M_B が正方向[†]に作用していると仮定し，図 5.5 のように矢印で表す．そして，x 方向と y 方向の力のつり合い式，力のモーメントのつり合い式を立てて，反力 R_{Bx} と R_{By}，反モーメント M_B を求める．ここで，等分布荷重 f_0 は単位長さあたりの荷重で，単位は N/m であることに注意する．

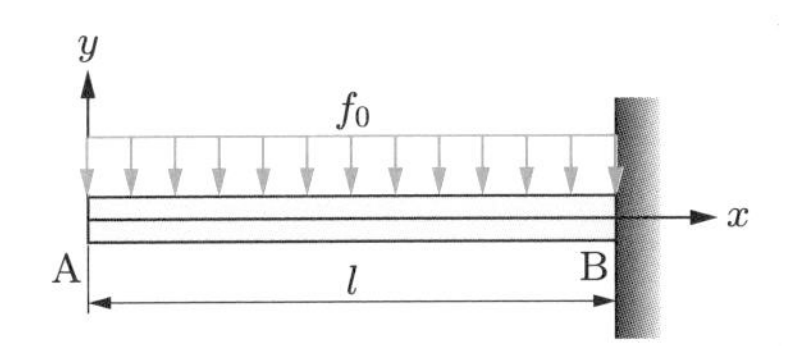

図 5.4　**等分布荷重を受ける片持ちはり**

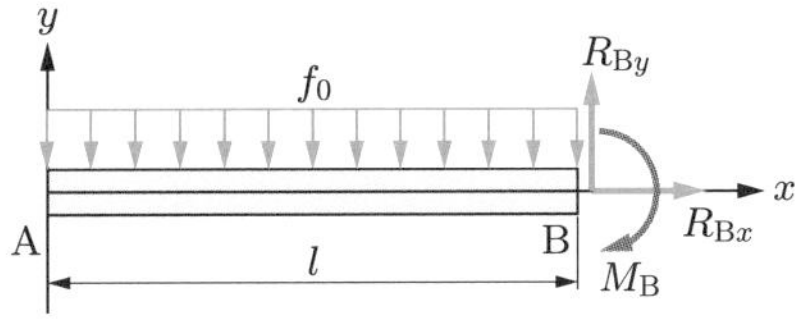

図 5.5　**等分布荷重を受ける片持ちはりの自由体図**

この問題では，はりは全長 l にわたって等分布荷重 f_0 を受けているため，等分布荷重 f_0 による合力は $f_0 l$ である．図 5.5 の自由体図では，この合力 $f_0 l$ と点 B における y 方向の反力 R_{By} がつり合っているため，y 方向の力のつり合い式は，

$$R_{By} - f_0 \times l = 0 \quad \Rightarrow \quad R_{By} = f_0 l \tag{5.1}$$

となり，反力 R_{By} を求めることができる．なお，x 方向に作用する外力はないため，反力 R_{Bx} は

$$R_{Bx} = 0 \tag{5.2}$$

となる．

---

† 本書では，第 1 章で述べたように力のモーメントは時計回りを正とする．

つぎに，力のモーメントのつり合い式から反モーメント M_{B} を求める．分布荷重の問題では，分布荷重を集中荷重に置き換えることができる．その際の集中荷重の値は分布荷重の分布形状の面積と等しくなり，集中荷重が作用する位置は分布形状の重心となる．この問題では荷重の分布形状は長方形なので，図 5.6 に示すように，等分布荷重 f_0 は大きさ $f_0 l$ の集中荷重が $x = l/2$ の位置に作用していると考えることができ，点 B に関する力のモーメントのつり合い式から，反モーメント M_{B} はつぎのように求めることができる．

$$M_{\mathrm{B}} - f_0 l \times \frac{l}{2} = 0 \quad \Rightarrow \quad M_{\mathrm{B}} = \frac{f_0 l^2}{2} \tag{5.3}$$

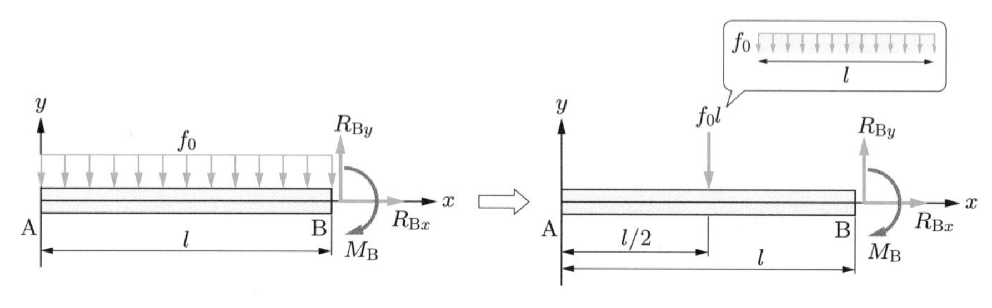

図 5.6　等分布荷重から集中荷重への変換

例題 5.1　図 5.7 に示すように，長さ $l = 2\,\mathrm{m}$ の単純支持はりの左半分に等分布荷重 $f_0 = 5\,\mathrm{N/m}$ が作用しているときの点 A と点 B における反力を求めよ．

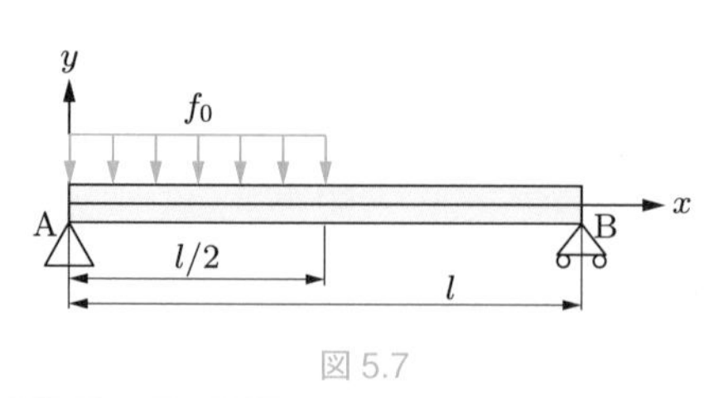

図 5.7

［解答］　x 方向に外力は作用していないので，点 A と点 B にはそれぞれ R_{A} および R_{B} の y 方向の反力のみ生じている．はりに作用している等分布荷重の合計は，

$$f_0 \times \frac{l}{2} = 5\,\mathrm{N}$$

となるので，y 方向の力のつり合い式から，

$$R_{\mathrm{A}} + R_{\mathrm{B}} - \frac{f_0 l}{2} = 0 \quad \Rightarrow \quad R_{\mathrm{A}} + R_{\mathrm{B}} - 5 = 0$$

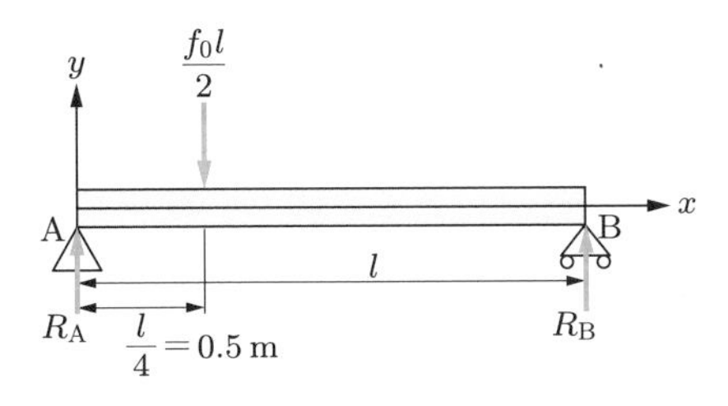

図 5.8

となる．つぎに，力のモーメントのつり合いを考える．等分布荷重の合計である 5 N は，分布形状の重心に作用すると考えることができる．したがって，図 5.8 に示すように，$x = l/4 = 0.5\,\mathrm{m}$ の位置に 5 N の集中荷重が作用していると考えると，点 A における力のモーメントのつり合い式より，

$$\frac{f_0 l}{2} \times \frac{l}{4} - R_B \times l = 0 \quad \Rightarrow \quad R_B = \frac{f_0 l}{8} = 1.25\,\mathrm{N}$$

となる．この反力 R_B を力のつり合い式に代入すると，反力 R_A は

$$R_A + R_B - 5 = 0 \quad \Rightarrow \quad R_A = -R_B + 5 = 3.75\,\mathrm{N}$$

となる．■

5.3　せん断力と曲げモーメント

図 5.9 のように点 A（$x = 0$）に集中荷重 P を受ける長さ l の片持ちはりを例として，はりに作用する内力を考えてみる．このはりを点 A から x 離れた位置（点 C）で仮想的に切断し，AC 部の力のつり合いを考える．AC 部には下向きに集中荷重 P が作用しているので，y 方向の力がつり合うためには，点 C の切断面に集中荷重 P と大きさが同じで向きが逆となる内力 Q が作用していなければならない．この Q のように，はりの断面に対して平行に生じる内力のことを**せん断力**（shearing force）とよぶ．そして，はりの各断面でのせん断力 Q の大きさと正負の向きを図示したものを**せん断力図**（shearing force diagram：SFD）とよぶ．

つぎに，AC 部の点 C における力のモーメントのつり合いを考えると，点 C の切断面には力のモーメント Px と大きさが同じで向きが逆の内力モーメント M が作用していなければならない．この M のように断面内に生じる内力モーメントのことを**曲げモーメント**（bending moment）とよぶ．そして，はりの各断面での曲げモーメント M の大きさと正負の向きを図示したものを**曲げモーメント図**（bending moment diagram：BMD）とよぶ．SFD と BMD について詳しくは 5.5 節で説明する．

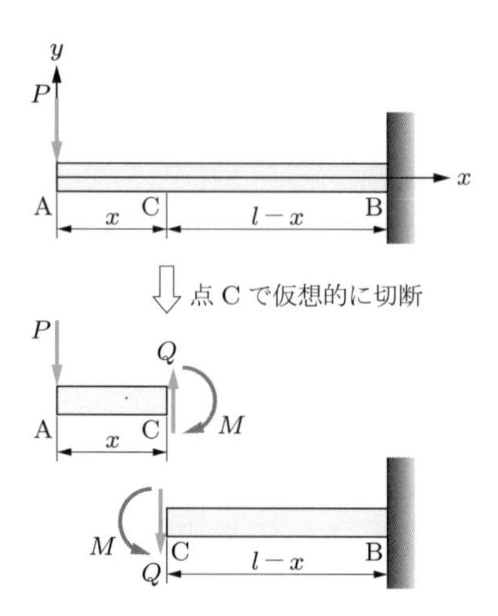

図 5.9　**はりに生じる内力（せん断力，曲げモーメント）**

このように，はりにはせん断力 Q と曲げモーメント M の二つの内力が作用し，これらは軸方向（x 方向）の位置で変化するため，x の関数として求められる†．せん断力 Q と曲げモーメント M には正負の向きがあるが，本書では表 5.4 のように，せん断力 Q は右側断面に上方向に作用する場合を正，曲げモーメント M は上に凸に変形するように作用する場合を正とする．また，せん断力 Q と曲げモーメント M は内力のため，CB 部の左側断面には AC 部の右側断面と大きさが同じで向きが逆のせん断力 Q と曲げモーメント M が作用するが，本書では $x=0$ である点 A を基準として仮想切断し，仮想切断したはりの左側部分でせん断力 Q と曲げモーメント M の式を求める．

表 5.4　**せん断力と曲げモーメントの正負**

	正	負
せん断力 Q	Q　Q	Q　Q
曲げモーメント M	M　M	M　M

† せん断力 Q と曲げモーメント M は x の関数であるため，正確には $Q(x)$ と $M(x)$ と表記すべきだが，ここでは Q と M と表記している．

5.4 分布荷重，せん断力，曲げモーメントの関係

はりの問題を解く際には，分布荷重，せん断力，曲げモーメントの関係を知っておくと便利である．いま，図 5.10 のように分布荷重 $f(x)$ を受ける単純支持はりを考える．この単純支持はりから微小部分 dx を仮想的に切り出し，力のつり合いと力のモーメントのつり合いを考える．微小部分 dx の左側に作用するせん断力を Q，曲げモーメントを M とする．微小部分 dx の右側に作用するせん断力と曲げモーメントは，左側に作用するせん断力 Q と曲げモーメント M に対して dQ と dM だけ変化が生じるとすると，右側に作用するせん断力は $Q + dQ$，曲げモーメントは $M + dM$ となる．また，微小部分のため分布荷重 $f(x)$ は一定として考えることができるので，分布荷重 $f(x)$ は図 5.11 のように集中荷重 $f(x)\,dx$ に置き換えることができる．

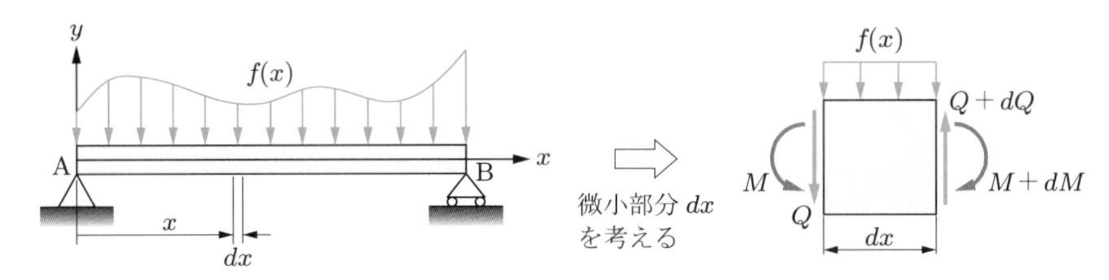

図 5.10　分布荷重を受ける単純支持はり

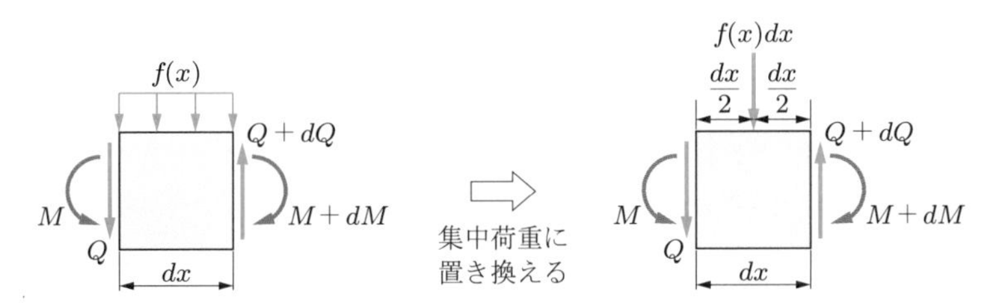

図 5.11　微小部分に作用する分布荷重，せん断力，曲げモーメント

したがって，図 5.11 の右図の微小部分 dx における y 方向の力のつり合い式は，

$$(Q + dQ) - Q - f(x)dx = 0 \quad \Rightarrow \quad \frac{dQ}{dx} = f(x) \tag{5.4}$$

となり，せん断力 Q の傾きは分布荷重 $f(x)$ に等しくなる．したがって，分布荷重 $f(x)$ が作用しない位置では，せん断力 Q は一定となる．

また，図 5.11 の右図の右側断面に関する力のモーメントのつり合い式は，

$$(M+dM)-M-Q\times dx-f(x)dx\times\frac{dx}{2}=0$$

$$\Rightarrow\quad dM-Qdx-f(x)\frac{(dx)^2}{2}=0 \tag{5.5}$$

となる．さらに，高次の微小項 $(dx)^2$ を無視すると，

$$dM-Qdx=0\quad\Rightarrow\quad\frac{dM}{dx}=Q \tag{5.6}$$

となり，曲げモーメント M の傾きがせん断力 Q となる．したがって，せん断力 Q が作用していない位置では，曲げモーメント M は極値をとりうることになる．

以上の式 (5.4) と式 (5.6) から，分布荷重 $f(x)$，せん断力 Q，曲げモーメント M の関係はつぎのようになる．

$$\frac{\mathrm{d}^2M}{dx^2}=\frac{dQ}{dx}=f(x) \tag{5.7}$$

5.5 SFD と BMD

はりの SFD と BMD は，以下の手順で求めることができる．ただし，STEP1 は分布荷重の問題のみで必要で，集中荷重の問題では STEP2 から始める．

STEP1　分布荷重を集中荷重に置き換える（分布荷重の問題のみ）．
STEP2　支点に作用する反力と反モーメントを図に描く．
STEP3　力のつり合い式，力のモーメントのつり合い式から，反力と反モーメントを求める．
STEP4　$x=0$ から任意の位置 x ではりを仮想的に切断し，せん断力 Q と曲げモーメント M の式を求める．
STEP5　SFD と BMD を描く．

5.5.1 ▶ 等分布荷重を受ける片持ちはりの場合

図 5.12 のように等分布荷重 f_0 を受ける長さ l の片持ちはりの SFD と BMD を求める．なお，片持ちはりの問題では，反力と反モーメントはせん断力 Q と曲げモーメント M の式に入ってこないため求める必要はないが，本書では参考として掲載している．

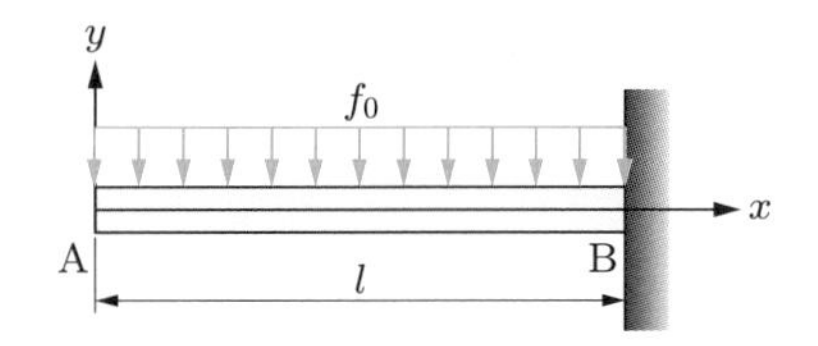

図 5.12 等分布荷重を受ける片持ちはり

STEP1 分布荷重を集中荷重に置き換える場合，集中荷重の値は分布荷重の分布形状の面積と等しく，集中荷重が作用する位置は分布形状の重心となる．図 5.12 の等分布荷重の分布形状は長方形のため，集中荷重の値は $f_0 l$ で，集中荷重 $f_0 l$ が作用する位置は $x = l/2$ となる．したがって，力つり合いと力のモーメントのつり合いが図 5.12 と等価な図は，図 5.13 の右図となる．

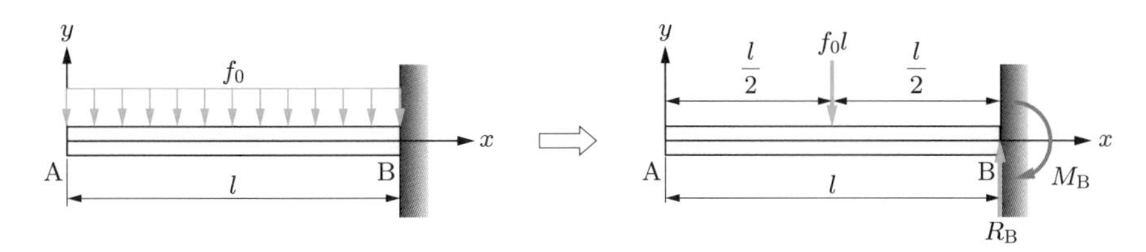

図 5.13 等分布荷重を集中荷重に置き換え，反力と反モーメントを描いた等分布荷重を受ける片持ちはり

STEP2 表 5.1 で示したように，固定支点には x 方向の反力と y 方向の反力，そして反モーメントが生じる．しかし，いまは x 方向には外力が作用していないため，点 B の固定支点には y 方向の反力のみを描く[†1]．したがって，点 B に作用する反力 R_B と反モーメント M_B は図 5.13 の右図のようになる．ただし，この段階では反力 R_B と反モーメント M_B の向きは定まらないため，正の方向に作用していると仮定している[†2]．

STEP3 y 方向の力のつり合い式から，反力 R_B は，

$$R_B - f_0 l = 0 \quad \Rightarrow \quad R_B = f_0 l \tag{5.8}$$

となる．また，点 B における力のモーメントのつり合い式から，反モーメント M_B は，

$$M_B - f_0 l \times \frac{l}{2} = 0 \quad \Rightarrow \quad M_B = \frac{f_0 l^2}{2} \tag{5.9}$$

---

†1 一般的な片持ちはりの問題では，x 方向に外力は作用しない．そのため，これ以降の問題でも，固定支点に生じる反力は y 方向のみ記載し，x 方向については省略する．

†2 反力は y 軸に合わせて上向きを正方向，反モーメントは時計回りを正方向と定義している．計算の結果，符号が負となれば，仮定した向きが逆であったことになる．

となる.

STEP4　図5.14のように，点A（$x=0$）からx離れた位置（点C）ではりを仮想的に切断し，切断面にせん断力Qと曲げモーメントMが正の方向に作用していると仮定する．つぎに，等分布荷重f_0を集中荷重f_0xに置き換えると，力のつり合いと力のモーメントのつり合いが図5.14の左図と等価な図は，右図となる．したがって，y方向の力のつり合い式から，せん断力Qは，

$$Q - f_0x = 0 \quad \Rightarrow \quad Q = f_0x \tag{5.10}$$

と，xの一次関数となる．一方，点Cにおける力のモーメントのつり合い式から，曲げモーメントMは，

$$M - f_0x \times \frac{x}{2} = 0 \quad \Rightarrow \quad M = \frac{1}{2}f_0x^2 \tag{5.11}$$

と，xの二次関数となる．ここで，式(5.7)の関係を用いると，下記のようにせん断力Qと曲げモーメントMの式を容易に検証することができるので，曲げモーメントMの式が導出できたら確認するとよい．

$$\begin{aligned} M = \frac{1}{2}f_0x^2 \quad &\Rightarrow \quad \frac{dM}{dx} = \frac{d}{dx}\left(\frac{1}{2}f_0x^2\right) = f_0x = Q \\ &\Rightarrow \quad \frac{dQ}{dx} = \frac{d}{dx}(f_0x) = f_0 \end{aligned} \tag{5.12}$$

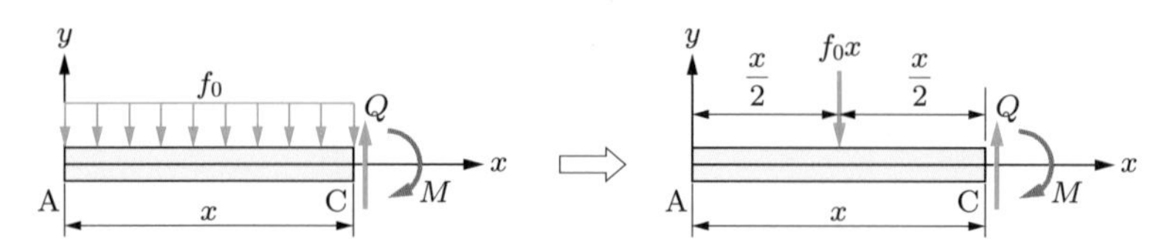

図5.14　**切断面に作用するせん断力と曲げモーメント**

STEP5　式(5.10)と式(5.11)からSFDとBMDを描く．詳細は5.6.1項と5.6.4項で説明するが，はりに生じるせん断応力と垂直応力の最大値は，SFDとBMDにおいて，正負問わず大きさが最大となる位置で生じる．最大せん断応力$Q_{\max}$と最大曲げモーメント$M_{\max}$の大きさと位置は強度設計において極めて重要となるため，SFDとBMDに必ず記載するようにする．

式(5.10)と式(5.11)は単調増加関数で，$x=0$で$Q=0$，$M=0$のため，最大せん断力は$x=l$で$Q_{\max}=f_0l$，最大曲げモーメントは$x=l$で$M_{\max}=f_0l^2/2$となる．

したがって，SFD と BMD は図 5.15 のようになる．ここで，表 5.4 のせん断力 Q と曲げモーメント M の正負の定義をもう一度確認してほしい．せん断力 Q と曲げモーメント M の正負は値の大小ではなく，せん断力と曲げモーメントが作用する方向を示したものである．したがって，たとえば SFD は図 5.16 のように，このはりが正方向にせん断力が作用した微小要素の集合体であることを示している．

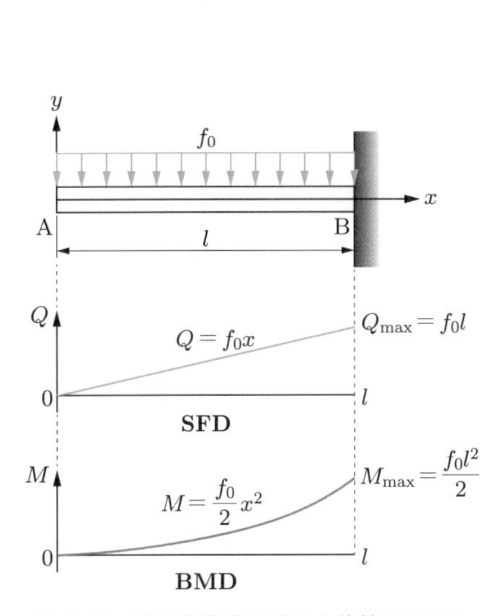

図 5.15 等分布荷重を受ける片持ちはりの SFD と BMD

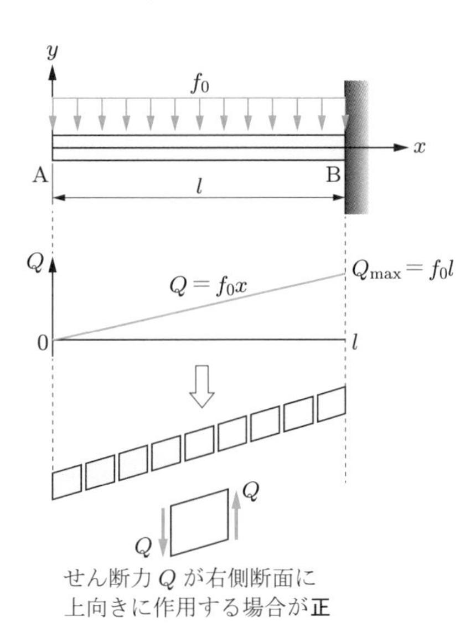

図 5.16 SFD とせん断力の向き

5.5.2 ▶ 先端に集中荷重を受ける片持ちはりの場合

図 5.17 のように点 A（$x = 0$）に集中荷重 P を受ける長さ l の片持ちはりの SFD と BMD を求める．集中荷重の問題なので STEP2 から始める．

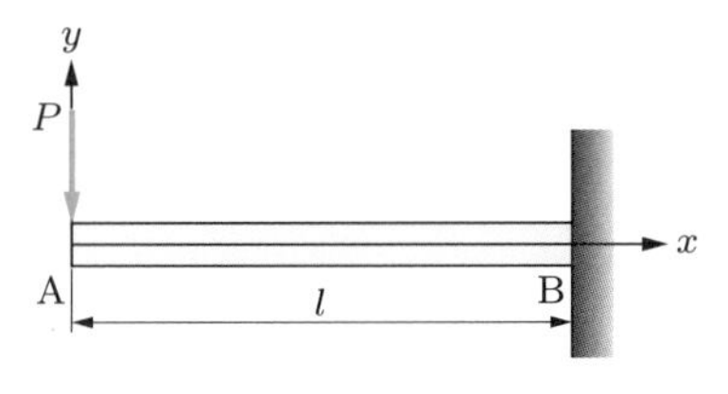

図 5.17 集中荷重を受ける片持ちはり

STEP2 点 B の固定支点に反力 R_{B} と反モーメント M_{B} が正方向に作用していると仮定し，図 5.18 のように描く．

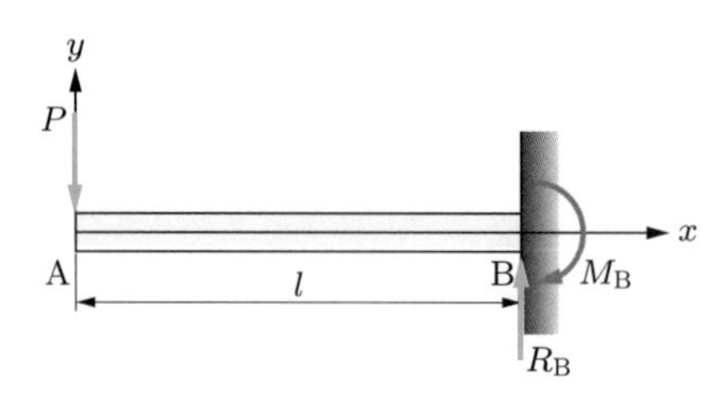

図 5.18　反力と反モーメント

STEP3　y 方向の力のつり合い式から，反力 R_B は，

$$R_B - P = 0 \quad \Rightarrow \quad R_B = P \tag{5.13}$$

となる．また，点 B における力のモーメントのつり合い式から，反モーメント M_B は，

$$M_B - P \times l = 0 \quad \Rightarrow \quad M_B = Pl \tag{5.14}$$

となる．

STEP4　図 5.19 のように点 A から x 離れた位置（点 C）で仮想的に切断し，切断面にせん断力 Q と曲げモーメント M が正の方向に作用していると仮定する．y 方向の力のつり合い式から，せん断力 Q は，

$$Q - P = 0 \quad \Rightarrow \quad Q = P \tag{5.15}$$

と，一定値となる．一方，点 C における力のモーメントのつり合い式から，曲げモーメント M は，

$$M - P \times x = 0 \quad \Rightarrow \quad M = Px \tag{5.16}$$

と，x の一次関数となる．

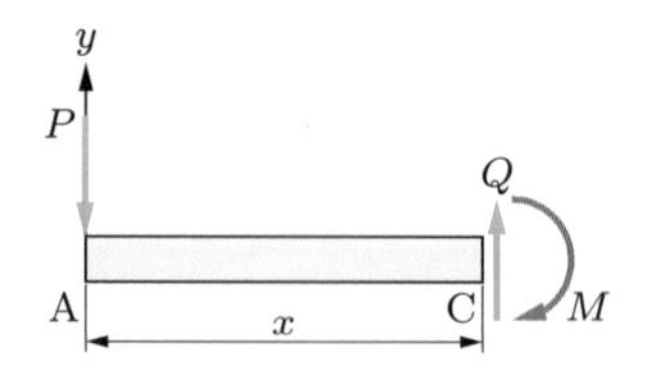

図 5.19　切断面に作用するせん断力と曲げモーメント

STEP5　式 (5.15) と式 (5.16) から SFD と BMD を描くと，図 5.20 のようになる．最大せん断力は $Q_{\max} = P$ となり，最大曲げモーメントは $x = l$ で $M_{\max} = Pl$ となる．

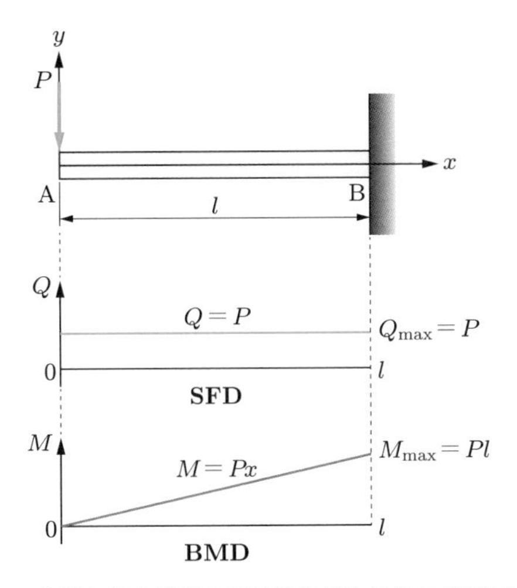

図 5.20 先端に集中荷重を受ける片持ちはりの SFD と BMD

5.5.3 ▶ 等分布荷重を受ける単純支持はりの場合

図 5.21 のように等分布荷重 f_0 を受ける長さ l の単純支持はりの SFD と BMD を求める．

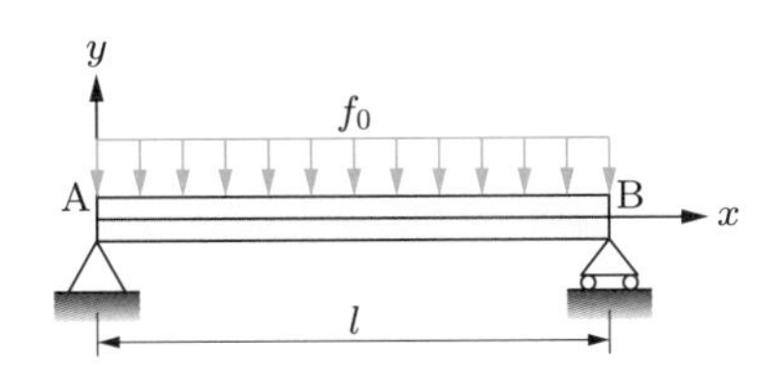

図 5.21 等分布荷重を受ける単純支持はり

STEP1 等分布荷重の分布形状は長方形のため，集中荷重の値は $f_0 l$，集中荷重 $f_0 l$ が作用する位置は $x = l/2$ となる．したがって，力のつり合いと力のモーメントのつり合いが図 5.21 と等価な図は，図 5.22 の右図のようになる．

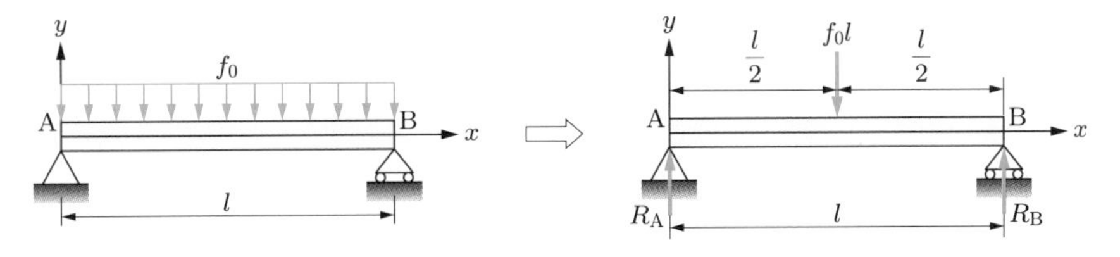

図 5.22 等分布荷重を集中荷重に置き換え，反力を描いた等分布荷重を受ける単純支持はり

STEP2　点Aの回転支点と点Bの移動支点に作用する反力を図5.22の右図のように描く.

STEP3　y 方向の力のつり合い式は,

$$R_A + R_B - f_0 l = 0 \tag{5.17}$$

となる. また, 点Bにおける力のモーメントのつり合い式から, 反力 R_A は,

$$R_A \times l - f_0 l \times \frac{l}{2} = 0 \quad \Rightarrow \quad R_A = \frac{f_0 l}{2} \tag{5.18}$$

となる. したがって, 式(5.17)に式(5.18)の反力 R_A を代入すると, 反力 R_B は,

$$\frac{f_0 l}{2} + R_B - f_0 l = 0 \quad \Rightarrow \quad R_B = \frac{f_0 l}{2} \tag{5.19}$$

となる.

STEP4　図5.23のように, 点Aから x 離れた位置（点C）で仮想的に切断し, 切断面にせん断力 Q と曲げモーメント M が正の方向に作用していると仮定する. y 方向の力のつり合い式から,

$$Q + R_A - f_0 x = 0 \tag{5.20}$$

となる. したがって, 式(5.20)に式(5.18)の反力 R_A を代入すると, せん断力 Q は,

$$Q + \frac{f_0 l}{2} - f_0 x = 0 \quad \Rightarrow \quad Q = f_0\left(x - \frac{l}{2}\right) \tag{5.21}$$

と, x の一次関数となる. つぎに, 点Cにおける力のモーメントのつり合い式から,

$$M - f_0 x \times \frac{x}{2} + R_A \times x = 0 \tag{5.22}$$

となる. よって, 式(5.22)に式(5.18)の反力 R_A を代入すると, 曲げモーメント M は,

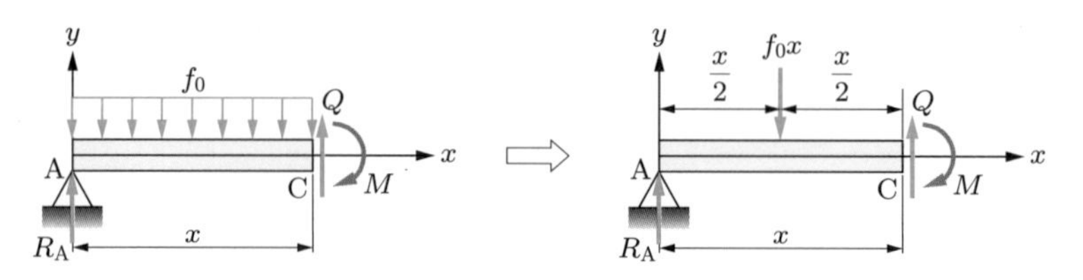

図5.23　切断面に作用するせん断力と曲げモーメント

$$M - f_0 x \times \frac{x}{2} + \frac{f_0 l}{2} \times x = 0$$

$$\Rightarrow \quad M = f_0\left(\frac{1}{2}x^2 - \frac{l}{2}x\right) = \frac{f_0}{2}(x^2 - lx) \tag{5.23}$$

と，x の二次関数となる．

STEP5　式 (5.21) と式 (5.23) から SFD と BMD を描くと，図 5.24 のようになる．最大せん断力は，$x = 0$ で $Q_{\max} = -f_0 l/2$，$x = l$ で $Q_{\max} = f_0 l/2$ となる．最大曲げモーメントは，5.4 節より $Q = 0$ となる $x = l/2$ で生じ，$M_{\max} = -f_0 l^2/8$ となる．

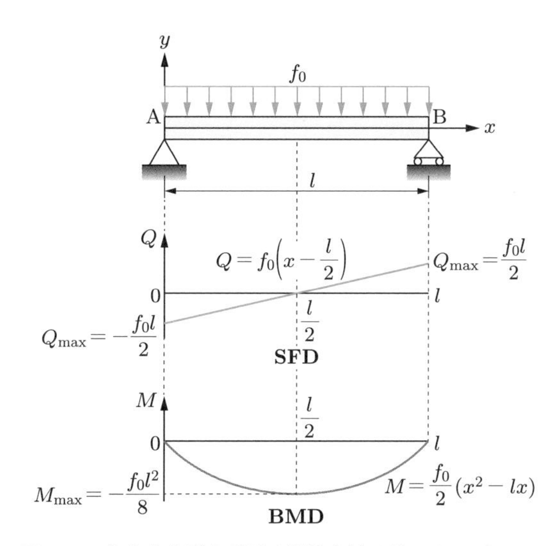

図 5.24　等分布荷重を受ける単純支持はりの SFD と BMD

5.5.4 ▶ 集中荷重を受ける単純支持はりの場合

図 5.25 のように点 A（$x = 0$）から l_1 離れた位置（点 C）に集中荷重 P を受ける長さ l の単純支持はりの SFD と BMD を求める．ただし，$l = l_1 + l_2$ で $l_1 < l_2$ とする．集中荷重の問題なので STEP2 から始める．

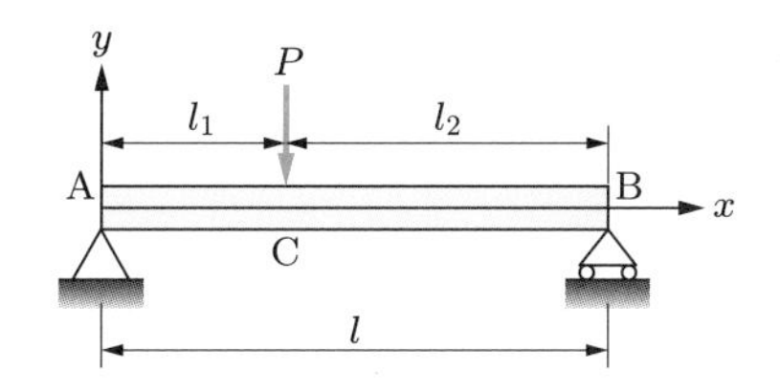

図 5.25　集中布荷重を受ける単純支持はり

STEP2　点 A の回転支点と点 B の移動支点に作用する反力を図 5.26 のように描く．

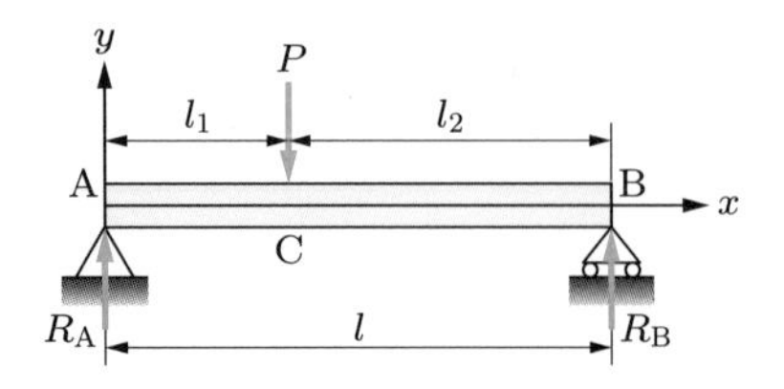

図 5.26　**反力を描いた集中荷重を受ける単純支持はり**

STEP3　y 方向の力のつり合い式は，

$$R_A + R_B - P = 0 \tag{5.24}$$

となる．また，点 B における力のモーメントのつり合い式から，反力 R_A は，

$$R_A \times l - P \times l_2 = 0 \quad \Rightarrow \quad R_A = \frac{l_2}{l}P \tag{5.25}$$

となる．したがって，式 (5.24) に式 (5.25) の反力 R_A を代入すると，反力 R_B は，

$$\frac{l_2}{l}P + R_B - P = 0 \quad \Rightarrow \quad R_B = \frac{l - l_2}{l}P = \frac{l_1}{l}P \tag{5.26}$$

となる．

STEP4　集中荷重を受ける単純支持はりの問題では，点 C の左右でせん断力 Q と曲げモーメント M の式が異なってくる．そのため，(i) $0 \leq x \leq l_1$ と，(ii) $l_1 \leq x \leq l$ で場合分けし，それぞれの区間でのせん断力 Q と曲げモーメント M の式を求める．

(i) $0 \leq x \leq l_1$ の場合

図 5.27 のように，点 A から x 離れた位置（点 D）で仮想的に切断し，切断面にせん断力 Q_1 と曲げモーメント M_1 が正の方向に作用していると仮定する．y 方向の力のつり合い式から，

$$Q_1 + R_A = 0 \quad \Rightarrow \quad Q_1 = -R_A \tag{5.27}$$

となる．したがって，式 (5.27) に式 (5.25) の反力 R_A を代入すると，せん断力 Q_1 は，

$$Q_1 = -\frac{l_2}{l}P \tag{5.28}$$

と，一定値となる．つぎに，点 D における力のモーメントのつり合い式から，

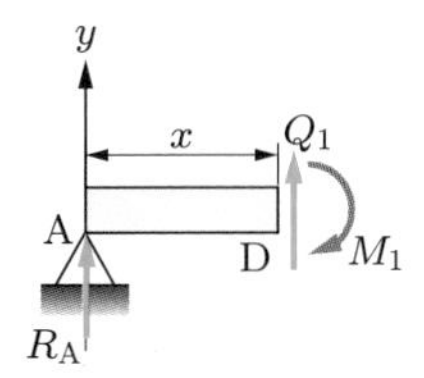

図 5.27 **切断面に作用するせん断力と曲げモーメント**（$0 \leq x \leq l_1$）

$$M_1 + R_A \times x = 0 \quad \Rightarrow \quad M_1 = -R_A x \tag{5.29}$$

となる．よって，式 (5.29) に式 (5.25) の反力 R_A を代入すると，曲げモーメント M_1 は，

$$M_1 = -\frac{Pl_2}{l}x \tag{5.30}$$

と，x の一次関数となる．

(ii) $l_1 \leq x \leq l$ の場合

図 5.28 のように，点 A から x 離れた位置（点 E）で仮想的に切断し，切断面にせん断力 Q_2 と曲げモーメント M_2 が正の方向に作用していると仮定する．y 方向の力のつり合い式から，

$$Q_2 + R_A - P = 0 \quad \Rightarrow \quad Q_2 = P - R_A \tag{5.31}$$

となる．したがって，式 (5.31) に式 (5.25) の反力 R_A を代入すると，せん断力 Q_2 は，

$$Q_2 = \frac{l_1}{l}P \tag{5.32}$$

と，一定値となる．つぎに，点 E における力のモーメントのつり合い式から，

$$M_2 + R_A \times x - P \times (x - l_1) = 0 \quad \Rightarrow \quad M_2 = P(x - l_1) - R_A x \tag{5.33}$$

となる．よって，式 (5.33) に式 (5.25) の反力 R_A を代入すると，曲げモーメント M_2 は，

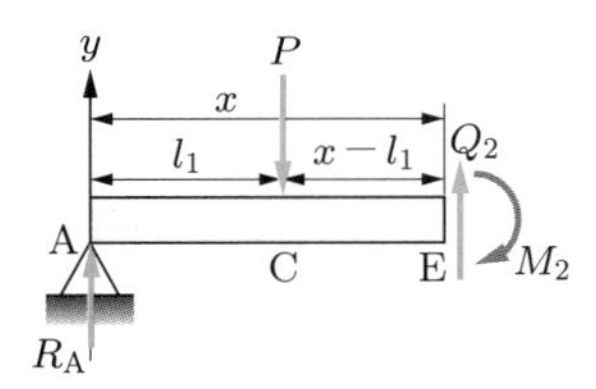

図 5.28 **切断面に作用するせん断力と曲げモーメント**（$l_1 \leq x \leq l$）

$$M_2 = -\frac{Pl_1}{l}(l - x) \tag{5.34}$$

と，x の一次関数となる．

STEP5　$0 \leq x \leq l_1$ では式 (5.28) と式 (5.30) から，$l_1 \leq x \leq l$ では式 (5.32) と式 (5.34) から SFD と BMD を描くと，図 5.29 のようになる．$l_1 \leq l_2$ のため，最大せん断力は $0 \leq x \leq l_1$ で $Q_{\max} = -l_2P/l$ となる．せん断力 Q は集中荷重 P が作用する点 C で不連続に変化し，$l_1 \leq x \leq l$ では，$Q_{\max} = -l_2P/l$ から集中荷重の値である P だけ変化した $Q_2 = l_1P/l$ となる．最大曲げモーメントは集中荷重 P が作用する点 C（$x = l_1$）で $M_{\max} = -Pl_1(l - l_1)/l = -Pl_1l_2/l$ となり，点 C で曲げモーメント M の傾きは急激に変化する．

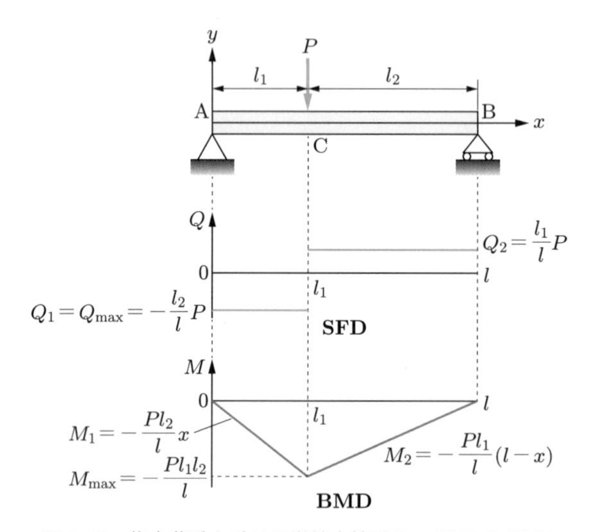

図 5.29　集中荷重を受ける単純支持はりの SFD と BMD

例題 5.2　図 5.30 のように，点 A でゼロ，点 B で f_0 の三角形状分布荷重 $f(x)$ を受ける長さ l の単純支持はりの SFD と BMD を求めよ．

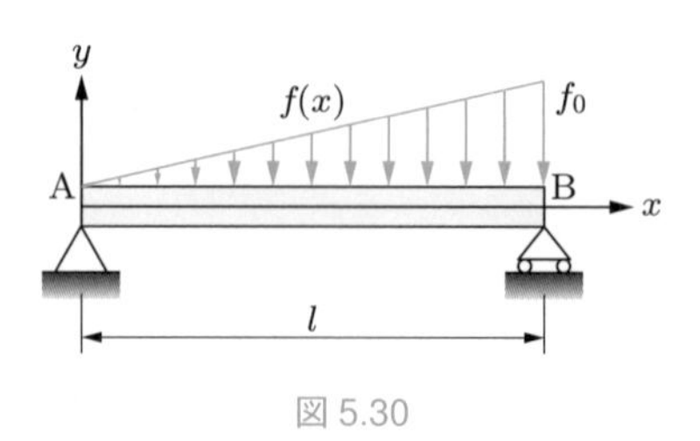

図 5.30

[解答]　はりの長さが l，点 B での荷重が f_0 であるため，三角形状分布荷重 $f(x)$ の関数形は，$f(x) = f_0 x/l$ となる．

STEP1　三角形状分布荷重の分布形状は三角形であるため，集中荷重の値は $f_0 l/2$，集中荷重 $f_0 l/2$ が作用する位置は $x = 2l/3$ となる．したがって，力のつり合いと力のモーメントのつり合いが図 5.30 と等価な図は，図 5.31 の右図のようになる．

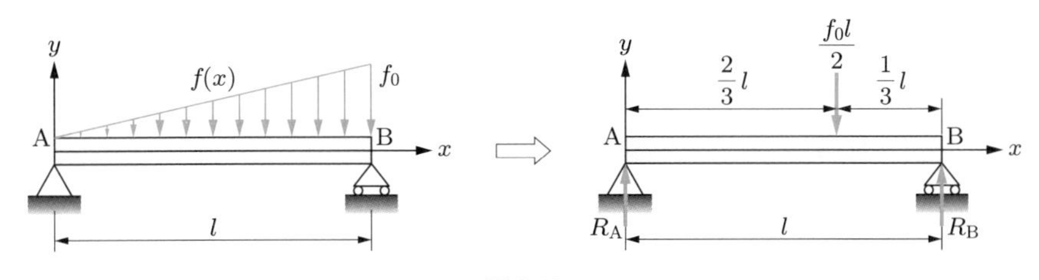

図 5.31

STEP2　点 A の回転支点と点 B の移動支点に作用する反力を，図 5.31 の右図のように描く．

STEP3　y 方向の力のつり合い式は，

$$R_\mathrm{A} + R_\mathrm{B} - \frac{f_0 l}{2} = 0$$

となる．また，点 B における力のモーメントのつり合い式から，反力 R_A は，

$$R_\mathrm{A} \times l - \frac{f_0 l}{2} \times \frac{l}{3} = 0 \quad \Rightarrow \quad R_\mathrm{A} = \frac{f_0 l}{6}$$

となる．したがって，y 方向の力のつり合い式に反力 R_A を代入すると，反力 R_B は，

$$\frac{f_0 l}{6} + R_\mathrm{B} - \frac{f_0 l}{2} = 0 \quad \Rightarrow \quad R_\mathrm{B} = \frac{f_0 l}{3}$$

となる．

STEP4　図 5.32 のように，点 A から x 離れた位置（点 C）で仮想的に切断し，切断面にせん断力 Q と曲げモーメント M が正の方向に作用していると仮定する．y 方向の力のつり合い式は，

$$Q + R_\mathrm{A} - \frac{f_0 x^2}{2l} = 0$$

となる．したがって，この式に反力 R_A を代入すると，せん断力 Q は，

$$Q + \frac{f_0 l}{6} - \frac{f_0 x^2}{2l} = 0 \quad \Rightarrow \quad Q = \frac{f_0}{2l}x^2 - \frac{f_0 l}{6} = \frac{f_0}{2l}\left(x^2 - \frac{l^2}{3}\right)$$

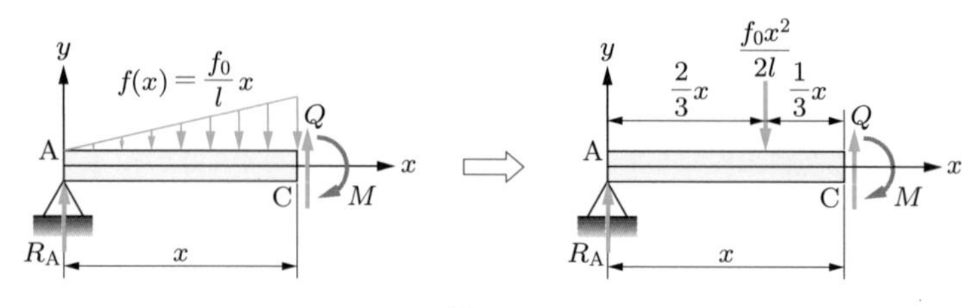

図 5.32

と，x の二次関数となる．つぎに，点 C における力のモーメントのつり合い式から，

$$M - \frac{f_0x^2}{2l} \times \frac{x}{3} + R_A \times x = 0$$

となる．よって，この式に反力 R_A を代入すると，曲げモーメント M は，

$$M - \frac{f_0x^2}{2l} \times \frac{x}{3} + \frac{f_0l}{6} \times x = 0 \quad \Rightarrow \quad M = \frac{f_0}{6l}x^3 - \frac{f_0l}{6}x = \frac{f_0}{6l}(x^3 - lx)$$

と，x の三次関数となる．

STEP5　せん断力 Q と曲げモーメント M の式から SFD と BMD を描くと，図 5.33 のようになる．最大せん断力は $x = l$ で $Q_{max} = f_0l/3$ となる．せん断力 Q がゼロとなる位置（= 最大曲げモーメントが生じる位置）は，つぎのように求めることができる．

$$Q = \frac{f_0}{2l}\left(x^2 - \frac{l^2}{3}\right) \quad \Rightarrow \quad 0 = \frac{f_0}{2l}\left(x^2 - \frac{l^2}{3}\right) \quad \Rightarrow \quad x = \frac{l}{\sqrt{3}}$$

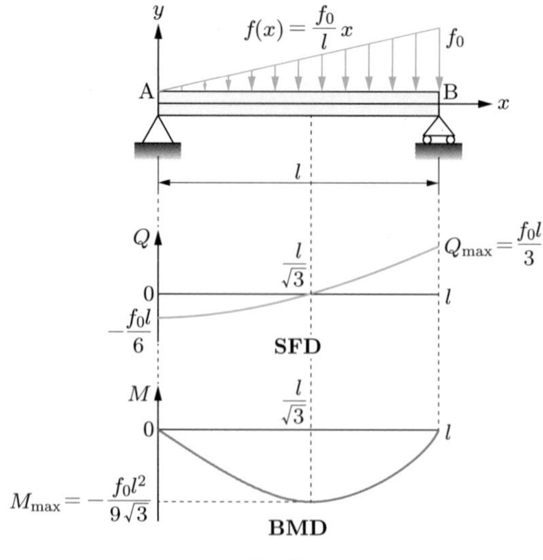

図 5.33

したがって，最大曲げモーメントは $x = l/\sqrt{3}$ で $M_{\max} = -f_0 l^2/9\sqrt{3}$ となる． ■

5.6 応力とひずみ

本節では，はりの断面に作用する内力（せん断力と曲げモーメント）からせん断応力と垂直応力，ひずみを計算する方法，さらにそれらの応力とひずみが断面内にどのように分布するかについて説明する．

5.6.1 ▶ 曲げモーメントによる垂直応力とひずみ

曲げモーメント M による垂直応力 σ を導くために，せん断力 Q が作用せず，曲げモーメント M のみではりが曲げられている場合について考えてみる．このような曲げは**純曲げ**（pure bending）といい，単純支持はりの両端に回転モーメントが作用した場合や，単純支持はりに等間隔な 2 箇所に同じ大きさと向きの集中荷重が負荷された場合（4 点曲げ）の荷重点間に生じる．いま，図 5.34 のように両端に正の曲げモーメント M が作用したはりについて考える．このはりの微小要素は上に凸に変形し，上面 AC は伸びて A′C′ となり，下面 BD は縮んで B′D′ となる．このことは上面と下面の中間に伸び縮みが生じない面があることを意味している．この面のことを**中立面**（natural surface）とよび，中立面と断面の交線のことを**中立軸**（natural axis）とよぶ．曲げによる垂直応力は，この中立軸の位置が基準となる．なお，純曲げにおいては，中立面とはりの断面はつねに直交すると仮定する．

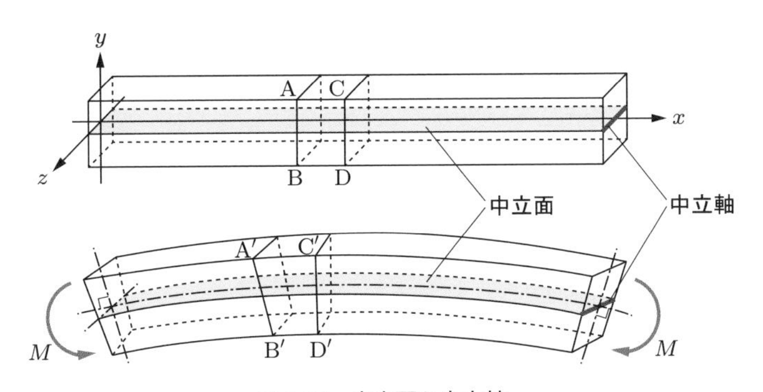

図 5.34　中立面と中立軸

曲げモーメント M により伸び縮みが生じるということは，はりの断面内には中立軸を挟んで引張と圧縮の垂直応力が生じていることになる．ここで，第 2 章の式 (2.3) で学んだ垂直応力 σ と内力 N の関係（生じている応力を断面内ですべて足し合わせれば内力 N になる）を思い出す．すると，曲げモーメント M は，図 5.35 のように，

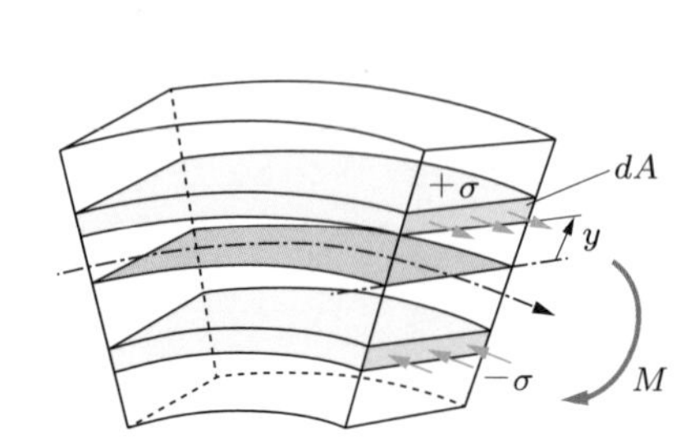

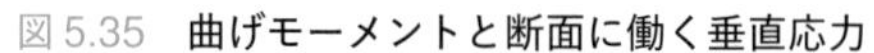
図 5.35　**曲げモーメントと断面に働く垂直応力**

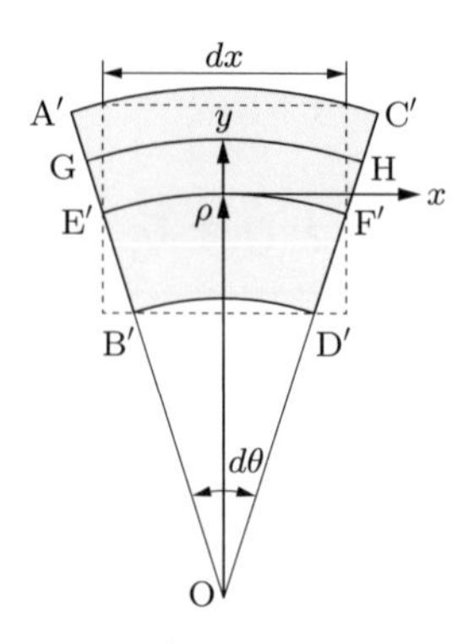

図 5.36　**曲げモーメントによる変形**

微小断面 dA に生じている引張と圧縮の垂直応力 σ に，中立軸からの距離 y を掛けて断面全体で足し合わせることで，

$$M = \int_A y \times \sigma \, dA \tag{5.35}$$

となる．

つぎに，断面の回転による変形について考えてみよう．はりの微小部分 dx についての変形を図 5.36 に示す．はりの中立面は変形前後で長さは同じだが，その形状は変形前が直線であったのに対し，変形後は円弧となる．中立面の曲率半径を ρ で表すと，中立面から距離 y の位置における垂直ひずみ ε は，

$$\varepsilon = \frac{\widehat{\mathrm{GH}} - \widehat{\mathrm{E'F'}}}{\widehat{\mathrm{E'F'}}} = \frac{(\rho + y)d\theta - \rho d\theta}{\rho d\theta} = \frac{y}{\rho} \tag{5.36}$$

となる．ここで，E′F′ は中立面である．また，フックの法則より

$$\sigma = E\varepsilon \quad \Rightarrow \quad \sigma = E\frac{y}{\rho} \tag{5.37}$$

であるから，この式を式 (5.35) に代入すると，

$$M = \int_A y \times E\frac{y}{\rho} dA = \int_A E\frac{y^2}{\rho} dA = \frac{E}{\rho}\int_A y^2 \, dA \tag{5.38}$$

となる．ここで，

$$I = \int_A y^2 dA \tag{5.39}$$

を中立軸に関する**断面二次モーメント**（second moment of area）とよぶ[†1]．したがって，式 (5.38) は，

$$M = \frac{E}{\rho} I \quad \Rightarrow \quad \frac{1}{\rho} = \frac{M}{EI} \tag{5.40}$$

となり，右辺の EI を**曲げ剛性**（flexural rigidity）とよぶ[†2]．この式を式 (5.37) に代入すると，つぎのようになる．

$$\sigma = \frac{M}{I} y \tag{5.41}$$

よって，曲げによりはりの断面に生じる垂直応力 σ は，中立軸からの距離 y の一次関数であり，y の正負によって引張応力あるいは圧縮応力となる．中立面上では $y=0$ であるから垂直応力は発生しないため，伸びも縮みもしない．このように曲げ荷重を受けるはりでは，同じ断面上に，正負，大きさの異なる垂直応力が分布している．これらをまとめて**曲げ応力** σ（bending stress）とよぶ．図 5.37 に，正の曲げモーメントを受けるはりに生じる曲げ応力 σ の分布を示す．はりの上面（$y = h_1$）に生じる最大引張応力 $\sigma_{\mathrm{t,max}}$，およびはりの下面（$y = -h_2$）に生じる最大圧縮応力 $\sigma_{\mathrm{c,max}}$ は，

$$\sigma_{\mathrm{t,max}} = \frac{M}{I} h_1 = \frac{M}{Z_1} \quad (Z_1 = I/h_1) \tag{5.42}$$

$$\sigma_{\mathrm{c,max}} = -\frac{M}{I} h_2 = -\frac{M}{Z_2} \quad (Z_2 = I/h_2) \tag{5.43}$$

となる．ここで，Z_1 と Z_2 は**断面係数**（section modulus）とよばれ，中立軸に対して対称な断面形状であれば $Z_1 = Z_2$ となる．

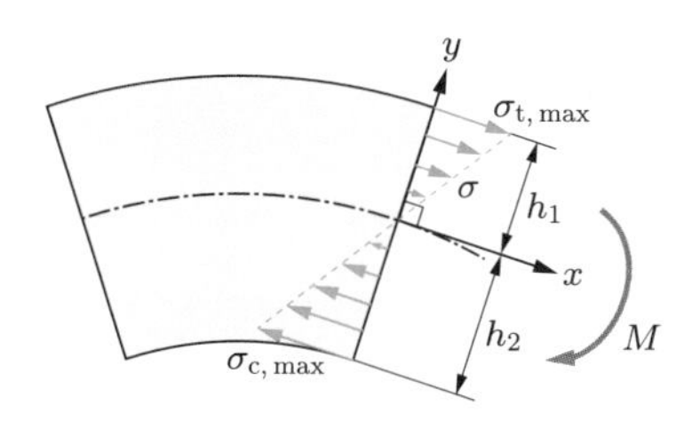

図 5.37　**曲げ応力の分布**

†1　断面二次モーメント I の詳細については 5.6.2 項で説明する．

†2　曲げ剛性 EI は，引張荷重における伸び剛性 EA，せん断におけるせん断剛性 GA，ねじりにおけるねじり剛性 GI_{p} と同様，曲げ荷重に対する材料の変形しにくさを表す物理量である．

また，断面に垂直方向の内力 N は，曲げ応力 σ を断面内ですべて足し合わせたものとなるので，

$$N = \int_A \sigma\, dA \tag{5.44}$$

と表すことができる．しかし，純曲げでは曲げモーメントだけを受け，軸方向に外力は作用しないため，

$$N = \int_A \sigma\, dA = \frac{E}{\rho} \int_A y\, dA = 0 \tag{5.45}$$

となる．縦弾性係数 E と曲率半径 ρ はゼロではないため，式 (5.45) を満足するためには，$\int_A y\, dA = 0$ でなければならない．ここで，

$$S = \int_A y\, dA \tag{5.46}$$

とおき，S を**断面一次モーメント**（first moment of area）とよぶ．断面一次モーメント S は任意の軸に対する面積の偏りを表す量であり，この値がゼロであるということは，中立軸が断面の図心であることを意味している．

5.6.2 ▶ 断面二次モーメントの具体例

断面二次モーメント I は，はりの断面形状によって決まる材料の曲がりにくさを示す重要な指針である．そのため，はりの断面形状に応じて計算される物理量である．ここでは，代表的なはりの断面として，長方形断面，円形断面について断面二次モーメント I を求めてみる．ただし，はりの断面における中立軸は z 軸であり，断面の図心を通ることを前提として，z 軸に関する断面二次モーメント I_z を算出する．

[1] 長方形断面の場合

幅 b，高さ h の長方形断面をもつはりの断面二次モーメント I について考えてみる．z 軸に関する断面二次モーメント I_z は，式 (5.39) から

$$I_z = \int_A y^2\, dA \tag{5.47}$$

となり，y は中立軸からの距離を表している．図 5.38 に示すように，はりの断面の図心が z 軸であれば，z 軸は中立軸と同一になる．微小断面積 dA を中立軸から y だけ離れた位置からの高さ dy の領域とすると，

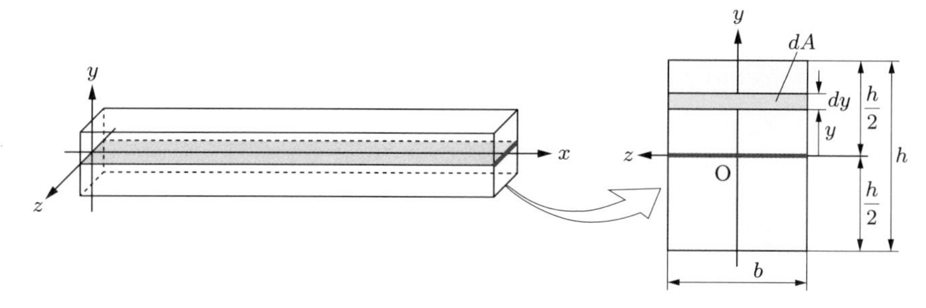

図 5.38　**長方形断面はりの断面二次モーメント**

$$dA = b\,dy \tag{5.48}$$

となる．積分区間は $-h/2 \leq y \leq +h/2$ となるため，z 軸に関する断面二次モーメント I_z は

$$I_z = \int_A y^2\,dA = \int_{-h/2}^{h/2} y^2 b dy = b\int_{-h/2}^{h/2} y^2 dy = b\left[\frac{y^3}{3}\right]_{-h/2}^{h/2} = \frac{bh^3}{12}$$

となる．つまり，

$$I_z = \frac{bh^3}{12} \tag{5.49}$$

が得られる．長方形断面を有するはりの断面二次モーメント I_z は，断面の高さ h の 3 乗に比例するため，高さ h を大きくすることで曲がりにくくなる．たとえば，幅を変えずに高さを 2 倍にすれば，断面二次モーメント I_z は 8 倍となる．

［2］円形断面の場合

直径 d（$= 2r_0$）の円形断面をもつはりの断面二次モーメントについて考えてみる．微小断面積 dA は，図 5.39 に示すように中立軸から y だけ離れた位置からの高さ dy の領域とする．円形断面のため極座標系を導入すると，

$$z = r_0 \cos\theta, \quad y = r_0 \sin\theta \tag{5.50}$$

であり，y を θ で微分すると，

$$\frac{dy}{d\theta} = r_0 \cos\theta \quad \Rightarrow \quad dy = r_0 \cos\theta \times d\theta \tag{5.51}$$

となる．以上より，微小断面積 dA は，

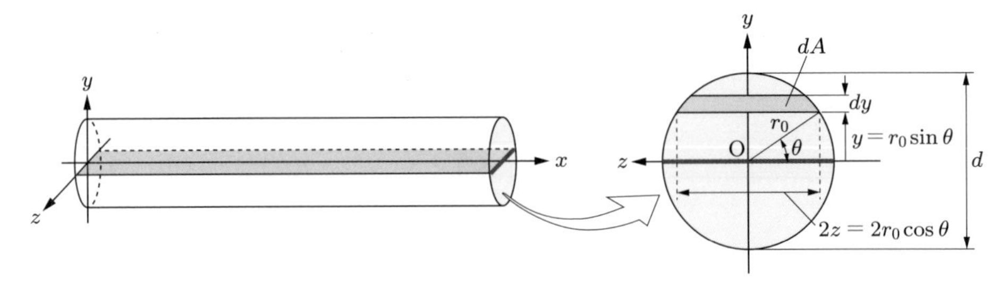

図 5.39　円形断面はりの断面二次モーメント

$$dA = 2zdy = 2r_0 \cos\theta \times r_0 \cos\theta \times d\theta = 2r_0^2 \cos^2\theta \, d\theta \tag{5.52}$$

と表せる．よって，断面二次モーメント I_z は式 (5.47) より

$$I_z = \int_A y^2 \, dA = \int_A (r_0^2 \sin^2\theta)^2 \times (2r_0^2 \cos^2\theta \, d\theta) = 2r_0^4 \int_A \sin^2\theta \cos^2\theta \, d\theta \tag{5.53}$$

となる．ここで，dA は z 軸に対称であるから，積分区間は $0 \leq \theta \leq \pi/2$ として全体を2倍すればよい．したがって，z 軸に関する断面二次モーメント I_z は，

$$I_z = 2 \times 2r_0^4 \int_0^{\pi/2} \sin^2\theta \cos^2\theta \, d\theta = \frac{\pi r_0^4}{4} = \frac{\pi d^4}{64}$$

となる．つまり，

$$I_z = \frac{\pi d^4}{64} \tag{5.54}$$

が得られる．

断面二次モーメント I_z および断面係数 Z は，曲げにおいて重要な設計項目である．したがって，長方形および円形断面に対するこれらの式を表 5.5 にまとめる．

5.6.3 ▶ 平行軸の定理

ここまで図心を通る中立軸における断面二次モーメント I_z を求めたが，図心と異なる軸における断面二次モーメントを求めてみる．

図 5.40 に示すように，断面の図心 C_O との距離が a である z_1 軸に関する断面二次モーメント I_{z_1} を求める．微小断面 dA について，z 軸からの距離を y とすると，z_1 軸からの距離 y_1 は $y + a$ と表される．z_1 軸に関する断面二次モーメントは，式 (5.47) より

表 5.5 **断面二次モーメントおよび断面係数**

断面形状		断面二次モーメント I_z	断面係数 Z
長方形		$I_z = \dfrac{bh^3}{12}$	$Z = \dfrac{6}{bh^2}$
円形		$I_z = \dfrac{\pi d^4}{64}$	$Z = \dfrac{6}{\pi d^3}$

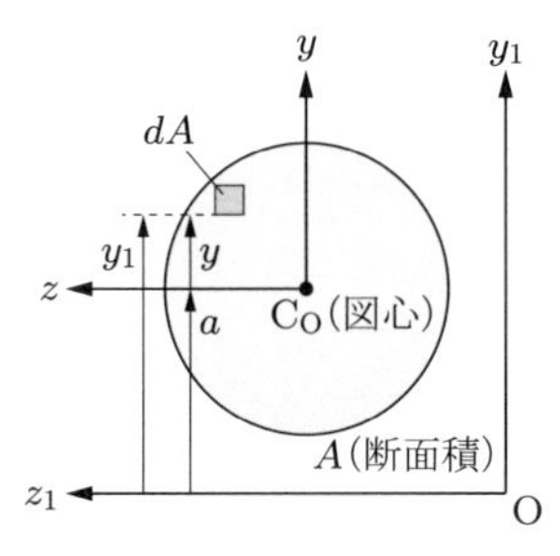

図 5.40 z_1 **軸に関する断面二次モーメント**

$$
\begin{aligned}
I_{z_1} &= \int_A y_1^2\, dA = \int_A (a+y)^2 dA \\
&= a^2 \int_A dA + 2a \int_A y\, dA + \int_A y^2 dA
\end{aligned}
\tag{5.55}
$$

となる．ただし，$\int_A y\, dA$ は図心 $\mathrm{C_O}$ を通る z 軸に関する断面一次モーメントであるからゼロとなり，$\int_A y^2 dA$ は z 軸に関する断面二次モーメント I_z である．したがって，z_1 軸に関する断面二次モーメント I_{z_1} は

$$
I_{z_1} = a^2 \int_A dA + I_z = a^2 A + I_z \tag{5.56}
$$

となる．このように，図心を通らない z_1 軸に関する断面二次モーメント I_{z1} は，図心を通る軸に関する断面二次モーメント I_z に，両軸の距離 a の 2 乗と断面積 A の積を加えて求めることができる．これを**平行軸の定理**（parallel axis theorem）という．

例題 5.3

(1) 図 5.41 に示す内径 d_1，外径 d_2 の中空円形断面の図心を通る z 軸に関する断面二次モーメント I_z を求めよ．

(2) 図 5.42 に示す左右，上下対称の I 型断面の図心を通る z 軸に関する断面二次モーメント I_z を求めよ．

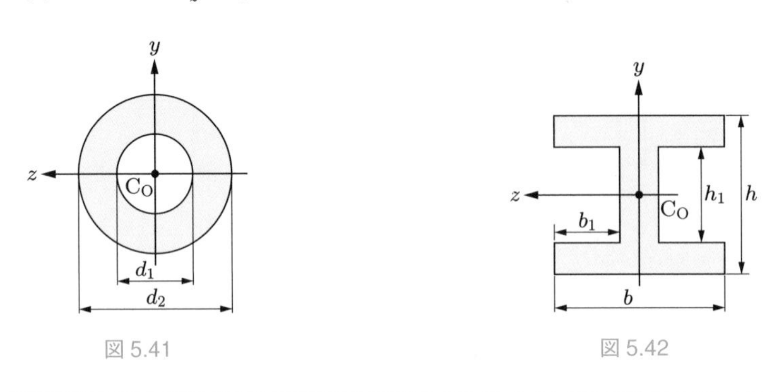

図 5.41　　図 5.42

［解答］ (1) 断面二次モーメント I_z は，中立軸からの距離と断面の形状によってのみ決まる値であるため，図 5.43 に示すように中立軸が同じであれば，重ね合わせることができる．したがって，断面二次モーメント I_z は

$$I_z = \frac{\pi d_2^4}{64} - \frac{\pi d_1^4}{64} = \frac{\pi(d_2^4 - d_1^4)}{64}$$

となる．

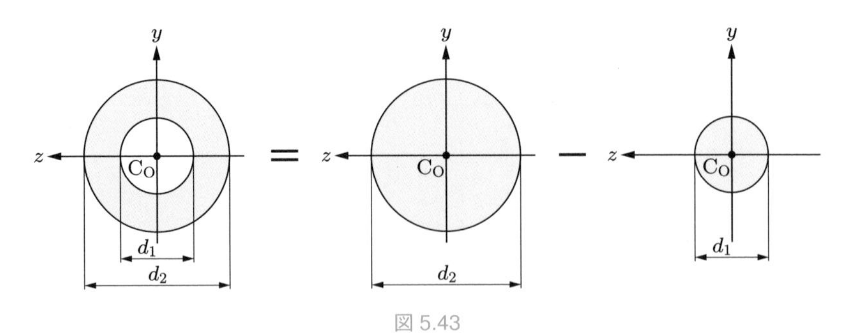

図 5.43

(2) 図 5.44 に示すように，断面二次モーメント I_z は幅 b，高さ h の長方形から幅 b_1，高さ h_1 の長方形を二つ取り除くように重ね合わせて算出できる．したがって，

$$I_z = \frac{bh^3}{12} - 2\frac{b_1 h_1^3}{12} = \frac{bh^3}{12} - \frac{b_1 h_1^3}{6}$$

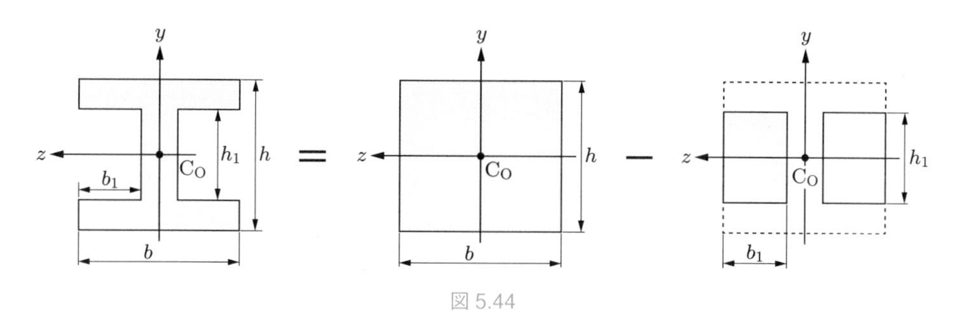

図 5.44

となる. ■

5.6.4 ▶ はりに生じるせん断応力

はりに生じるせん断応力 τ について考えてみる．第 4 章で学んだように，せん断荷重が与えられた場合には，断面に一様なせん断応力が生じたのに対し，ねじりモーメントを受けた場合には，断面の中心から外側に向かって大きくなるようなせん断応力 τ が生じた．曲げの場合にはどのようなせん断応力 τ が生じるだろうか．

図 5.45 (a) のようにせん断力 Q および曲げモーメント M が作用するはりについて，長さ dx の微小要素 ACHG に着目する．せん断応力は共役†のため，中立面から距離 y_1 における点 G に生じる yz 断面のせん断応力 τ_2 は，同じく点 G を含む xz 断面のせん断応力 τ_1 と等しくなる．この微小要素 ACHG において，図 5.45 (b) のように断面の幅を z_1，AA′G′G 面の微小面積を dA とすると，x 方向の力のつり合い式は，

$$\tau_1 z_1 dx + \int_A \sigma \, dA - \int_A (\sigma + d\sigma) dA = 0 \tag{5.57}$$

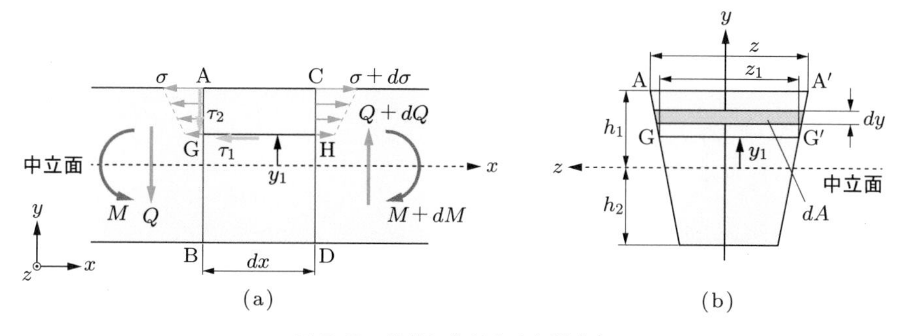

図 5.45 はりに生じるせん断応力

† 4.2 節を参照.

となる．ここで，式 (5.41) より式 (5.57) は，

$$\tau_1 z_1 dx + \frac{M}{I}\int_A y\,dA - \frac{M+dM}{I}\int_A y\,dA = 0 \tag{5.58}$$

となる．したがって，

$$\tau_1 z_1 dx = \frac{M+dM}{I}\int_A y\,dA - \frac{M}{I}\int_A y\,dA$$
$$\Rightarrow \quad \tau_1 z_1 dx = \left(\frac{dx}{I}\right)\left(\frac{dM}{dx}\right)\int_A y\,dA \tag{5.59}$$

となる．また，曲げモーメント M とせん断力 Q の関係式 (5.6) より

$$\tau_1 z_1 dx = \left(\frac{dx}{I}\right)Q\int_A y\,dA \tag{5.60}$$

となり，はりの断面に生じるせん断応力 $\tau_2 = \tau_1$ は以下のように表せる．

$$\tau_2 = \tau_1 = \frac{Q}{z_1 I}\int_A y\,dA = \frac{QS_1}{z_1 I} \tag{5.61}$$

ここで，$S_1 = \int_A y\,dA$ とおいた．

[1] 長方形断面の場合

図 5.46 の左図に示す幅 b，高さ h の長方形断面の場合のせん断応力分布を求めてみると，$z = z_1 = b$ より

$$\tau_2 = \frac{QS_1}{z_1 I} = \frac{Q}{z_1 I}\int_A y\,dA = \frac{Q}{bI}\int_{y_1}^{h_1} yb\,dy = \frac{3Q}{2bh}\left\{1 - \left(\frac{2y}{h}\right)^2\right\} \tag{5.62}$$

となる．ここで，断面内の平均せん断応力 τ_{ave} は

$$\tau_{\mathrm{ave}} = \frac{Q}{A} = \frac{Q}{bh} \tag{5.63}$$

となるため，式 (5.62) は，

$$\tau_2 = \frac{3}{2}\tau_{\mathrm{ave}}\left\{1 - \left(\frac{2y}{h}\right)^2\right\} \tag{5.64}$$

となる．したがって，せん断応力分布は図 5.46 の右図に示すように放物線となり，せん断応力 τ_1 は断面の上端（$y = h/2$）と下端（$y = -h/2$）でゼロ，最大せん断応力 $\tau_{\max}$ は中立軸（$y = 0$）で，

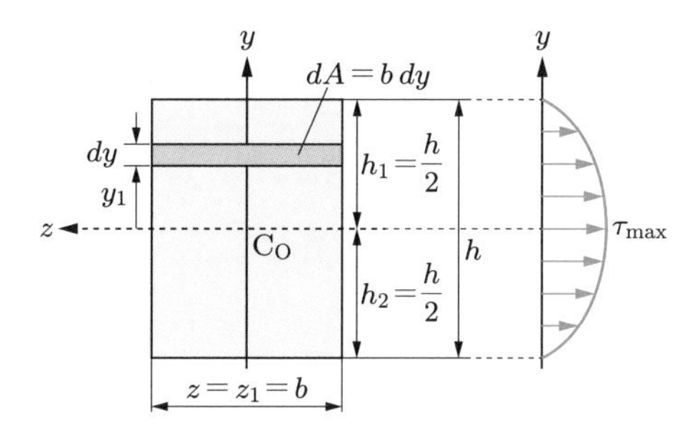

図 5.46 **長方形断面に生じるせん断応力**

$$\tau_{max} = \frac{3}{2}\tau_{ave} \tag{5.65}$$

となる．

[2] 円形断面の場合

詳細は省略するが，半径 r_0 の円形断面のはりに生じるせん断応力分布は，式 (5.61) より

$$\tau_2 = \frac{QS_1}{z_1 I} = \frac{4Q}{3\pi r_0^4}\left\{1 - \left(\frac{y}{r_0}\right)^2\right\} \tag{5.66}$$

となる．ここで，断面内の平均せん断応力 τ_{ave} は

$$\tau_{ave} = \frac{Q}{A} = \frac{Q}{\pi r_0^2} \tag{5.67}$$

となるため，式 (5.66) は

$$\tau_2 = \frac{4}{3}\tau_{ave}\left\{1 - \left(\frac{y}{r_0}\right)^2\right\} \tag{5.68}$$

となる．したがって，せん断応力分布は図 5.47 のように放物線となり，せん断応力 τ_2 は断面の上端（$y = r_0$）と下端（$y = -r_0$）でゼロ，最大せん断応力 τ_{max} は中立軸（$y = 0$）で，

$$\tau_{max} = \frac{4}{3}\tau_{ave} \tag{5.69}$$

となる．

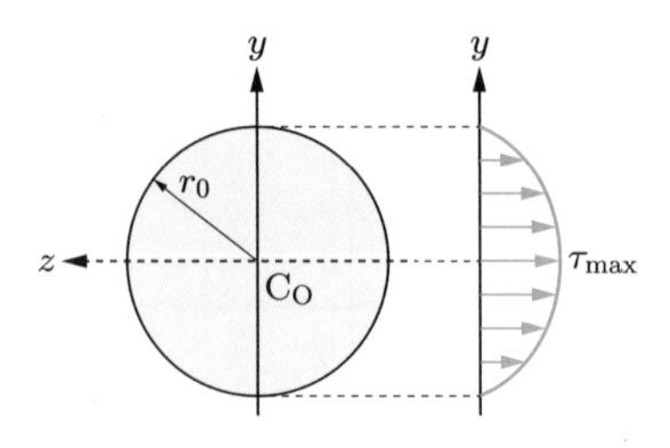

図 5.47　**円形断面に生じるせん断応力**

例題 5.4　図 5.48 のような，長さ l，幅 b，高さ h の長方形断面をもつ単純支持はりに，等分布荷重 f_0 が作用している．このはりの曲げ応力とせん断力の最大値とその位置（x 座標）を求めよ．

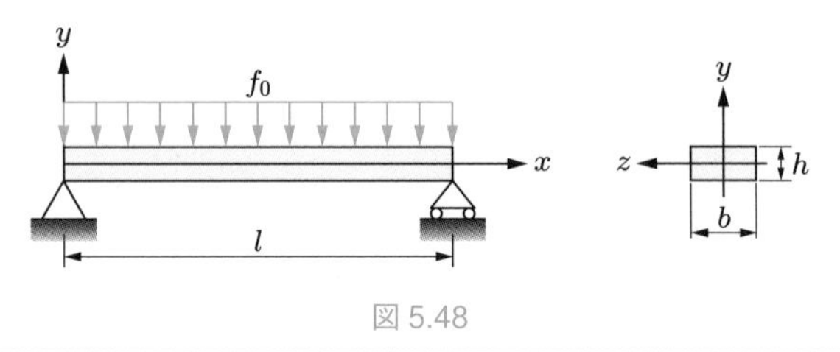

図 5.48

［解答］　単純支持はりに等分布荷重が作用した場合の SFD，BMD は，図 5.24 のようになる．最大せん断力 Q_{max} は $x=0$ と $x=l$ で $Q_{max}=\pm f_0 l/2$ となるので，式 (5.65) より，最大せん断応力 τ_{max} は

$$\tau_{max} = \frac{3}{2}\frac{Q_{max}}{A} = \frac{3}{2}\frac{\pm f_0 l/2}{bh} = \pm\frac{3}{4}\frac{f_0 l}{bh}$$

となる．また，曲げモーメント M は $x=l/2$ で $M_{max}=-f_0 l^2/8$ となるので，式 (5.41) より，最大曲げ応力 σ_{max} は

$$\sigma_{max} = \frac{M_{max}}{I} \times \frac{\pm h}{2} = \pm\frac{f_0 l^2/8}{bh^3/12} \times \frac{h}{2} = \pm\frac{3}{4}\frac{f_0 l^2}{bh^2}$$

となる．

ここで，最大せん断応力 τ_{max} と最大曲げ応力 σ_{max} の比をとってみると，

$$\frac{\sigma_{max}}{\tau_{max}} = \frac{\dfrac{3}{4}\dfrac{f_0 l^2}{bh^2}}{\dfrac{3}{4}\dfrac{f_0 l}{bh}} = \frac{l}{h}$$

となる．一般にはりでは，長さ l の単位はメートル，断面の高さ h の単位はミリメートルのため，最大曲げ応力 σ_{max} と最大せん断応力 τ_{max} の関係は

$$\sigma_{\max} \gg \tau_{\max} \tag{5.70}$$

となる．したがって，一般的な細長いはりの強度設計では最大曲げ応力が問題となるが，短いはりの場合には最大せん断応力についても検討する必要があるので覚えておいてほしい． ■

演習問題

5-1　長さ $l = 2\,\mathrm{m}$，直径 $d = 20\,\mathrm{mm}$ の円形断面をもつ縦弾性係数 $E = 70\,\mathrm{GPa}$ の片持ちはりが，自由端 A（$x = 0$）から $1\,\mathrm{m}$ の位置 C に集中荷重 $P = 20\,\mathrm{N}$ を受けている．SFD と BMD を求めよ．

5-2　単純支持はりの中央に集中荷重 P が作用する場合と，はり全体に $P = f_0 l$ の等分布荷重が作用する場合，発生する最大せん断力と曲げモーメントの比を求めよ．

5-3　同じ曲げモーメントが作用するはりについて，正方形断面の場合と円形断面の場合では発生する最大曲げ応力にどのような違いがあるか答えよ．ただし，これらのはりの材質，長さ，断面積は等しいと仮定する．

5-4　図 5.49 のように，長さ l，断面積 A の片持ちはりの先端である点 A に，長さ h の剛体棒がはりと直交して取り付けてある．この剛体棒の先端に集中荷重 P を x 方向に作用させた場合，SFD と BMD を求めよ．

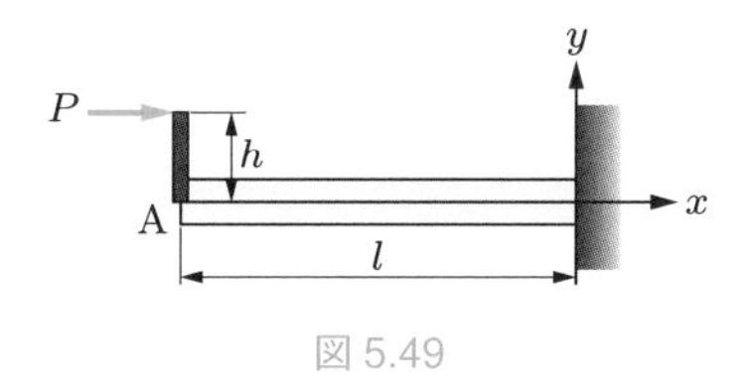

図 5.49

5-5　長さ $l = 1\,\mathrm{m}$ の円形断面をもつ片持ちはり全体に，等分布荷重 $f_0 = 2\,\mathrm{kN/m}$ が作用している．このはりの材料の引張の降伏応力が $\sigma_y = 400\,\mathrm{MPa}$ で，安全率を $S = 8$ とするとき，安全に使用できるはりの直径 d を求めよ．

6 はりのたわみと応用問題

☑ 確認しておこう！

(1) 次の不定積分を求めてみよう．ただし，④と⑤は置換積分を用いて求めること．
① $\int x\,dx$,　② $\int \frac{x^2}{2}dx$,　③ $\int\left(\frac{x^3}{6}+x\right)dx$,
④ $\int(3x+1)^3dx$,　⑤ $\int(-5x+2)^5dx$

(2) θ が十分に小さい値のとき，$\sin\theta \fallingdotseq \theta$ となることを確認してみよう．

(3) 曲げによる垂直ひずみ ε の式をフックの法則を用いて導出してみよう．

(4) 等分布荷重 f_0 を受ける長さ l の片持ちはりの SFD と BMD を求めてみよう．

(5) 等分布荷重 f_0 を受ける長さ l の単純支持はりの SFD と BMD を求めてみよう．

(6) 先端に集中荷重 P を受ける長さ l の片持ちはりの SFD と BMD を求めてみよう．

(7) 中央に集中荷重 P を受ける長さ l の単純支持はりの SFD と BMD を求めてみよう．

(8) 先端に集中荷重 P を受ける長さ l の片持ちはりの最大曲げ応力 $\sigma_{\max}$ を求めてみよう．ただし，このはりの断面は幅 b，高さ h の長方形とする．

第5章では，はりに集中荷重や分布荷重を負荷すると，はりの内部には内力としてせん断力と曲げモーメントが生じることを学んだ．第6章では，これらの内力によって生じるはりの曲げ変形（たわみ）について学ぶ．はじめに，はりのたわみに関する基礎式の導出を行い，静定はりのたわみ角とたわみの式を求める方法について学ぶ．6.3節と6.4節で扱う問題は，はりのたわみに関する重要なものでもあるため，きちんと解法を理解してほしい．6.5節からは応用的な問題として，力のつり合い式と力のモーメントのつり合い式だけでは支持点における反力や反モーメントが求められない，不静定はりの解法について学ぶ．そして最後に，はりのすべての断面で応力が同じとなる平等強さのはりの設計方法について学ぶ．

6.1 たわみ曲線

片持ちはりの先端に集中荷重 P を負荷すると，はりは図 6.1 (a) のように変形する．このときのはりの軸線が描く曲線のことを**たわみ曲線**（deflection curve）とよぶ．また，変形前のはりの軸線からたわみ曲線までの垂直距離（y 方向変位）を**たわ**

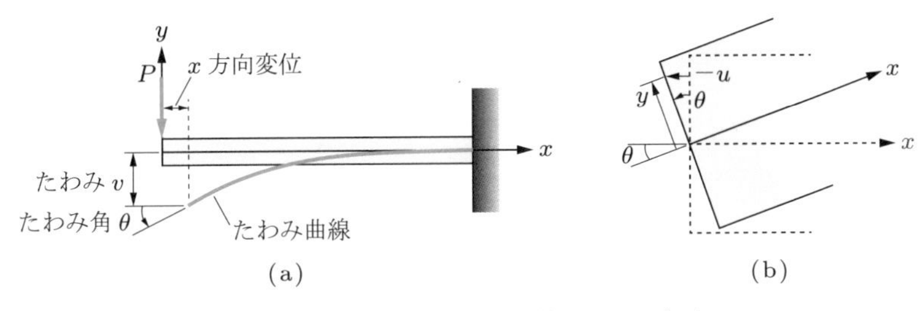

図 6.1　**集中荷重を受ける片持ちはりの変形**

み（deflection）とよび，v で表す．そして，変形前のはりの軸線とたわみ曲線の接線がなす角度のことを**たわみ角**（slope）とよび，θ（単位：rad）で表す．たわみ角 θ はたわみ v を位置 x で 1 回微分することで求められる†ので，$\frac{dv}{dx}$ と表すこともある．たわみ角には正と負の向きがあり，ここでは反時計回りが正，時計回りが負となる．なお，通常のはりの問題では，せん断力によるたわみは曲げモーメントによるたわみと比較して小さいため，せん断変形によるたわみは無視して考える．

6.2　はりのたわみに関する基礎式

図 6.1 の片持ちはりの原点から x 離れた位置のたわみとたわみ角を求める．「変形前に平面であった断面は変形後も平面を保ち中立面に垂直である」というベルヌーイ・オイラーの仮定（Bernoulli–Euler's hypothesis）より，荷重 P を負荷した後，はりの断面は図 6.1 (b) の実線のように変形し，断面の傾きはたわみ角 θ と等しくなる．そして，中立面（x 軸）から y 離れた位置での変位 $-u$ をたわみ角 θ で表すと，

$$-u = y \sin\theta \tag{6.1}$$

となる．また，はりの変形が微小であれば $\sin\theta \simeq \theta$ となるため，式 (6.1) は，

$$-u = y\theta \tag{6.2}$$

となる．

一方，図 6.2 から区間 Δx におけるたわみ角 θ は，

$$\theta = \lim_{\Delta x \to 0} \frac{v(x + \Delta x) - v(x)}{\Delta x} = \frac{dv(x)}{dx} \tag{6.3}$$

であるから，式 (6.2) は，

† 詳細は後述する式 (6.8) を参照．

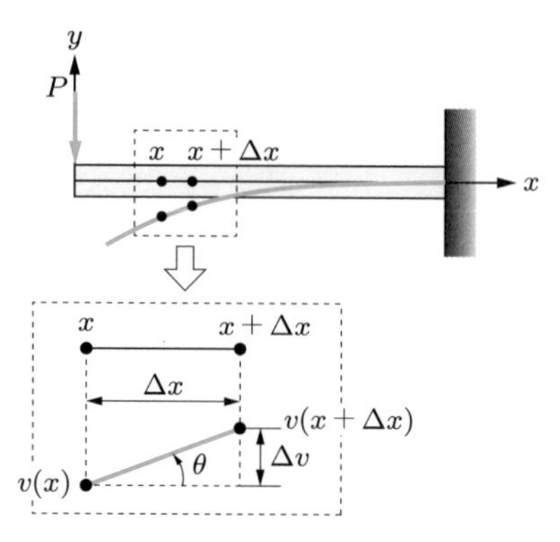

図 6.2 微小区間におけるはりの変形図

$$u = -y\frac{dv(x)}{dx} \tag{6.4}$$

となる.

断面内に生じる x 方向の垂直ひずみ ε は，元の区間の長さ Δx に対する伸びた量 $\Delta\lambda = u(x + \Delta x) - u(x)$ の割合である．このように考えると，断面内に生じる x 方向の垂直ひずみ ε は，次式のように，任意の断面位置 x での垂直変位 u を位置 x で1回微分したものと定義できる.

$$\varepsilon = \lim_{\Delta x \to 0} \frac{u(x + \Delta x) - u(x)}{\Delta x} = \frac{du(x)}{dx} \tag{6.5}$$

ここで，式 (6.5) に式 (6.4) を代入すると，垂直ひずみ ε は,

$$\varepsilon = \frac{d}{dx}\left(-y\frac{dv(x)}{dx}\right) = -y\frac{d^2v(x)}{dx^2} \tag{6.6}$$

と表すことができる．したがって，式 (2.16) と式 (6.6) を用い，式 (5.41) で示した曲げ応力 σ の式を変形すると,

$$\sigma = \frac{M}{I}y \qquad (5.41)$$

$$\Rightarrow \quad E\varepsilon = \frac{M}{I}y \quad \Rightarrow \quad \varepsilon = \frac{M}{EI}y \quad \Rightarrow \quad -y\frac{d^2v(x)}{dx^2} = \frac{M}{EI}y$$

となり，つぎのようなたわみと曲げモーメント M との関係式が得られる.

$$\frac{d^2v(x)}{dx^2} = -\frac{M}{EI} \tag{6.7}$$

この式 (6.7) を**はりのたわみに関する基礎式**とよぶ．

導出過程からわかるように，式 (6.7) を x で積分することで，たわみ角 $\theta(x)$ の式 (6.8) を得ることができ，式 (6.8) をさらに x で積分することで，たわみ $v(x)$ の式 (6.9) を得ることができる．式 (6.8) と式 (6.9) の積分定数 C_1 と C_2 の求め方については，次節で詳細に解説する．

$$\theta(x) = \frac{dv(x)}{dx} = -\int \frac{M}{EI}\,dx + C_1 \quad (C_1 \text{ は積分定数}) \tag{6.8}$$

$$v(x) = -\int\left(\int \frac{M}{EI}\,dx\right)dx + C_1 x + C_2 \quad (C_2 \text{ は積分定数}) \tag{6.9}$$

6.3 静定はりのたわみ角とたわみ

6.3.1 ▶ 等分布荷重を受ける片持ちはりの場合

図 6.3 のように，等分布荷重 f_0 を受ける長さ l，曲げ剛性 EI（x 方向に一定）の片持ちはりがある．このはりのたわみ角とたわみの式を求める．EI は x 軸方向に一定のため，式 (6.7) の右辺で変数 x の関数となっているのは，曲げモーメント M だけとなる．したがって，はじめに，BMD を求めた手順[†1]で曲げモーメント M の式を求める．

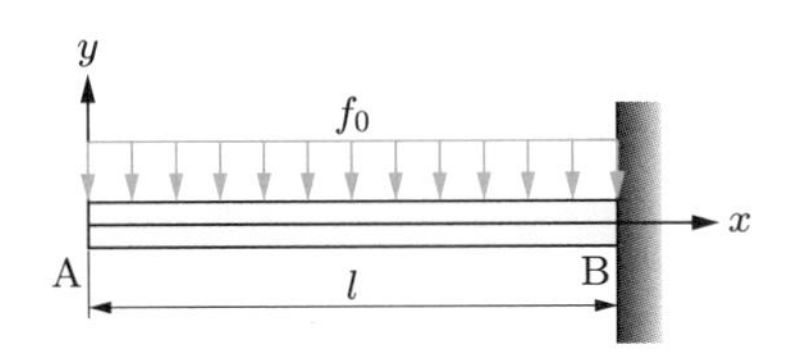

図 6.3　等分布荷重を受ける片持ちはり

図 6.4 のように，点 A（$x = 0$）から x 離れた位置（点 C）で仮想的に切断し，切断面に内力であるせん断力 Q と曲げモーメント M が正の方向に作用していると仮定する[†2]．つぎに，等分布荷重 f_0 を集中荷重 $f_0 x$ に置き換える．力のつり合いと力のモーメントのつり合いが図 6.4 の左図と等価な図は右図となるため，点 C における力のモーメントのつり合いから曲げモーメント M は，

---

†1　詳細については 5.5.1 項を参照．

†2　たわみ角とたわみの式を求めるには，x の関数である曲げモーメント M とせん断力 Q の式が必要となるが，通常はせん断力 Q によるたわみ角とたわみは微小なため，影響はないと仮定する．

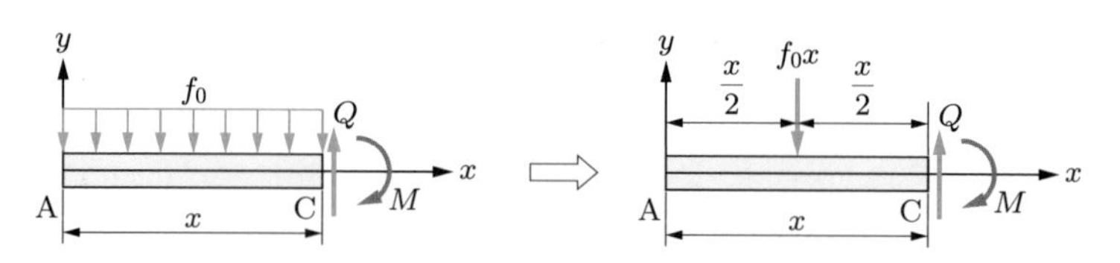

図 6.4 **切断面に作用するせん断力と曲げモーメント**

$$M - f_0 x \times \frac{x}{2} = 0 \quad \Rightarrow \quad M = \frac{1}{2} f_0 x^2 \tag{6.10}$$

と求められる．

式 (6.10) をはりのたわみに関する基礎式 (6.7) に代入すると，

$$\frac{d^2 v(x)}{dx^2} = -\frac{M}{EI} = -\frac{1}{EI}\left(\frac{1}{2} f_0 x^2\right) = -\frac{f_0}{EI}\left(\frac{1}{2} x^2\right) \tag{6.11}$$

となる．したがって，式 (6.11) を x で積分すると，

$$\theta(x) = \frac{dv(x)}{dx} = -\frac{f_0}{EI}\left(\frac{1}{6} x^3 + C_1\right) \tag{6.12}$$

となり，さらにこの式 (6.12) を x で積分すると，

$$v(x) = -\frac{f_0}{EI}\left(\frac{1}{24} x^4 + C_1 x + C_2\right) \tag{6.13}$$

となる．

つぎに，はりの支持条件（境界条件）を利用して，積分定数 C_1 と C_2 を求める†．図 6.3 の点 B は固定支点で，回転と移動が拘束されている．したがって，点 B（$x = l$）でのたわみ角 $\theta(x)$ とたわみ $v(x)$ はゼロになるため，C_1 と C_2 を求める境界条件式は，

$$\theta(x)|_{x=l} = 0, \quad v(x)|_{x=l} = 0 \tag{6.14}$$

となり，式 (6.14) から C_1 と C_2 は，

$$C_1 = -\frac{l^3}{6}, \quad C_2 = \frac{l^4}{8} \tag{6.15}$$

となる．よって，式 (6.15) を式 (6.12) と式 (6.13) に代入すると，たわみ角 $\theta(x)$ とたわみ $v(x)$ の式は以下のように求められる．

† 積分定数が二つであるため，境界条件式も二つ必要となる．

$$\theta(x) = \frac{dv(x)}{dx} = -\frac{f_0}{6EI}(x^3 - l^3) \tag{6.16}$$

$$v(x) = -\frac{f_0}{24EI}(x^4 - 4l^3x + 3l^4) \tag{6.17}$$

式 (6.17) のたわみ曲線を図示すると図 6.5 のようになり，等分布荷重を受ける片持ちはりのたわみの最大値（最大たわみ）は点 A で生じ，

$$v_{\max} = v(x)|_{x=0} = -\frac{f_0 l^4}{8EI} \tag{6.18}$$

となる．

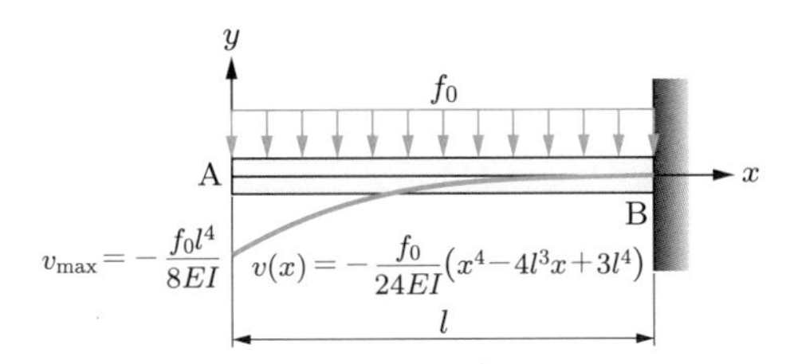

図 6.5　**等分布荷重を受ける片持ちはりのたわみ曲線**

例題 6.1　図 6.6 のように，等分布荷重 $f_0 = 50\,\mathrm{N/m}$ を受ける長さ $l = 1\,\mathrm{m}$ の片持ちはりがある．このはりの点 A（$x = 0$）におけるたわみ角 θ_A とたわみ v_A を求めよ．ただし，このはりの断面は幅 $b = 10\,\mathrm{mm}$，高さ $h = 15\,\mathrm{mm}$ の長方形で，縦弾性係数 $E = 206\,\mathrm{GPa}$ とする．

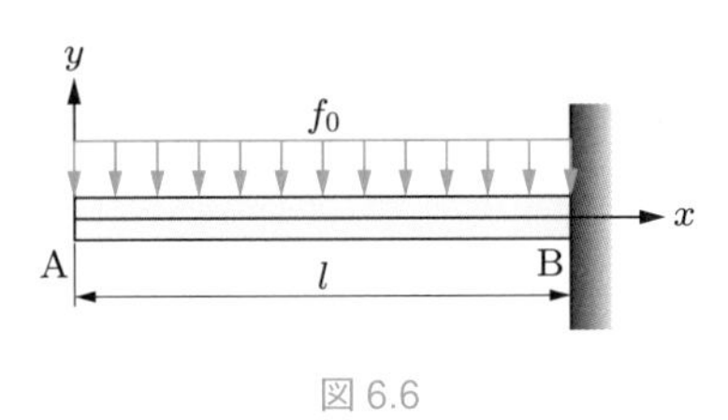

図 6.6

［解答］　点 A でのたわみ角 θ_A を求める式は，式 (6.16) に $x = 0$ を代入することで，

$$\theta_A = \left.\frac{dv(x)}{dx}\right|_{x=0} = -\frac{f_0}{6EI}(0^3 - l^3) = \frac{f_0 l^3}{6EI}$$

となる．したがって，たわみ角 θ_A は，

$$\theta_{\mathrm{A}} = \frac{f_0 l^3}{6EI} = \frac{0.05 \times 1000^3}{6 \times 206 \times 10^3 \times \dfrac{10 \times 15^3}{12}} \simeq 1.44 \times 10^{-2}\,\mathrm{rad}$$

と求められる．また，点 A でのたわみ v_{A} は式 (6.18) から，

$$v_{\mathrm{A}} = v(x)|_{x=0} = -\frac{f_0 l^4}{8EI} = -\frac{0.05 \times 1000^4}{8 \times 206 \times 10^3 \times \dfrac{10 \times 15^3}{12}} \simeq -10.8\,\mathrm{mm}$$

と求められる．■

6.3.2 ▶ 先端に集中荷重を受ける片持ちはりの場合

図 6.7 のように，点 A（$x = 0$）に集中荷重 P を受ける長さ l，曲げ剛性 EI（一定）の片持ちはりがある．このはりのたわみ角とたわみの式を求める．

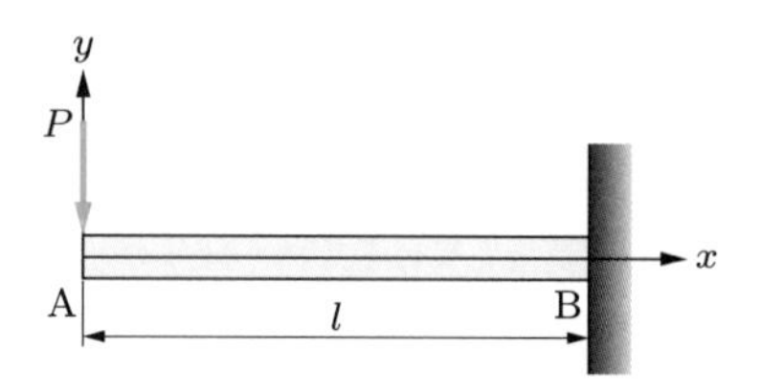

図 6.7　集中荷重を受ける片持ちはり

6.3.1 項と同様に，はじめに曲げモーメント M の式を求める．図 6.8 に示すように，点 A から x 離れた位置（点 C）で仮想的に切断し，切断面に内力であるせん断力 Q と曲げモーメント M が正の方向に作用していると仮定する．点 C における力のモーメントのつり合いから，曲げモーメント M は，

$$M - P \times x = 0 \quad \Rightarrow \quad M = Px \tag{6.19}$$

と求められる．式 (6.19) をはりのたわみに関する基礎式 (6.7) に代入すると，

$$\frac{d^2 v(x)}{dx^2} = -\frac{M}{EI} = -\frac{Px}{EI} \tag{6.20}$$

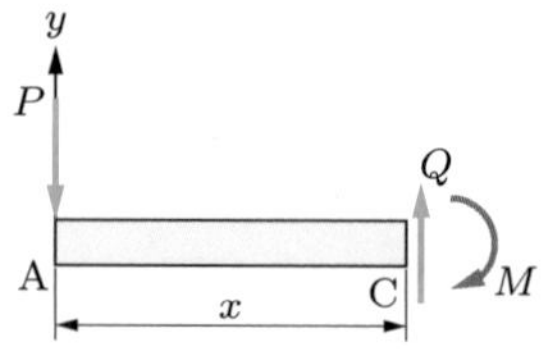

図 6.8　切断面に作用するせん断力と曲げモーメント

となる．したがって，式 (6.20) を x で積分すると，

$$\theta(x) = \frac{dv(x)}{dx} = -\frac{P}{EI}\left(\frac{x^2}{2} + C_1\right) \tag{6.21}$$

となり，さらに式 (6.21) を x で積分すると，

$$v(x) = -\frac{P}{EI}\left(\frac{x^3}{6} + C_1 x + C_2\right) \tag{6.22}$$

となる．

片持ちはりのため，積分定数 C_1 と C_2 を求める境界条件式は 6.3.1 項と同様† に，

$$\theta(x)|_{x=l} = 0, \quad v(x)|_{x=l} = 0 \tag{6.23}$$

となり，式 (6.23) から C_1 と C_2 は，

$$C_1 = -\frac{l^2}{2}, \quad C_2 = \frac{l^3}{3} \tag{6.24}$$

となる．よって，式 (6.24) を式 (6.21) と式 (6.22) に代入すると，たわみ角とたわみの式は以下のように求められる．

$$\theta(x) = \frac{dv(x)}{dx} = -\frac{P}{2EI}(x^2 - l^2) \tag{6.25}$$

$$v(x) = -\frac{P}{6EI}(x^3 - 3l^2 x + 2l^3) \tag{6.26}$$

式 (6.26) のたわみ曲線を図示すると図 6.9 のようになり，先端に集中荷重を受ける片持ちはりの最大たわみは点 A で生じ，

$$v_{\max} = v(x)|_{x=0} = -\frac{Pl^3}{3EI} \tag{6.27}$$

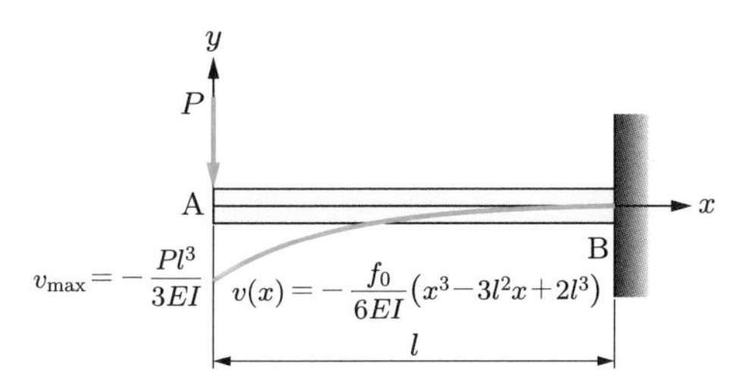

図 6.9　**先端に集中荷重を受ける片持ちはりのたわみ曲線**

---

† 境界条件式は，はりの支点の種類（支持方法）で決まる．

となる．

例題 6.2　図 6.10 のように，先端に集中荷重 $P = 200\,\mathrm{N}$ を受ける長さ $l = 2\,\mathrm{m}$ の片持ちはりがある．このはりの点 A $(x = 0)$ におけるたわみ角 θ_A とたわみ v_A を求めよ．ただし，このはりの断面は直径 $d = 50\,\mathrm{mm}$ の円形で，縦弾性係数 $E = 70\,\mathrm{GPa}$ とする．

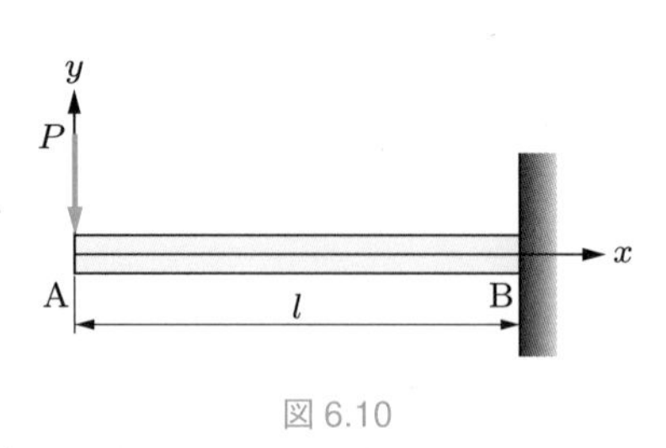

図 6.10

［解答］　点 A のたわみ角 θ_A を求める式は，式 (6.25) に $x = 0$ を代入することで，

$$\theta_\mathrm{A} = \left.\frac{dv(x)}{dx}\right|_{x=0} = -\frac{P}{2EI}(0^2 - l^2) = \frac{Pl^2}{2EI}$$

となる．したがって，たわみ角 θ_A は，

$$\theta_\mathrm{A} = \frac{Pl^2}{2EI} = \frac{200 \times 2000^2}{2 \times 70 \times 10^3 \times \dfrac{\pi \times 50^4}{64}} \simeq 1.86 \times 10^{-2}\,\mathrm{rad}$$

と求められる．また，点 A でのたわみ v_A は式 (6.27) から，

$$v_\mathrm{A} = v(x)|_{x=0} = -\frac{Pl^3}{3EI} = -\frac{200 \times 2000^3}{3 \times 70 \times 10^3 \times \dfrac{\pi \times 50^4}{64}} \simeq -24.8\,\mathrm{mm}$$

と求められる．■

6.3.3 ▶ 等分布荷重を受ける単純支持はりの場合

図 6.11 の左図のように，等分布荷重 f_0 を受ける，長さ l，曲げ剛性 EI（一定）の単純支持はりがある．このはりのたわみ角とたわみの式を求める．

はじめに，図 6.11 の左図の等分布荷重 f_0 を右図のように集中荷重 $f_0 l$ に置き換えて，点 A（$x = 0$）と点 B（$x = l$）に作用している反力 R_A と R_B を求める．最初に反力 R_A と R_B を求めなくてはならない理由は，6.3.1 項や 6.3.2 項の片持ちはりとは異なり，単純支持はりの場合は曲げモーメント M の式に反力 R_A が入ってくるからで

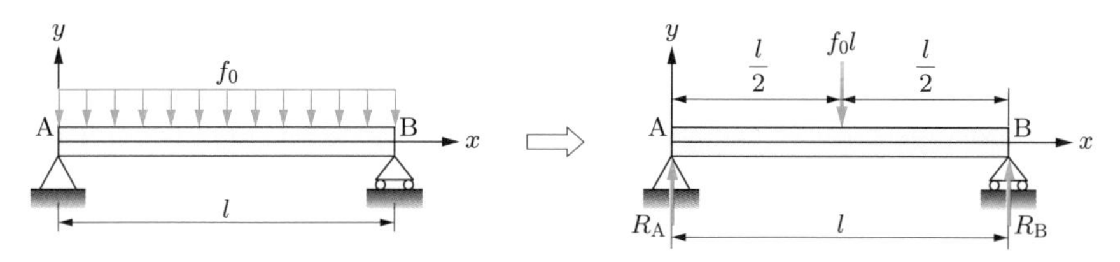

図 6.11　等分布荷重を受ける単純支持はり

ある．反力 R_A と R_B は，5.5.3 項のように力のつり合い式と曲げモーメントのつり合い式から求めることができるが，図 6.11 の右図の集中荷重 f_0l がはりの中央に作用していることに着目して，

$$R_A = R_B = \frac{f_0 l}{2} \tag{6.28}$$

と求めることもできる†.

つぎに，図 6.12 のように，点 A から x 離れた位置（点 C）で仮想的に切断し，切断面に内力であるせん断力 Q と曲げモーメント M が正の方向に作用していると仮定する．点 C における力のモーメントのつり合いから，曲げモーメント M の式は，

$$M - f_0 x \times \frac{x}{2} + R_A \times x = 0 \tag{6.29}$$

となり，式 (6.29) に式 (6.28) の反力 R_A を代入すると，

$$M = f_0\left(\frac{1}{2}x^2 - \frac{l}{2}x\right) \tag{6.30}$$

となる．式 (6.30) をはりのたわみに関する基礎式 (6.7) に代入すると，

$$\frac{d^2v(x)}{dx^2} = -\frac{M}{EI} = -\frac{f_0}{EI}\left(\frac{1}{2}x^2 - \frac{l}{2}x\right) \tag{6.31}$$

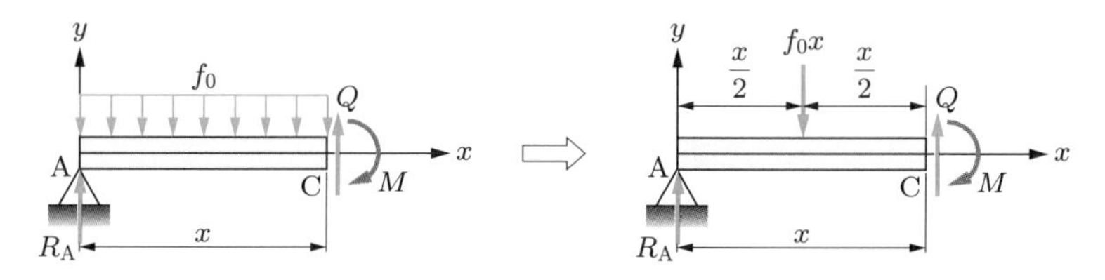

図 6.12　切断面に作用するせん断力と曲げモーメント

† 反力 R_A と R_B は集中荷重 f_0l を軸に左右対称となっている．

となる．したがって，式 (6.31) を x で積分すると，

$$\theta(x)=\frac{dv(x)}{dx}=-\frac{f_0}{EI}\left(\frac{1}{6}x^3-\frac{l}{4}x^2+C_1\right) \tag{6.32}$$

となり，さらに式 (6.32) を x で積分すると，

$$v(x)=-\frac{f_0}{EI}\left(\frac{1}{24}x^4-\frac{l}{12}x^3+C_1x+C_2\right) \tag{6.33}$$

となる．

点 A の回転支点，点 B の移動支点では，y 方向が拘束されているため，点 A と点 B のたわみはゼロとなる．したがって，積分定数 C_1 と C_2 を求める境界条件式は，

$$v(x)|_{x=0}=0, \quad v(x)|_{x=l}=0 \tag{6.34}$$

となり，式 (6.34) から C_1 と C_2 は，

$$C_1=\frac{l^3}{24}, \quad C_2=0 \tag{6.35}$$

となる．よって，式 (6.35) を式 (6.32) と式 (6.33) に代入すると，たわみ角 $\theta(x)$ とたわみ $v(x)$ の式が以下のように求められる．

$$\theta(x)=\frac{dv(x)}{dx}=-\frac{f_0}{24EI}(4x^3-6lx^2+l^3) \tag{6.36}$$

$$v(x)=-\frac{f_0}{24EI}(x^4-2lx^3+l^3x) \tag{6.37}$$

式 (6.37) のたわみ曲線を図示すると図 6.13 のようになり，等分布荷重を受ける単純支持はりでは，最大たわみは中央部（$x=l/2$）で生じ，

$$v_{\max}=v(x)|_{x=l/2}=-\frac{5f_0l^4}{384EI} \tag{6.38}$$

となる．たわみ角は点 A と点 B で最大となるが，つぎのように符号が異なる点に注意が必要である[†]．

$$\theta_{\max}=\theta(x)|_{x=0}=-\frac{f_0l^3}{24EI} \quad \text{（点 A）} \tag{6.39}$$

$$\theta_{\max}=\theta(x)|_{x=l}=\frac{f_0l^3}{24EI} \quad \text{（点 B）} \tag{6.40}$$

---

† たわみ角は，反時計回りが正，時計回りが負である．

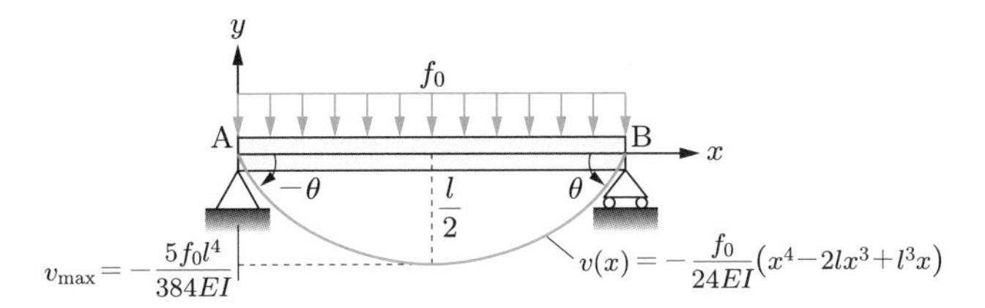

図 6.13 **等分布荷重を受ける単純支持はりのたわみ曲線**

例題 6.3 図 6.14 のように，等分布荷重 $f_0 = 50\,\mathrm{N/m}$ を受ける長さ $l = 1\,\mathrm{m}$ の単純支持はりがある．このはりのたわみ角の最大値 θ_{max} とたわみの最大値 v_{max} を求めよ．ただし，このはりの断面は幅 $b = 10\,\mathrm{mm}$，高さ $h = 15\,\mathrm{mm}$ の長方形で，縦弾性係数 $E = 206\,\mathrm{GPa}$ とする．

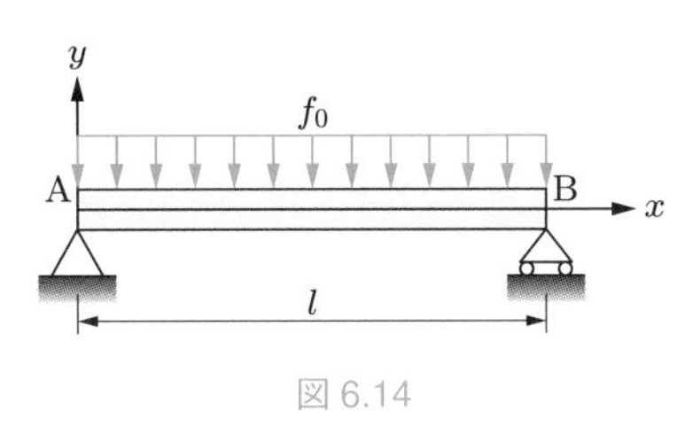

図 6.14

［解答］ 等分布荷重を受ける単純支持はりでは，たわみ角は点 A と点 B で最大となるので，それぞれ式 (6.39) と式 (6.40) から，

$$\theta_{max} = \theta(x)|_{x=0} = -\frac{f_0 l^3}{24EI} = -\frac{0.05 \times 1000^3}{24 \times 206 \times 10^3 \times \dfrac{10 \times 15^3}{12}}$$

$$\simeq -3.60 \times 10^{-3}\,\mathrm{rad} \quad (\text{点 A})$$

$$\theta_{max} = \theta(x)|_{x=l} = \frac{f_0 l^3}{24EI} = \frac{0.05 \times 1000^3}{24 \times 206 \times 10^3 \times \dfrac{10 \times 15^3}{12}}$$

$$\simeq 3.60 \times 10^{-3}\,\mathrm{rad} \quad (\text{点 B})$$

と求められる．たわみの最大値は，はりの中央部で生じ，式 (6.38) より，

$$v_{max} = v(x)|_{x=l/2} = -\frac{5f_0 l^4}{384EI} = -\frac{5 \times 0.05 \times 1000^4}{384 \times 206 \times 10^3 \times \dfrac{10 \times 15^3}{12}} \simeq -1.12\,\mathrm{mm}$$

と求められる．

6.3.4 ▶ 集中荷重を受ける単純支持はりの場合

図6.15のように点A（$x=0$）から l_1 離れた位置（点C）に集中荷重 P を受ける長さ l，曲げ剛性 EI（一定）の単純支持はりがある．このはりのたわみ角とたわみの式を求める．

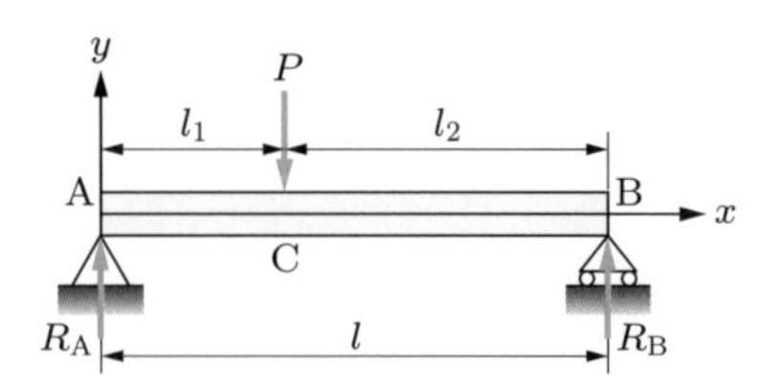

図6.15　**集中荷重を受ける単純支持はり**

6.3.3項と同様に，曲げモーメント M の式には反力 R_A が入ってくるため，はじめに，点Aと点Bの反力 R_A と R_B を求める．y 方向の力のつり合い式は

$$R_A - P + R_B = 0 \tag{6.41}$$

となり，点Aまわりの力のモーメントのつり合い式は[†1]

$$P \times l_1 - R_B \times l = 0 \tag{6.42}$$

となる．したがって，式(6.41)と式(6.42)から反力 R_A と R_B は，

$$R_A = \frac{l_2}{l}P, \quad R_B = \frac{l_1}{l}P \tag{6.43}$$

と求められる．

つぎに，曲げモーメント M の式を求める必要があるが，6.3.3項の等分布荷重の場合と異なり，集中荷重の場合は点Cの左右で曲げモーメント M の式が異なる．そのため，(i) $0 \leq x \leq l_1$ と (ii) $l_1 \leq x \leq l$ で場合分けし，それぞれの場合のたわみ角とたわみの式を求める必要がある．

(i) $0 \leq x \leq l_1$ の場合

図6.16のように，点Aから x 離れた位置（点D）で仮想的に切断し，切断面に内力であるせん断力 Q_1 と曲げモーメント M_1 が正の方向に作用していると仮定する[†2]．

---

†1　5.5.4項では点Bまわりの力のモーメントのつり合い式から反力 R_A と R_B を求めているが，ここでは点Aまわりのモーメントのつり合い式から反力 R_A と R_B を求めている．当然，結果は同じとなるのでどちらで解いてもよい．

†2　場合分け(i)と(ii)で区別するために，(i)では Q_1 と M_1，(ii)では Q_2 と M_2 と定義する．

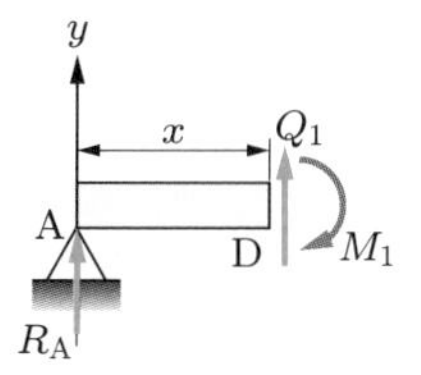

図 6.16 **切断面に作用するせん断力と曲げモーメント** $(0 \leq x \leq l_1)$

点 D における力のモーメントのつり合い式と式 (6.43) から，曲げモーメント M_1 は，

$$M_1 + R_A \times x = 0 \quad \Rightarrow \quad M_1 = -\frac{Pl_2}{l}x \tag{6.44}$$

となる．式 (6.44) をはりのたわみに関する基礎式 (6.7) に代入すると，

$$\frac{d^2 v_1(x)}{dx^2} = -\frac{M_1}{EI} = -\frac{1}{EI}\left(-\frac{Pl_2}{l}x\right) = \frac{Pl_2}{EIl}x \tag{6.45}$$

となる．したがって，式 (6.45) を x で積分すると，

$$\theta_1(x) = \frac{dv_1(x)}{dx} = \frac{Pl_2}{EIl}\left(\frac{x^2}{2} + C_1\right) \tag{6.46}$$

となり，さらに式 (6.46) を x で積分すると，

$$v_1(x) = \frac{Pl_2}{EIl}\left(\frac{x^3}{6} + C_1 x + C_2\right) \tag{6.47}$$

となる．式 (6.46) と式 (6.47) には二つの積分定数 C_1 と C_2 が出てくるが，この段階では求められないので，このまま解き進める．

(ii) $l_1 \leq x \leq l$ の場合

図 6.17 のように，点 A から x 離れた位置（点 E）で仮想的に切断し，切断面に内力であるせん断力 Q_2 と曲げモーメント M_2 が正の方向に作用していると仮定する．点 E における力のモーメントのつり合い式と式 (6.43) から，曲げモーメント M_2 は，

$$M_2 - P \times (x - l_1) + R_A \times x = 0 \quad \Rightarrow \quad M_2 = -\frac{Pl_1}{l}(l - x) \tag{6.48}$$

となる．

式 (6.48) をはりのたわみに関する基礎式 (6.7) に代入すると，

$$\frac{d^2 v_2(x)}{dx^2} = -\frac{M_2}{EI} = -\frac{1}{EI}\left\{-\frac{Pl_1}{l}(l - x)\right\} = -\frac{Pl_1}{EIl}(x - l) \tag{6.49}$$

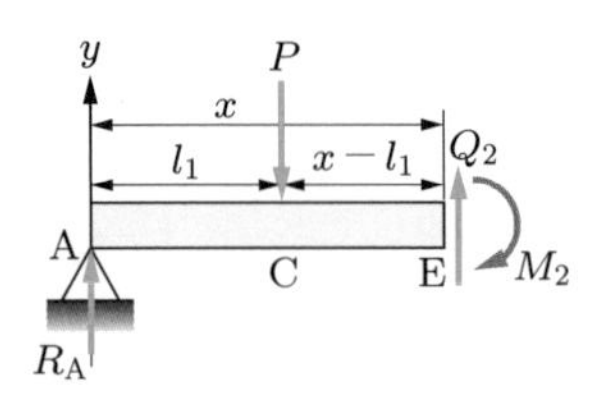

図 6.17　切断面に作用するせん断力と曲げモーメント（$l_1 \leq x \leq l$）

となる．式 (6.49) の右辺の $(x-l)$ はこのままにしておいたほうが後々の計算が簡単なので，式 (6.49) は置換積分を利用して解くことにする．式 (6.49) を x で積分すると，

$$\frac{dv_2(x)}{dx} = -\int \frac{Pl_1}{EIl}(x-l)dx \tag{6.50}$$

となる．ここで，$t=x-l$ とし，両辺を x で微分すると $\frac{dt}{dx}=1$ となるため，式 (6.50) は，

$$\frac{dv_2(t)}{dt} = -\int \frac{Pl_1}{EIl}t\,dt \tag{6.51}$$

となる．したがって，式 (6.51) を t で積分すると，

$$\frac{dv_2(t)}{dt} = -\frac{Pl_1}{EIl}\left(\frac{t^2}{2}+C_3\right) \tag{6.52}$$

$$v_2(t) = -\frac{Pl_1}{EIl}\left(\frac{t^3}{6}+C_3t+C_4\right) \tag{6.53}$$

となる．ここで，t を $x-l$ に戻すと，式 (6.52) と式 (6.53) は，

$$\theta_2(x) = \frac{dv_2(x)}{dx} = -\frac{Pl_1}{EIl}\left\{\frac{1}{2}(x-l)^2+C_3\right\} \tag{6.54}$$

$$v_2(x) = -\frac{Pl_1}{EIl}\left\{\frac{1}{6}(x-l)^3+C_3(x-l)+C_4\right\} \tag{6.55}$$

となる．

つぎに，四つの積分定数 C_1〜C_4 を四つの条件式から求める．具体的には，以下の二つの境界条件式と，点 C（$x=l_1$）におけるたわみ角とたわみの接続条件式†から求める．

$$境界条件式：v_1(x)|_{x=0}=0,\quad v_2(x)|_{x=l}=0 \tag{6.56}$$

$$接続条件式：\theta_1(x)|_{x=l_1}=\theta_2(x)|_{x=l_1},\quad v_1(x)|_{x=l_1}=v_2(x)|_{x=l_1} \tag{6.57}$$

† 接続条件式とは，場合分けした点 C で，たわみ角とたわみが連続的に変化していることを示す式のことである．

まず，式 (6.56) から C_2 と C_4 が以下のように求められる．

$$C_2 = 0, \quad C_4 = 0 \tag{6.58}$$

つぎに，式 (6.57) の $\theta_1(x)|_{x=l_1} = \theta_2(x)|_{x=l_1}$ と $l = l_1 + l_2$ より，

$$\frac{Pl_2}{EIl}\left(\frac{l_1^2}{2} + C_1\right) = -\frac{Pl_1}{EIl}\left\{\frac{1}{2}(l_1 - l)^2 + C_3\right\}$$
$$\Rightarrow \quad \frac{Pl_2}{EIl}\left(\frac{l_1^2}{2} + C_1\right) = -\frac{Pl_1}{EIl}\left\{\frac{1}{2}(l_1 - l_1 - l_2)^2 + C_3\right\}$$

となり，

$$l_2 C_1 + l_1 C_2 = -\frac{l_1 l_2^2}{2} - \frac{l_1^2 l_2}{2} \tag{6.59}$$

が得られる．また，式 (6.57) の $v_1(x)|_{x=l_1} = v_2(x)|_{x=l_1}$ と $l = l_1 + l_2$ より，

$$\frac{Pl_2}{EIl}\left(\frac{l_1^3}{6} + C_1 l_1\right) = -\frac{Pl_1}{EIl}\left\{\frac{1}{6}(l_1 - l)^3 + C_3(l_1 - l)\right\}$$
$$\Rightarrow \quad \frac{Pl_2}{EIl}\left(\frac{l_1^3}{6} + C_1 l_1\right) = -\frac{Pl_1}{EIl}\left\{\frac{1}{6}(l_1 - l_1 - l_2)^3 + C_3(l_1 - l_1 - l_2)\right\}$$

となり，

$$C_1 - C_3 = -\frac{l_1^2}{6} + \frac{l_2^2}{6} \tag{6.60}$$

が得られる．よって，式 (6.59) と式 (6.60) から C_1 と C_3 は，

$$C_1 = -\frac{l_1}{6}(l_1 + 2l_2), \quad C_3 = -\frac{l_2}{6}(l_2 + 2l_1) \tag{6.61}$$

と求められる．

積分定数 C_1～C_4 を式 (6.46) と式 (6.47)，式 (6.54) と式 (6.55) に代入すると，たわみ角とたわみの式が以下のように求められる．

(i) $0 \leq x \leq l_1$ の場合

$$\theta_1(x) = \frac{dv_1(x)}{dx} = \frac{Pl_2}{EIl}\left\{\frac{x^2}{2} - \frac{l_1}{6}(l_1 + 2l_2)\right\} = -\frac{Pl_2}{6EIl}\{l_1(l_1 + 2l_2) - 3x^2\} \tag{6.62}$$

$$v_1(x) = \frac{Pl_2}{EIl}\left\{\frac{x^3}{6} - \frac{l_1}{6}(l_1 + 2l_2)x\right\} = -\frac{Pl_2}{6EIl}\{l_1(l_1 + 2l_2) - x^2\}x \tag{6.63}$$

(ii) $l_1 \leq x \leq l$ の場合

$$\theta_2(x) = \frac{dv_2(x)}{dx} = -\frac{Pl_1}{EIl}\left\{\frac{1}{2}(x-l)^2 - \frac{l_2}{6}(l_2+2l_1)\right\}$$

$$= \frac{Pl_1}{6EIl}\{l_2(l_2+2l_1) - 3(x-l)^2\} \tag{6.64}$$

$$v_2(x) = -\frac{Pl_1}{EIl}\left\{\frac{1}{6}(x-l)^3 - \frac{l_2}{6}(l_2+2l_1)(x-l)\right\}$$

$$= -\frac{Pl_1}{6EIl}\{l_2(l_2+2l_1) - (x-l)^2\}(l-x) \tag{6.65}$$

よって，点 A と点 B でのたわみ角は式 (6.62) と式 (6.64) より，

$$\theta_A = \theta_1(x)|_{x=0} = -\frac{Pl_2}{6EIl}\{l_1(l_1+2l_2)\} = -\frac{Pl_1l_2(l_1+2l_2)}{6EIl} \tag{6.66}$$

$$\theta_B = \theta_2(x)|_{x=l} = \frac{Pl_1}{6EIl}\{l_2(l_2+2l_1) - 3(l-l)^2\} = \frac{Pl_1l_2(l_2+2l_1)}{6EIl} \tag{6.67}$$

となる．また，集中荷重の作用する点 C のたわみは，

$$v_C = v_1(x)|_{x=l_1} = -\frac{Pl_1^2l_2^2}{3EIl} \tag{6.68}$$

となり，式 (6.63) と式 (6.65) のたわみ曲線を図示すると図 6.18 のようになる．

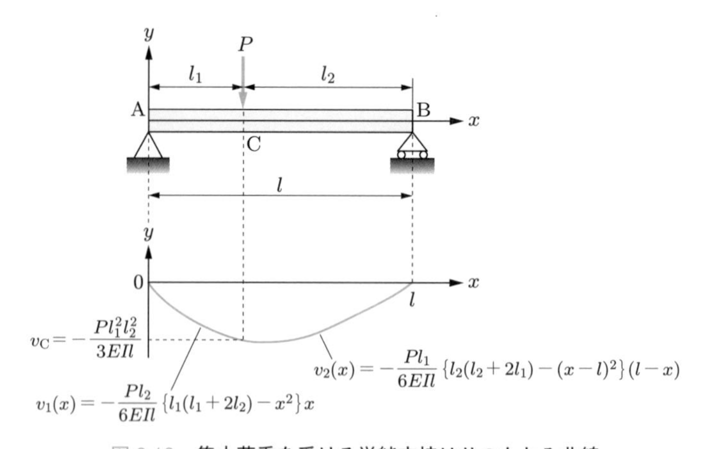

図 6.18　集中荷重を受ける単純支持はりのたわみ曲線

例題 6.4　図 6.19 のように，長さ $l = 2\,\mathrm{m}$ の単純支持はりの中央（点 C）に集中荷重 $P = 0.3\,\mathrm{kN}$ が作用している．このとき，点 A と点 B でのたわみ角 θ_A と θ_B，点 C でのたわみ v_C を求めよ．ただし，このはりの断面は直径 $d = 25\,\mathrm{mm}$ の円形で，縦弾性係数 $E = 70\,\mathrm{GPa}$ とする．

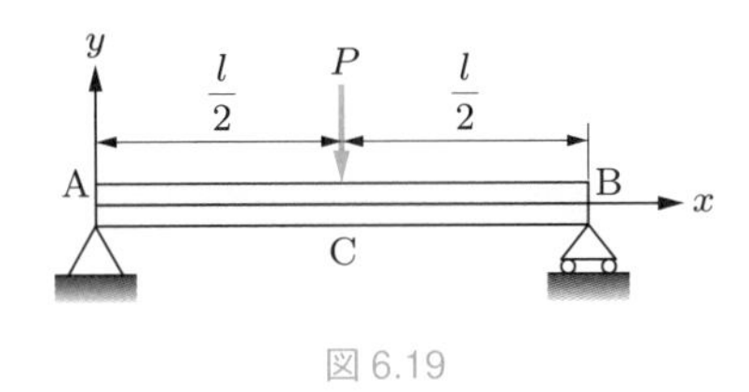

図 6.19

［解答］　点 A と点 B のたわみ角 θ_A と θ_B は，式 (6.66) と式 (6.67) に $l_1 = l_2 = l/2$ を代入すると，

$$\theta_\mathrm{A} = -\frac{P \times \dfrac{l}{2} \times \left\{\left(\dfrac{l}{2}\right)^2 + 2 \times \dfrac{l}{2} \times \dfrac{l}{2}\right\}}{6EIl} = -\frac{Pl^2}{16EI}$$

$$= -\frac{300 \times 2000^2}{16 \times 70 \times 10^3 \times \dfrac{\pi \times 25^4}{64}} \simeq -5.59 \times 10^{-2}\,\mathrm{rad}$$

$$\theta_\mathrm{B} = \frac{P \times \dfrac{l}{2} \times \left\{\left(\dfrac{l}{2}\right)^2 + 2 \times \dfrac{l}{2} \times \dfrac{l}{2}\right\}}{6EIl} = \frac{Pl^2}{16EI} \simeq 5.59 \times 10^{-2}\,\mathrm{rad}$$

と求められる[†]．点 C でのたわみ v_C は，式 (6.68) に $l_1 = l_2 = l/2$ を代入すると，

$$v_\mathrm{C} = -\frac{P \times \left(\dfrac{l}{2}\right)^2 \times \left(\dfrac{l}{2}\right)^2}{3EIl} = -\frac{Pl^3}{48EI} = -\frac{300 \times 2000^3}{48 \times 70 \times 10^3 \times \dfrac{\pi \times 25^4}{64}} \simeq -37.3\,\mathrm{mm}$$

と求められる．なお，θ_A と θ_B がたわみ角の最大値，v_C がたわみの最大値となっている．■

6.4　不静定はりのたわみ角とたわみ

図 6.20 のように，点 A（$x = 0$）を移動支点，点 B（$x = l$）を固定支点とする，等分布荷重 f_0 を受ける長さ l，曲げ剛性 EI（一定）のはりがある．このはりのたわみ角 $\theta(x)$ とたわみ $v(x)$ の式を求める．この問題は，支持点における反力や反モーメント

† 中央（点 C）で左右対称となっていることから，点 A と点 B のたわみ角の絶対値は同じとなる．

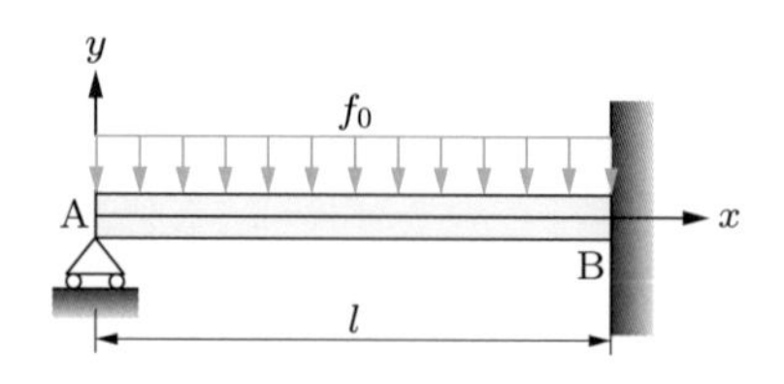

図 6.20　等分布荷重を受ける一端が移動支点，他端が固定支点のはり

が力のつり合い式と力のモーメントのつり合い式だけでは求めることができない，不静定問題の代表的な例である．

不静定はりの問題も，基本的には静定はりの問題と同様の方法で求めることができ，解き方の流れは，以下のようになる．

STEP1　未知数である反力と反モーメントを残したまま，曲げモーメントの式をたわみの基礎式に代入する．
STEP2　境界条件から未知数を求める．
STEP3　求めた未知数を再度，たわみ角とたわみの式に代入する．

STEP1　これまでの等分布荷重の問題と同様，図 6.21 のように等分布荷重 f_0 を集中荷重 f_0l に変換し，力のつり合い式と力のモーメントのつり合い式を立てる．

y 方向の力のつり合い式は，

$$R_A - f_0l + R_B = 0 \tag{6.69}$$

となり，点 B まわりの力のモーメントのつり合い式は，

$$M_B - f_0l \times \frac{l}{2} + R_A \times l = 0 \tag{6.70}$$

となる．ここで，式 (6.69) と式 (6.70) を見てみると，二つの条件式に対して未知数は三つ（R_A，R_B，M_B）になっている†．不静定はりの問題では，6.3 節の静定はりの問題とは異なり，力のつり合い式と力のモーメントのつり合い式だけで反力と反モーメントを求めることができない，そのため，この段階では反力 R_A と R_B，反モーメント M_B は未知数のまま解き進める．

図 6.22 のように，点 A から x 離れた位置（点 C）で仮想的に切断し，切断面に内

† 条件式の数より未知数の数が多い問題を不静定問題とよぶ．不静定問題は力のつり合い条件と変位の条件（境界条件）を用いて解く．詳しくは 3.1 節を参照．

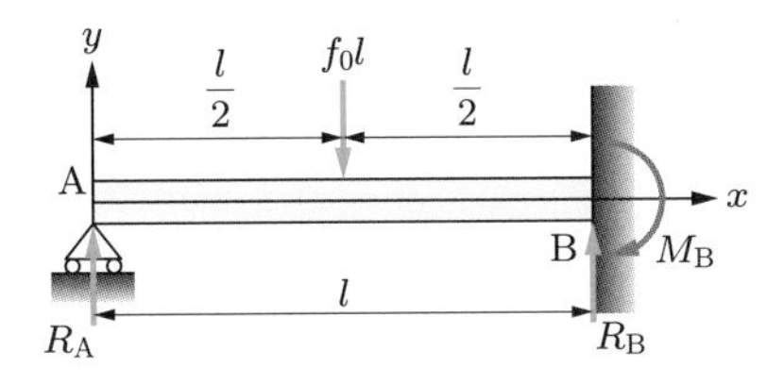

図 6.21　集中荷重への変換

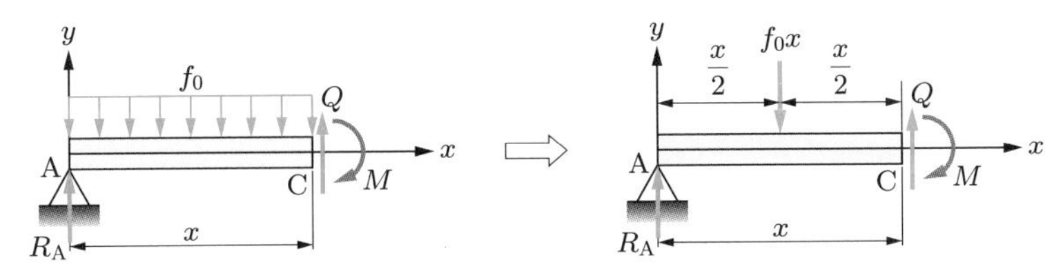

図 6.22　切断面に作用するせん断力と曲げモーメント

力であるせん断力 Q と曲げモーメント M が正の方向に作用していると仮定する．点 C における力のモーメントのつり合い式より，曲げモーメント M の式は，

$$M - f_0 x \times \frac{x}{2} + R_A \times x = 0 \quad \Rightarrow \quad M = \frac{f_0}{2}x^2 - R_A x \tag{6.71}$$

となる．式 (6.71) をはりのたわみに関する基礎式 (6.7) に代入すると，

$$\frac{d^2 v(x)}{dx^2} = -\frac{M}{EI} = -\frac{1}{EI}\left(\frac{f_0}{2}x^2 - R_A x\right) \tag{6.72}$$

となる．したがって，式 (6.72) を x で積分すると，

$$\theta(x) = \frac{dv(x)}{dx} = -\frac{1}{EI}\left(\frac{1}{6}f_0 x^3 - \frac{1}{2}R_A x^2 + C_1\right) \tag{6.73}$$

となり，式 (6.73) を x で積分すると，

$$v(x) = -\frac{1}{EI}\left(\frac{1}{24}f_0 x^4 - \frac{1}{6}R_A x^3 + C_1 x + C_2\right) \tag{6.74}$$

となる．

STEP2　境界条件式は，図 6.20 では点 A が移動支点，点 B が固定支点となっていることから，つぎの三つとなる．

$$v(x)|_{x=0} = 0, \quad v(x)|_{x=l} = 0, \quad \theta(x)|_{x=l} = 0 \tag{6.75}$$

これで三つの未知数（R_A，C_1，C_2）に対して三つの条件式を立てられたので，R_A，C_1，

C_2 を求めることが可能となる．まず，$v(x)|_{x=0}=0$ から $C_2=0$ となり，$v(x)|_{x=l}=0$ と $\theta(x)|_{x=l}=0$ より，

$$C_1 = \frac{1}{48}f_0 l^3, \quad R_{\mathrm{A}} = \frac{3}{8}f_0 l \tag{6.76}$$

と求められる．

STEP3　求めた未知数（R_{A}，C_1，C_2）を再度，たわみ角 $\theta(x)$ とたわみ $v(x)$ の式に代入すると，

$$\theta(x) = \frac{dv(x)}{dx} = -\frac{f_0}{EI}\left(\frac{1}{6}x^3 - \frac{3}{16}lx^2 + \frac{1}{48}l^3\right) \tag{6.77}$$

$$v(x) = -\frac{f_0}{EI}\left(\frac{1}{24}x^4 - \frac{1}{16}lx^3 + \frac{1}{48}l^3 x\right) \tag{6.78}$$

となる．なお，反力 R_{B} と反モーメント M_{B} は，式 (6.76) の反力 R_{A} を式 (6.69) と式 (6.70) に代入することで，

$$R_{\mathrm{B}} = \frac{5}{8}f_0 l, \quad M_{\mathrm{B}} = \frac{1}{8}f_0 l^2 \tag{6.79}$$

と求められる．

例題 6.5　図 6.23 のように，等分布荷重 f_0 を受ける長さ l，曲げ剛性 EI（一定）で両端が固定されたはりがある．このはりのたわみ角とたわみの式を求め，たわみの最大値を単純支持はりの場合と比較せよ．

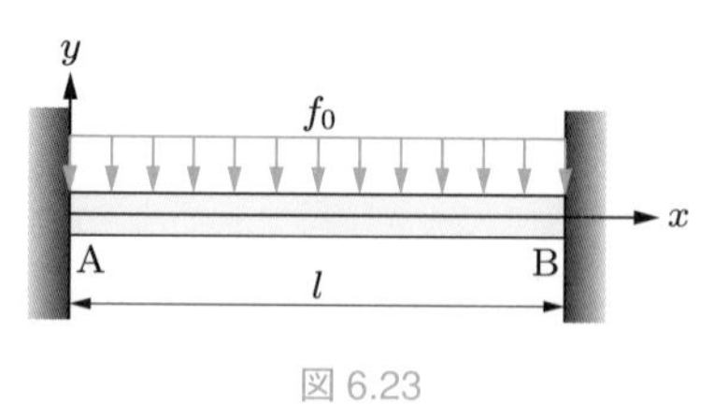

図 6.23

［解答］

STEP1　図 6.24 のように等分布荷重 f_0 を集中荷重 $f_0 l$ に変換し，力のつり合い式と力のモーメントのつり合い式を立てる．y 方向の力のつり合い式は，

$$R_{\mathrm{A}} - f_0 l + R_{\mathrm{B}} = 0$$

となり，点 B まわりの力のモーメントのつり合い式は，

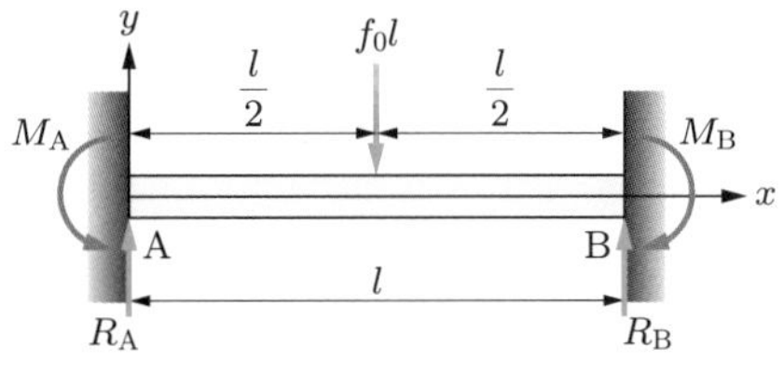

図 6.24

$$M_B - f_0 l \times \frac{l}{2} - M_A + R_A \times l = 0$$

となる．未知数が R_A，R_B，M_A，M_B の四つに対して，条件式は上記の二つとなるが，図 6.24 で反力 R_A と R_B，反モーメント M_A と M_B は $x = l/2$ で左右対称になっていることがわかる．したがって，反力 R_A と R_B は，

$$R_A = R_B = \frac{1}{2} f_0 l$$

と求められる．

つぎに，図 6.25 のように点 A（$x = 0$）から x 離れた位置（点 C）で仮想的に切断し，点 C における力のモーメントのつり合い式を立てると，曲げモーメント M の式は，

$$M - f_0 x \times \frac{x}{2} - M_A + R_A \times x = 0 \quad \Rightarrow \quad M = \frac{f_0}{2} x^2 - \frac{f_0 l}{2} x + M_A$$

となる．この曲げモーメント M の式をはりのたわみに関する基礎式 (6.7) に代入すると，

$$\frac{d^2 v(x)}{dx^2} = -\frac{M}{EI} = -\frac{1}{EI}\left(\frac{f_0}{2} x^2 - \frac{f_0 l}{2} x + M_A\right)$$

となり，x で積分すると，つぎのようになる．

$$\theta(x) = \frac{dv(x)}{dx} = -\frac{1}{EI}\left(\frac{1}{6} f_0 x^3 - \frac{1}{4} f_0 l x^2 + M_A x + C_1\right)$$

$$v(x) = -\frac{1}{EI}\left(\frac{1}{24} f_0 x^4 - \frac{1}{12} f_0 l x^3 + \frac{1}{2} M_A x^2 + C_1 x + C_2\right)$$

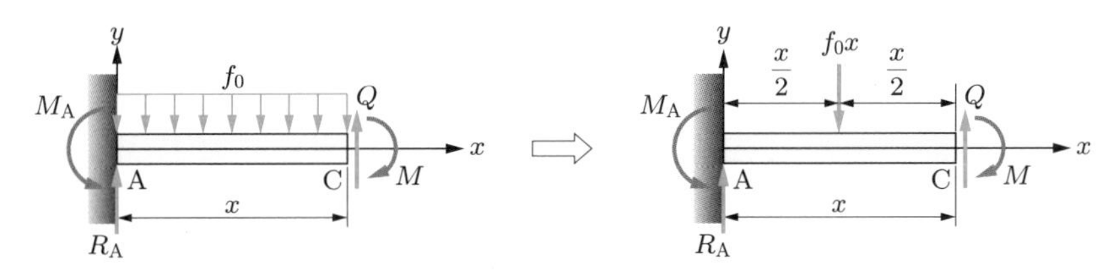

図 6.25

STEP2　図6.23は両端が固定支点のため，境界条件式は以下の四つとなる．

$$v(x)|_{x=0}=0, \quad v(x)|_{x=l}=0, \quad \theta(x)|_{x=0}=0, \quad \theta(x)|_{x=l}=0$$

よって，$v(x)|_{x=0}=0$ と $\theta(x)|_{x=0}=0$ から $C_1=C_2=0$ となり，$\theta(x)|_{x=l}=0$ より $M_A=(1/12)f_0l^2$ と求められる．また，このとき $v(x)|_{x=l}=0$ も満たされている．

STEP3　求めた未知数（M_A，C_1，C_2）を再度，たわみ角 $\theta(x)$ とたわみ $v(x)$ の式に代入すると，以下のようになる．

$$\theta(x)=\frac{dv(x)}{dx}=-\frac{f_0x}{12EI}(l-x)(l-2x), \quad v(x)=-\frac{f_0x^2}{24EI}(l-x)^2$$

したがって，たわみの最大値は $x=l/2$ で，

$$v_{\max}=v(x)|_{x=l/2}=-\frac{f_0l^4}{384EI}$$

と求められる．この値は式 (6.38) の等分布荷重 f_0 を受ける単純支持はりの場合の1/5となっており，両端を固定することで最大たわみが非常に小さくなることがわかる．このように，縦弾性係数 E，断面二次モーメント I だけではなく，はりの支持条件を変更することでもたわみを小さくすることができる．■

6.5 平等強さのはり

図6.7の先端である点A ($x=0$) に集中荷重 P を受ける片持ちはりでは，点B ($x=l$) に最大曲げモーメント $M_{\max}=Pl$ が発生する．したがって，このはりが幅 b_l，高さ h_0 の長方形断面の場合，最大曲げ応力 $\sigma_{\max}$ は，式 (5.41) の $\sigma=(M/I)y$ から，

$$\sigma_{\max}=\frac{M_{\max}}{I}\times\left(\pm\frac{h_0}{2}\right)=\frac{Pl}{b_lh_0^3/12}\times\left(\pm\frac{h_0}{2}\right)=\pm\frac{6Pl}{b_lh_0^2} \tag{6.80}$$

となる．このように，断面が x 軸方向に一様なはりの場合，最大曲げ応力 $\sigma_{\max}$ は点Bで生じるため，荷重 P を増加していくといずれ点Bで壊れる．このことは，点B以外の部位は必要以上の強度をもっていることを意味しており，したがって一様な断面をもつはりは軽量性や経済性を考えると好ましくない．この問題を解決するためには，はりのすべての位置に生じる最大曲げ応力が等しくなるようにすればよい．このようなはりのことを**平等強さのはり**（beam of uniform strength）とよぶ．

それでは，先端に集中荷重 P を受ける長さ l の片持ちはりが平等強さのはりになるための条件式を求めてみる．長方形断面の場合，高さを一定とし幅が変化する平等強

さのはり，幅を一定とし高さが変化する平等強さのはり，そして高さと幅の両方が変化する平等強さのはりの 3 種類があるが，ここでは，高さを一定とし，幅が変化する場合について求めてみる†．先端に集中荷重 P を受ける片持ちはりの任意の位置 x での曲げモーメントは，式 (6.19) より $M = Px$ となる．また，断面の高さを h_0，幅を $b(x)$ すると，断面二次モーメント I は，

$$I = \frac{b(x)h_0^3}{12} \tag{6.81}$$

となる．したがって，先端から x 離れた位置の断面に生じる最大曲げ応力 σ は，

$$\sigma = \frac{M}{I}y \quad \Rightarrow \quad \sigma = \frac{Px}{b(x)h_0^3/12} \times \left(\pm\frac{h_0}{2}\right) = \pm\frac{6Px}{b(x)h_0^2} \tag{6.82}$$

となる．一方，固定端（$x = l$）におけるはりの断面の幅を $b = b_l$ とすると，固定端での最大曲げ応力 σ_l は，

$$\sigma_l = \frac{Pl}{b_l h_0^3/12} \times \left(\pm\frac{h_0}{2}\right) = \pm\frac{6Pl}{b_l h_0^2} \tag{6.83}$$

となる．平等強さのはりとなるためには，最大曲げ応力がすべての場所で同じになればよいので，式 (6.82) と式 (6.83) を等しいとすると，

$$\sigma = \sigma_l \quad \Rightarrow \quad \pm\frac{6Px}{b(x)h_0^2} = \pm\frac{6Pl}{b_l h_0^2} \tag{6.84}$$

となる．したがって，平等強さのはりとなるための幅 $b(x)$ の式は，

$$b(x) = \frac{b_l}{l}x \tag{6.85}$$

となる．式 (6.85) は x の一次関数となっており，$x = 0$ で $b = 0$，$x = l$ で $b = b_l$ となることから，このはりの断面形状は図 6.26 に示す三角形板となる．高さ h_0，幅 b が一様な長方形断面のはりと比較すると，体積は半分となっている．

つぎに，平等強さのはりと一様断面のはりで，たわみ角とたわみの最大値を比較してみる．はりのたわみに関する基礎式を解く前に，式 (6.81) と式 (6.85) から図 6.26 の平等強さのはりの断面二次モーメント I を求めると，

† 幅を一定とし高さが変化する平等強さのはりについては，演習問題 6-8 に掲載している．また，円形断面の平等強さのはりについては，演習問題 6-9 に掲載しているので，解いてみてほしい．

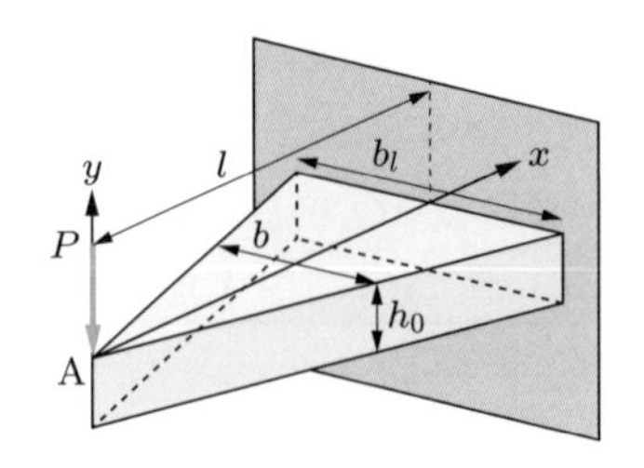

図 6.26　高さを一定とする平等強さのはり

$$I = \frac{b(x)h_0^3}{12} \quad \Rightarrow \quad I = \frac{(b_l x/l)h_0^3}{12} = \frac{b_l h_0^3}{12} \times \frac{x}{l} = I_l \times \frac{x}{l} \tag{6.86}$$

となる．ここで，I_l は固定端における断面二次モーメントである．したがって，はりのたわみに関する基礎式 (6.7) に，曲げモーメントの式 $M = Px$ と式 (6.86) を代入すると，

$$\frac{d^2v(x)}{dx^2} = -\frac{M}{EI} = -\frac{Px}{E \times I_l \times (x/l)} = -\frac{Pl}{EI_l} \tag{6.87}$$

となる．式 (6.86) を x で積分すると，

$$\theta(x) = \frac{dv(x)}{dx} = -\frac{Pl}{EI_l}(x + C_1) \tag{6.88}$$

となり，式 (6.87) を x で積分すると，

$$v(x) = -\frac{Pl}{EI_l}\left(\frac{x^2}{2} + C_1 x + C_2\right) \tag{6.89}$$

となる．積分定数 C_1 と C_2 を求める境界条件式は，6.3.1 項と同様に，

$$\theta(x)|_{x=l} = 0, \quad v(x)|_{x=l} = 0 \tag{6.90}$$

となる．式 (6.90) から C_1 と C_2 は，

$$C_1 = -l, \quad C_2 = \frac{l^2}{2} \tag{6.91}$$

となる．したがって，たわみ角 $\theta(x)$ とたわみ $v(x)$ の式は，

$$\theta(x) = \frac{dv(x)}{dx} = -\frac{Pl}{EI_l}(x - l) \tag{6.92}$$

$$v(x) = -\frac{Pl}{EI_l}\left(\frac{x^2}{2} - lx + \frac{l^2}{2}\right) \tag{6.93}$$

と求められる．たわみ角とたわみの最大値は，点 A で生じるので，

$$\theta_{\max} = \theta(x)|_{x=0} = -\frac{Pl}{EI_l}(0-l) = \frac{Pl^2}{EI_l} \tag{6.94}$$

$$v_{\max} = v(x)|_{x=0} = -\frac{Pl}{EI_l}\left(0-0+\frac{l^2}{2}\right) = -\frac{Pl^3}{2EI_l} \tag{6.95}$$

となる．よって，平等強さのはりと一様断面のはりの最大たわみ角と最大たわみを比較すると，平等強さのはりのほうがたわみ角は 2 倍，たわみは 1.5 倍大きくなることになる†．

演習問題

6-1　等分布荷重 $f_0 = 5\,\mathrm{N/m}$ を受ける長さ $l = 2\,\mathrm{m}$ の片持ちはりの自由端（左端）におけるたわみ角とたわみを求めよ．ただし，このはりの断面は幅 $b = 20\,\mathrm{mm}$，高さ $h = 10\,\mathrm{mm}$ の長方形で，縦弾性係数 $E = 70\,\mathrm{GPa}$ とする．

6-2　集中荷重 $P = 500\,\mathrm{N}$ を受ける長さ $l = 1\,\mathrm{m}$ の片持ちはりの自由端（左端）におけるたわみ角とたわみを求めよ．ただし，このはりの断面は直径 $d = 25\,\mathrm{mm}$ の円形で，縦弾性係数 $E = 206\,\mathrm{GPa}$ とする

6-3　図 6.27 のように，点 A でゼロ，点 B で $f_0 = 10\,\mathrm{N}$ の三角形状分布荷重 $f(x)$ を受ける長さ $l = 1\,\mathrm{m}$ の片持ちはりがある．点 A におけるたわみ角 θ_A とたわみ v_A を求めよ．ただし，このはりの断面は幅 $b = 25\,\mathrm{mm}$，高さ $h = 50\,\mathrm{mm}$ の長方形で，縦弾性係数 $E = 206\,\mathrm{GPa}$ とする．

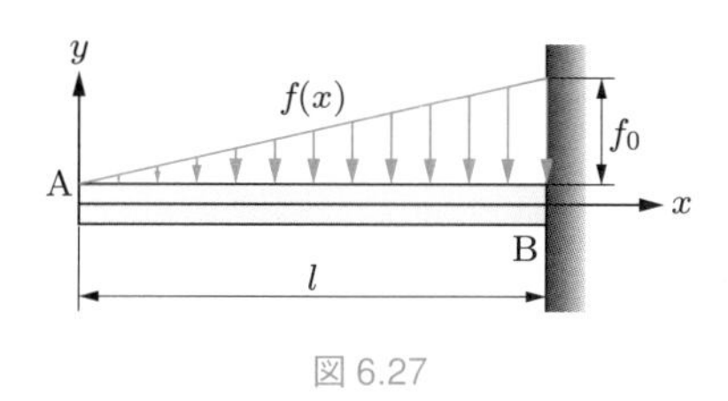

図 6.27

6-4　等分布荷重 $f_0 = 5\,\mathrm{N/m}$ を受ける長さ $l = 2\,\mathrm{m}$ の単純支持はりの最大たわみ角と最大たわみを求めよ．ただし，このはりの断面は幅 $b = 15\,\mathrm{mm}$，高さ $h = 20\,\mathrm{mm}$ の長方形で，縦弾性係数 $E = 70\,\mathrm{GPa}$ とする．

---

† 式 (6.25) と式 (6.27) より，先端に集中荷重が作用する一様断面の片持ちはりの最大たわみ角と最大たわみは，つぎのようになる．

$$\theta_{\max} = \theta(x)|_{x=0} = \frac{Pl^2}{2EI}, \quad \nu_{\max} = \nu(x)|_{x=0} = -\frac{Pl^3}{3EI}$$

6-5　長さ $l=1\,\mathrm{m}$ の単純支持はりの中央に集中荷重 $P=5\,\mathrm{kN}$ が作用している．このとき，両支点でのたわみ角と，中央でのたわみを求めよ．ただし，このはりの断面は直径 $d=50\,\mathrm{mm}$ の円形で，縦弾性係数 $E=206\,\mathrm{GPa}$ とする．

6-6　図 6.28 のように，長さ $l=3\,\mathrm{m}$ の片持ちはりが点 A から $l_1=2\,\mathrm{m}$，点 B から $l_2=1\,\mathrm{m}$ の位置に集中荷重 $P=5\,\mathrm{N}$ を受けている．このときの点 A のたわみを求めよ．ただし，このはりの断面は幅 $b=10\,\mathrm{mm}$，高さ $h=20\,\mathrm{mm}$ の長方形で，縦弾性係数 $E=206\,\mathrm{GPa}$ とする．

6-7　図 6.29 のように，長さ $l=2\,\mathrm{m}$ のはりが等分布荷重 $f_0=0.5\,\mathrm{kN/m}$ を受けている．このとき，点 A の支点反力，点 B の支点反力と反モーメントを求めよ．また，中央（$x=1\,\mathrm{m}$）でのたわみ角とたわみを求めよ．ただし，このはりの断面は幅 $b=15\,\mathrm{mm}$，高さ $h=20\,\mathrm{mm}$ の長方形で，縦弾性係数 $E=206\,\mathrm{GPa}$ とする．

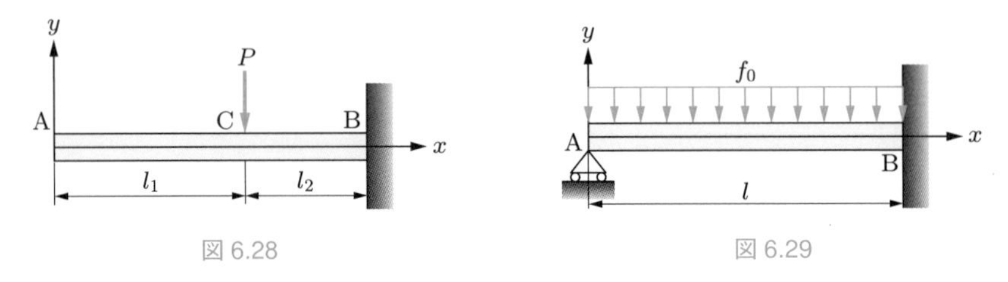

図 6.28　　図 6.29

6-8　図 6.30 のように断面の幅 b_0 を一定とし，高さが x 方向で変化する長さ l の片持ちはりがある．このはりの先端（$x=0$）に集中荷重 P を作用させたとき，このはりが平等強さのはりとなるための高さ $h(x)$ の式を求めよ．ただし，固定端（$x=l$）での断面の高さは h_l とする．

6-9　図 6.31 のように，直径が x 方向で変化する長さ l の片持ちはりがある．このはりの先端（$x=0$）に集中荷重 P を作用させたとき，このはりが平等強さのはりとなるための直径 $d(x)$ の式を求めよ．ただし，固定端（$x=l$）での直径は d_l とする．

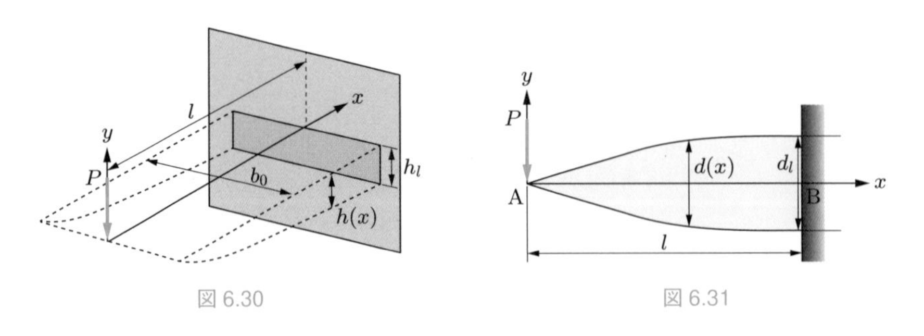

図 6.30　　図 6.31

7 柱の座屈

☑ 確認しておこう！

(1) 図 7.1 に示すように，断面二次モーメント I，縦弾性係数 E，長さ l の片持ちはりに等分布荷重 f_0 を作用させた．原点を左端に置き右向きに x 軸をとった場合，たわみに関する基礎式と最大たわみ $v_{\max}$ の式を求めてみよう．

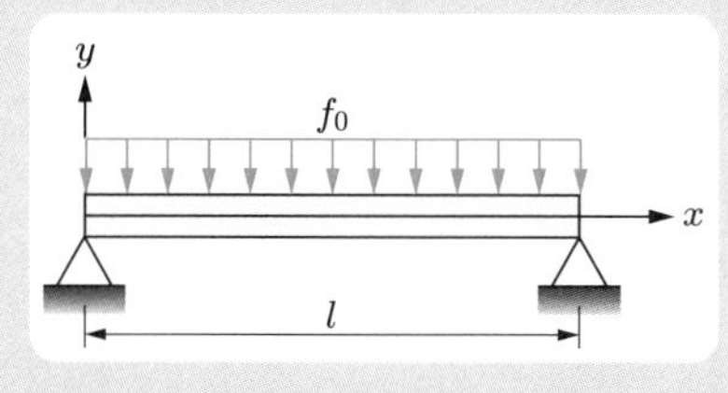

図 7.1

(2) つぎの形の微分方程式（定数係数の 2 階同次常微分方程式）の一般解を求めてみよう．

① $y'' + by = 0$ （b は定数）

② $y'' + ay' + by = 0$ （a，b は定数）

軸方向の圧縮力を支える棒状の部材を**柱**（column）とよぶ．細長い柱の軸方向に圧縮力を作用させて，圧縮力を増大していくと，柱が圧縮力により押しつぶされて圧縮破壊が起きる前に，柱が湾曲してしまうことがある．このように，細長い柱が軸方向の圧縮力を受けて湾曲してしまう現象を**座屈**（buckling）とよぶ．この座屈現象は，圧縮力を受ける細長い柱に特有な現象ではなく，圧縮力を受ける薄い平板構造や外圧を受ける薄肉円筒構造においても発生する．座屈現象では，ある荷重で急に変形の様子が変化し，大きなたわみを生じて破損することがある．そのため，どのような条件で座屈現象が生じるのかを調査することは，構造設計を進めるうえで極めて重要である．構造物の座屈現象を引き起こす荷重を**座屈荷重**（buckling load）とよび，この座屈荷重はその構造物の剛性，形状および拘束条件に依存し，材料の強度以下で生じることがわかっている．本章では，圧縮荷重を受ける細長い柱の座屈問題を取り扱う．

7.1 長い柱の座屈の基本式

図7.2 (a) のように短い柱が圧縮力を受ける場合には，材料は圧縮され，その材料の圧縮強さ[†]が柱の強度になる．一方，図7.2 (b) のような長い柱が圧縮を受ける場合には，圧縮強さ以下の小さな荷重（応力）でも大きく湾曲して，最終的には破損する．この座屈現象は，材料自体の強さとは関係なく発生する．

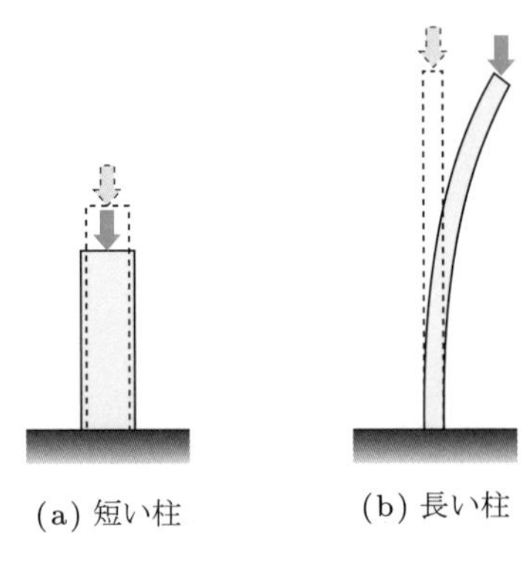

図7.2　圧縮荷重を受ける柱

柱の座屈は，はりの曲げとよく似た変形をする現象なので，両者を関連させて考えると理解しやすい．図7.3のように，両端を回転支持した長さ l の柱に軸圧縮荷重 P が作用している場合を考える．このとき，両端を回転支持した柱においても，軸圧縮荷重 P を厳密に柱の上面に垂直（y 軸と垂直）に加えたとすれば，柱は x 軸方向に圧

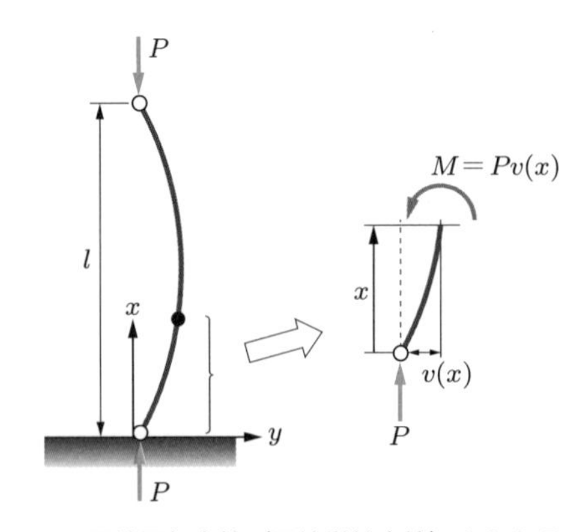

図7.3　両端回転支持（両端単純支持）された長い柱

† 圧縮荷重を受ける材料が破断しないで耐えうる最大の荷重を，破断部の最初の横断面積で割った値．

縮されるだけである．しかし，長い柱の場合にはそのような変形にはならず，y 方向に変位が生じて曲げ変形（座屈）が発生する．これは，

(1) 柱の上面（y 軸）に対して，荷重を厳密に垂直に精度よく加えることは不可能である
(2) 柱の断面形状を寸分の狂いもなく等断面に作成することは不可能である

などの理由により，実際には y 方向に不つり合いの力が発生し，それに起因して曲げ変形が生じることによる．

そのため，座屈現象を考えるときには，軸方向にだけ圧縮力を加えたとしても，何らかの要因で横に変形（曲げ変形）が生じ，柱が変形するという前提でつり合いを考える．このように仮定しないと座屈現象を解析できないところがポイントである．

ここでは，何らかの不つり合いにより，柱に曲げ変形（たわみ）が生じたと考えよう．図 7.3 において，柱を位置 x で仮想的に切断して，柱が横にたわんだ状態でのモーメントのつり合いを考える．このとき，位置 x での y 方向変位（たわみ）を $v(x)$ とすると，仮想断面に負荷すべき曲げモーメント M は，

$$M = Pv(x) \tag{7.1}$$

となる．この柱の曲げ変形は，第 5 章，第 6 章で学んだはりのたわみと同じ形なので，この曲げモーメント M をはりのたわみに関する基礎式 (6.7) に代入すると，

$$EI\frac{d^2v(x)}{dx^2} = -M = -Pv(x) \tag{7.2}$$

となる．この式 (7.2) は，第 6 章で学んだはりのたわみの式とどこが異なっているだろうか．図 7.4 に両端回転支持（両端単純支持）のはりの中央に集中荷重 P が作用したときのはりのたわみ曲線を示し，はりの曲げのたわみの基礎式を以下に再掲する．

$$EI\frac{d^2v(x)}{dx^2} = -M = \begin{cases} -\left(\dfrac{P}{2}\right)x & (0 \leq x \leq l/2) \\ -\left(\dfrac{P}{2}\right)(l-x) & (l/2 \leq x \leq l) \end{cases} \tag{7.3}$$

式 (7.2) と式 (7.3) を比較するとわかるように，はりの曲げの問題では，曲げモーメントが位置 x の関数であったが，柱の座屈の問題ではたわみ $v(x)$ の関数となっているため，たわみの基礎式を解くのが難しくなる．座屈現象は，前述したように変形後のつり合い状態を考えなくてはならない点と，曲げのたわみの基礎式がたわみ $v(x)$ の関数である点が，解析を難しくしている要因である．

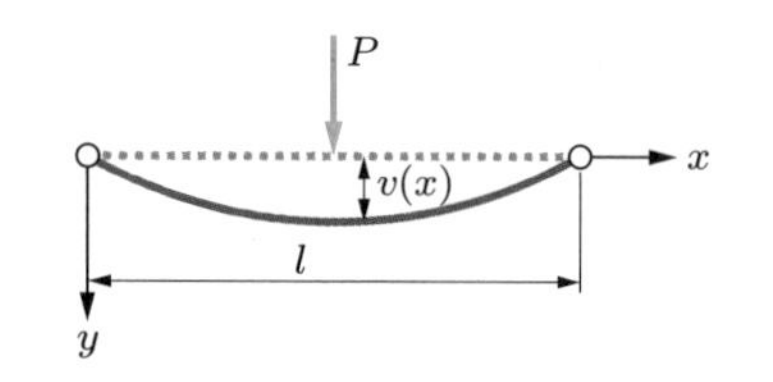

図 7.4　中央に集中荷重が作用したときの両端単純支持はりの曲げ変形

式 (7.3) は x に関して積分することで解くことができる．一方，式 (7.2) は 2 階の同次線形微分方程式であり，その一般解は次式となる．

$$v(x) = A\sin\alpha x + B\cos\alpha x \tag{7.4}$$

ただし，

$$\alpha^2 = \frac{P}{EI} \tag{7.5}$$

である．

ここで，定数 A と B はつぎの二つの境界条件から定まる．

① $x=0$ で $v(x)=0$ より $B=0$ (7.6)

② $x=l$ で $v(x)=0$ より $A\sin\alpha l=0$ (7.7)

式 (7.7) において，$A=0$ とすると式 (7.4) の $v(x)$ がつねにゼロとなり，座屈が生じないことになる．したがって，$\sin\alpha l=0$ でなければならない．これを満たすためには，

$$\alpha l = n\pi \quad (n=1,\ 2,\ 3,\ldots) \tag{7.8}$$

である必要がある．ここで，n は 1 以上の整数であることに注意してほしい．この式 (7.8) を式 (7.5) に代入すると，

$$\alpha^2 = \frac{n^2\pi^2}{l^2}$$

となり，

$$P = \frac{n^2\pi^2 EI}{l^2} \tag{7.9}$$

が得られる．式 (7.9) より，$n=1$ のときに荷重値が最小になることがわかる．この最小の荷重値を座屈荷重 P_{cr} とおくと，式 (7.9) は，

$$P_{\mathrm{cr}} = \frac{\pi^2 EI}{l^2} \tag{7.10}$$

となる．この式からわかるように，座屈荷重は柱の長さの 2 乗に反比例し，縦弾性係数 E および断面二次モーメント I に比例する．式 (7.4) に式 (7.6) の $B=0$ と式 (7.8) を代入すると，柱のたわみ $v(x)$ を表す式がつぎのように求められる．

$$v(x) = A\sin\left(\frac{n\pi x}{l}\right) \tag{7.11}$$

図 7.5 に，式 (7.11) の n の値を変化させたときの両端回転支持の長い柱の座屈形状を示す．図 7.5 に示したような座屈現象により生じる柱の変形形状を**座屈モード** (buckling mode) とよぶ．座屈モードは n の値により変化するが，通常，ゆっくりと荷重を負荷する場合には $n=1$ の 1 次モードが生じ，それ以上の高次の座屈モードには移行しない．これは，いったん $n=1$ のモードが生じてしまうと，柱の剛性が低下するため，そのまま柱が破壊するまで 1 次の座屈モードで変形が増大するからである．したがって，衝撃的な荷重が作用するような特別な荷重条件下でない限り，1 次の座屈荷重 P_{cr} と座屈モードを求めて対策すれば設計上は問題がないことがほとんどである．

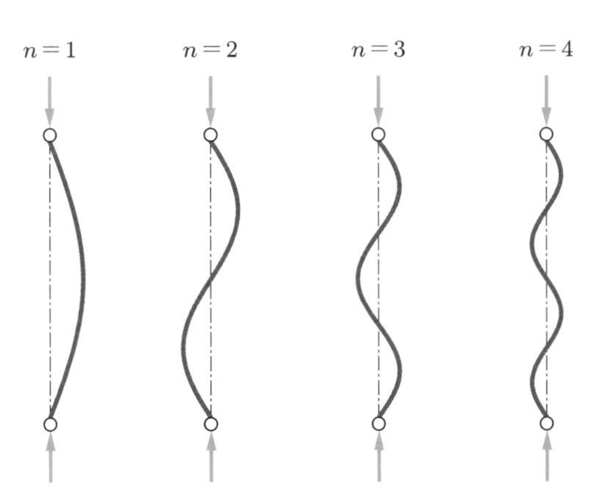

図 7.5　**両端回転支持の長い柱の座屈モード**

例題 7.1　直径 $d=7\,\mathrm{cm}$，長さ $l=4.5\,\mathrm{m}$ で縦弾性係数 $E=206\,\mathrm{GPa}$ の鋼製の中実丸棒の両端を回転支持し，軸圧縮荷重を作用させた．このときの中実丸棒の柱の座屈荷重を求めよ．つぎに，この中実丸棒の柱を丸棒と同じ断面積をもつ肉厚 $t=1\,\mathrm{cm}$ の中空パイプに変えたときの中空パイプの柱の座屈荷重がいくつになるか求め，これらの座屈荷重を比較してわかることを述べよ．

[解答]　まず中実丸棒の場合を考える．直径 d の円形断面の断面二次モーメント I は，式 (5.54) より $I=\pi d^4/64$ で与えられるので，本例題では，

$$I=\frac{\pi\times(7\times10^{-2})^4}{64}\simeq1.178\times10^{-6}\,\mathrm{m}^4$$

となる．一方，曲げ剛性は，

$$EI=206\times10^9\times1.178\times10^{-6}\simeq2.427\times10^5\,\mathrm{N\cdot m^2}$$

となる．したがって，座屈荷重 P_{cr} は式 (7.10) より，

$$P_{\mathrm{cr}}=\frac{\pi^2\times2.427\times10^5}{4.5^2}\simeq1.183\times10^5\,\mathrm{N}\simeq118\,\mathrm{kN}$$

となる．

つぎに中空パイプの場合を考える．パイプの外径を d [cm] とすると，パイプの断面積は

$$\frac{\pi d^2}{4}-\frac{\pi(d-2t)^2}{4}=\frac{\pi}{4}(4dt-4t^2)=\pi(d-1)\,[\mathrm{cm}^2]$$

となる．したがって，肉厚 $t=1\,\mathrm{cm}$ のパイプが直径 7 cm の丸棒と同じ断面積になるための外径は，

$$\frac{\pi}{4}\times7^2=\pi(d-1)\quad\Rightarrow\quad d=13.25\,\mathrm{cm}$$

となる．したがって，パイプの断面二次モーメント I は，

$$I=\frac{\pi}{64}\{13.25^4-(13.25-2.0)^4\}\times10^{-8}\simeq7.268\times10^{-6}\,\mathrm{m}^4$$

となり，曲げ剛性は，

$$EI=206\times10^9\times7.268\times10^{-6}\simeq1.497\times10^6\,\mathrm{N\cdot m^2}$$

となる．したがって，座屈荷重は，

$$P_{\mathrm{cr}}=\frac{\pi^2\times1.497\times10^6}{4.5^2}\simeq7.298\times10^5\,\mathrm{N}\simeq730\,\mathrm{kN}$$

と求められる．

中実丸棒の座屈荷重 118 kN と中空パイプの座屈荷重 730 kN を比較すると，中空パイプは同じ断面積（つまり材料が同量）であっても，中実丸棒よりも圧倒的に座屈に対して有利であることがわかる．これは，曲げ変形に対して中空パイプのほうが軽量構造体として有利であることと類似している．■

7.2 一端固定，他端自由支持の長い柱の座屈

柱の端部での支持方法（拘束条件）が変わると座屈の様子が変わる．たとえば，図 7.6 に示すような一端を固定しもう一端の自由端に圧縮荷重が作用する柱の場合には，図 7.3 に示した両端回転支持の座屈荷重よりも低い荷重で座屈が発生すると予想される．図 7.6 に示す一端固定支持の柱に発生する曲げモーメント M は，先端のたわみを v_0，位置 x でのたわみを $v(x)$ とすると，

$$M = -P(v_0 - v(x)) \tag{7.12}$$

である．したがって，曲げのたわみの基礎式は，

$$EI\frac{d^2v(x)}{dx^2} = -M = P(v_0 - v(x)) \tag{7.13}$$

となり，$\alpha^2 = P/EI$ とおくと，式 (7.13) は

$$\frac{d^2v(x)}{dx^2} + \alpha^2 v(x) = \alpha^2 v_0 \tag{7.14}$$

となる．この式 (7.14) は 2 階の非同次線形微分方程式であり，その一般解は同次解 $A\sin\alpha x + B\cos\alpha x$ と非同次解 v_0 の和となり，

$$v(x) = A\sin\alpha x + B\cos\alpha x + v_0 \tag{7.15}$$

となる．

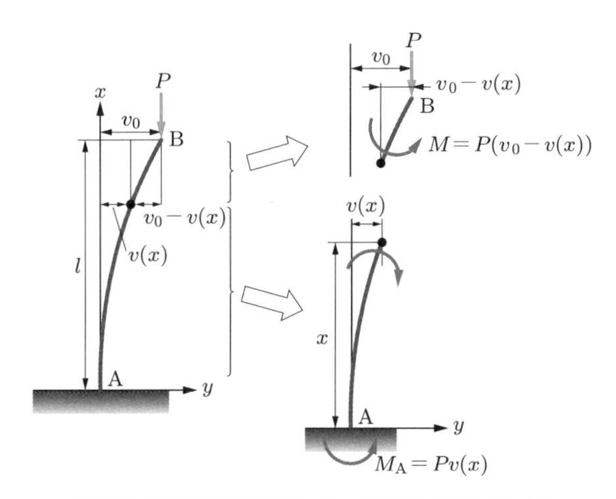

図 7.6　圧縮荷重が作用する一端固定支持の長い柱

そして，定数を定めるための条件は以下のとおりである．

$$\text{①}\ x=0\ \text{で}\ v(x)=0\ \text{より}\ B+v_0=0 \tag{7.16}$$

$$\text{②}\ x=0\ \text{で}\ \frac{dv}{dx}=0\ \text{より}\ A=0 \tag{7.17}$$

$$\text{③}\ x=l\ \text{で}\ v(x)=v_0\ \text{より}\ A\sin\alpha l+B\cos\alpha l+v_0=v_0 \tag{7.18}$$

式 (7.16) と式 (7.17) から式 (7.18) は $-v_0\cos\alpha l=0$ となるので，$\cos\alpha l=0$ でなければならない．これを満たすためには，

$$\alpha l=\frac{2n+1}{2}\pi \quad (n=0,\ 1,\ 2,\ 3,\ldots) \tag{7.19}$$

である．この最小値は $n=0$ のときで，

$$\alpha l=\frac{\pi}{2} \tag{7.20}$$

である．したがって，$\alpha^2=P/EI$ であるから，座屈荷重は式 (7.20) から，

$$P_{\mathrm{cr}}=\frac{\pi^2 EI}{4l^2} \tag{7.21}$$

となる．柱の変形の様子は，式 (7.15) に式 (7.16)，式 (7.17)，式 (7.19) を代入すると，

$$v(x)=v_0\left\{1-\cos\left(\frac{2n+1}{2l}\pi x\right)\right\} \tag{7.22}$$

と求められる．前節と同様に，衝撃的な荷重が作用するような特別な荷重条件下でなければ，最小値 $n=0$ の座屈モードが生じる．

7.3 さまざまな支持条件における長い柱の座屈

前節では，両端回転支持と一端固定支持の長い柱の座屈荷重を曲げのたわみの基礎式を解いて求めたが，長い柱の固定条件にはほかにもさまざまなものがある．しかしながら，それらのすべての場合における座屈荷重や座屈モードを曲げのたわみの基礎式から算出しなくてはならないわけではない．本節では，さまざまな支持条件における長い柱の座屈荷重をより簡単に求める方法について解説する．

たとえば，すでに学んできたように，図 7.7 (a) に示す両端回転支持の座屈荷重 P_{cr} は，式 (7.10) から，

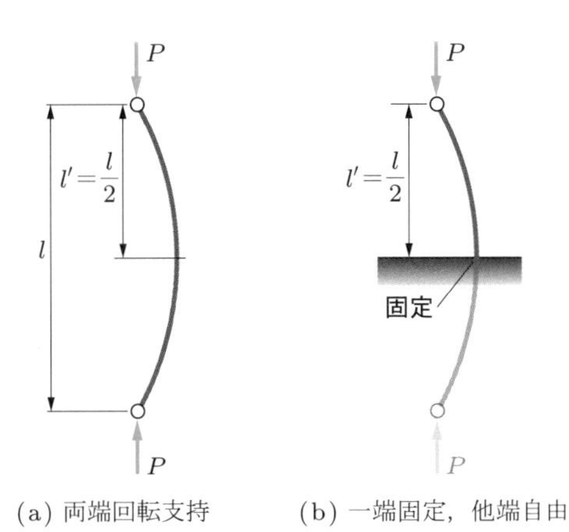

図 7.7　**両端回転支持と一端固定，他端自由支持の柱の座屈形状**

$$P_{\mathrm{cr}}=\frac{\pi^2 EI}{l^2} \tag{7.23}$$

となる．そして，式 (7.21) で示した一端固定，他端自由の柱の座屈荷重をあらためて P'_{cr} とおくと，式 (7.21) を用いることで，式 (7.23) は

$$P_{\mathrm{cr}}=\frac{\pi^2 EI}{l^2}=4\times\frac{\pi^2 EI}{4l^2}=4\times P'_{\mathrm{cr}} \tag{7.24}$$

と表すことができる．この式 (7.24) で示したように，両端回転支持の柱の座屈荷重 P_{cr} は一端固定，他端自由の柱の座屈荷重 P'_{cr} の 4 倍となる．さらに，式 (7.24) において，一端固定，他端自由の柱の長さを l' とし，両端回転支持の柱の長さをその 2 倍の $l=l'\times 2$ と仮定すると，式 (7.24) は，

$$P_{\mathrm{cr}}=\frac{\pi^2 EI}{l^2}=\frac{\pi^2 EI}{(l'\times 2)^2}=\frac{\pi^2 EI}{4l'^2} \tag{7.25}$$

と変形することができる．式 (7.25) の意味は，「図 7.7 (b) に示す一端固定，他端自由の柱の変形が，ちょうど図 7.7 (a) に示す両端回転支持の柱の半分の長さの部分が荷重を受けて座屈する場合と同じ変形である」と考えると理解しやすい．

このような考え方をすると，次式に示すように両端回転支持の座屈荷重の式 (7.10) に係数を掛けることで，さまざまな支持条件（拘束条件）における長い柱の座屈荷重を求めることができて便利である．

$$P_{\mathrm{cr}}=C\frac{\pi^2 EI}{l^2}=\frac{\pi^2 EI}{l_{\mathrm{r}}^2},\quad l_{\mathrm{r}}=\frac{l}{\sqrt{C}} \tag{7.26}$$

ここで，l_r は**相当長さ**（reduced length）とよばれ，C は境界条件によって定まる定数で，つぎのような値をとる．

(1) 両端回転支持（両端単純支持）：$C = 1$
(2) 一端固定，他端自由：$C = 0.25$
(3) 一端固定，他端回転（他端単純支持）：$C = 2$
(4) 両端固定：$C = 4$

図 7.8 に種々の支持条件の座屈形状と C の値を示す．

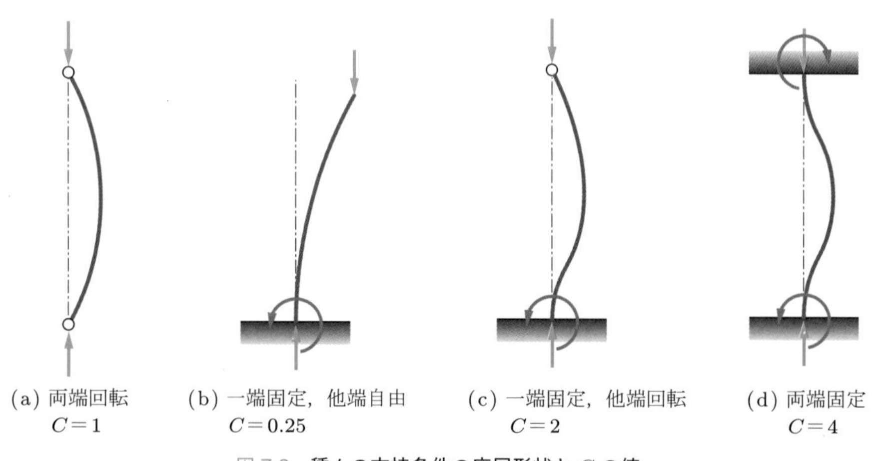

(a) 両端回転 $C=1$　(b) 一端固定，他端自由 $C=0.25$　(c) 一端固定，他端回転 $C=2$　(d) 両端固定 $C=4$

図 7.8　**種々の支持条件の座屈形状と C の値**

式 (7.26) からわかるように，座屈現象を発生させないためには，柱の曲げ剛性を大きくし，短い柱を使用するのが効果的である．しかし，座屈を防ぐためだけに太い柱を使用するのは，構造物の重量の増加を招き，経済的にも得策ではない．そこで実際の設計では，柱の支持条件を変更し，座屈を起こす柱の中央部などに曲げ変形を拘束する「座屈補剛材」を足して，座屈荷重を大幅に引き上げる対策がよく行われる．なお，式 (7.26) で計算される座屈は**オイラー座屈**（Euler buckling）とよばれ，座屈が発生するまで柱の応力状態は弾性限度内にあると仮定して導かれたものである．そのため，座屈荷重に達する前に圧縮応力が弾性限度を超えるような短い柱に対しては，オイラー座屈の式 (7.26) は適用できない．短い柱に対しての座屈荷重や座屈応力の計算では，ゴルドン・ランキン（Gordon–Rankine）の式，テトマイヤー（Tetmajer）の式，ジョンソン（Johnson）の式などの実験式が提案されている．

例題 7.2 一端固定，他端が回転支持された長さ $l = 1.2\,\mathrm{m}$ の鋼材で製作された円形断面の柱の上端に，軸圧縮荷重 $P = 6.0\,\mathrm{kN}$ が作用している．このとき，柱がオイラー座屈しないように柱の直径 d を設計したい．直径 d をいくら以上にすればよいか求めよ．ただし，鋼材の縦弾性係数 $E = 206\,\mathrm{GPa}$ として，直径の単位は mm として求めよ．

[解答] この柱は，一端固定支持で他端の回転が自由に拘束された柱であるので，境界条件より定まる定数 C は図 7.8 (c) より $C = 2$ である．したがって，座屈荷重 P_{cr} は以下の式で求められる．

$$P_{\mathrm{cr}} = C\frac{\pi^2 EI}{l^2}, \quad C = 2$$

この式を変形すると，座屈荷重 P_{cr} は

$$P_{\mathrm{cr}} = 2 \times \frac{\pi^2 EI}{l^2} = 2 \times \frac{\pi^2 E}{l^2}\frac{\pi d^4}{64} = \frac{\pi^3 E d^4}{32 l^2}$$

となる．この式に与えられた数値を代入すると，$P_{\mathrm{cr}} \geq P$ より柱の直径 d は，

$$d \geq \sqrt[4]{\frac{32 l^2 P}{\pi^3 E}} = \sqrt[4]{\frac{32 \times 1.2^2 \times 6.0 \times 10^3}{\pi^3 \times 206 \times 10^9}} \simeq 0.01442\,\mathrm{m} \quad \Rightarrow \quad d \geq 14.5\,\mathrm{mm}$$

となる．よって，直径 d は 14.5mm 以上にすればよい†．ただし，実際の構造物では初期不正（部材製作時の変形や荷重の偏心など）の影響からオイラーの座屈荷重よりも小さい荷重で座屈するケースがあるため，十分な安全率を掛けて設計しなければならない．■

演習問題

7-1 一端固定，他端自由の長い鋼材で製作された中空円筒に，$P = 600\,\mathrm{kN}$ の軸圧縮荷重が作用している．このとき，荷重を安全に支えるために必要な円筒の肉厚 t をオイラーの座屈荷重の式を用いて求めよ．ただし，円筒の長さ $l = 6.0\,\mathrm{m}$，外径 $d = 35\,\mathrm{cm}$ とし，鋼材の縦弾性係数 $E = 206\,\mathrm{GPa}$，安全率 $S = 4$ とし，肉厚 t の単位は mm として求めよ．

7-2 一端が固定され，他端が自由端である長さ $l = 4\,\mathrm{m}$ の中空パイプが，自由端に軸圧縮荷重 $P_{\max} = 200\,\mathrm{kN}$ を受けている．この中空パイプの外径 d_2 と内径 d_1 の比 d_1/d_2 は 0.7 である．このとき座屈荷重をオイラーの式 (7.26) によって計算し，柱が座屈しないための外径寸法 d_2 を求めよ．ただし，中空パイプの材質は軟鋼で縦弾性係数 $E = 206\,\mathrm{GPa}$，設計時の安全率 $S = 4$ とし，外径寸法 d_2 の単位は mm として求めよ．

---

† このような，いくら以上にすべきかを求める不等式の問題では，直径は安全側に切り上げること．

7-3　長方形断面（幅 $b = 80\,\mathrm{mm}$，高さ $h = 25\,\mathrm{mm}$）で長さ $l = 3.5\mathrm{m}$ の柱がある．この柱の両端を固定した状態で温度が ΔT [K] だけ上昇した．この棒が熱応力で座屈するときの温度変化 ΔT [K] を求めよ．ただし，柱の材質は軟鋼で線膨張係数は $\alpha = 1.2 \times 10^{-5}\,\mathrm{K}^{-1}$ とし，縦弾性係数 $E = 206\,\mathrm{GPa}$ として計算せよ．

7-4　圧縮降伏応力 $\sigma_{\mathrm{cY}} = 235\,\mathrm{MPa}$，縦弾性係数 $E = 206\,\mathrm{GPa}$ の軟鋼で製作した直径 $d = 8\,\mathrm{cm}$ の円柱がある．この円柱が軸圧縮荷重を受けるとき，円柱の固定条件をつぎの4条件として，この円柱が軸圧縮荷重で降伏せずにオイラー座屈をするときの柱の長さをそれぞれ求めよ．

(1)　両端回転支持（両端単純支持）

(2)　一端固定，他端自由

(3)　一端固定，他端回転（他端単純支持）

(4)　両端固定

8 弾性ひずみエネルギーとその応用

☑ 確認しておこう！

(1) 曲げモーメント M が作用している断面二次モーメント I，縦弾性係数 E の弾性体のはりに生じている垂直応力 σ とひずみ ε の式を導出してみよう．

(2) トルク T が作用している断面二次極モーメント I_{p}，せん断弾性係数 G の弾性体のはりに生じているせん断応力 τ とひずみ γ の式を導出してみよう．

(3) 縦弾性係数 E，断面積 A，断面二次モーメント I，長さ l の片持ちはりの先端に集中荷重 P が作用している．このとき，片持ちはりの先端（荷重点）でのたわみ v を求めてみよう．

(4) 縦弾性係数 E，断面積 A，断面二次モーメント I，長さ l の両端支持はりの中央部に集中荷重 P が作用している．このとき，両端支持はりの中央部でのたわみ v を求めてみよう．

弾性体に外力を加えると，外力は弾性体を変形させるので仕事をしたと考えられる．外力のした仕事はそのまま弾性体の中に，仕事をする能力（エネルギー）として蓄えられる．この仕事をする能力は，変形した弾性体が元に戻ろうとするエネルギーであり，弾性体のひずみにより生じるので，**弾性ひずみエネルギー**（elastic strain energy）とよばれる．本章では，この「弾性体に蓄えられる弾性ひずみエネルギーと外力がした仕事が等しい」ことを利用して，さまざまな材料力学の問題が解けることを述べる．

8.1 外力による仕事と弾性ひずみエネルギー

図 8.1 (a) に示すように，縦弾性係数が E で，一定の断面積 A，長さ l の 1 次元的な弾性体の棒に軸方向に引張荷重を $P=0$ から $P=P_0$ まで作用させ，変位が $u=u_0$ になったとする．このとき棒状の弾性体の内部に，図 8.1 (b) に示すような，一辺の長さが単位長さ $dx=1$ で単位体積 $dV=1$ の微小直方体要素を考える．この微小要素では，弾性体の棒に荷重 P が作用し始めた時点（$P=0$ のとき）には応力は発生しないので $\sigma=0$ であり，$P=P_0$ のときには $\sigma=\sigma_0=P_0/A$ の垂直応力を受け，その間に縦ひずみもゼロから $\varepsilon=\varepsilon_0$ に変化したとする．

このとき，荷重 P および変位 u がゼロから P_0 および u_0 に増加するまでに，荷重

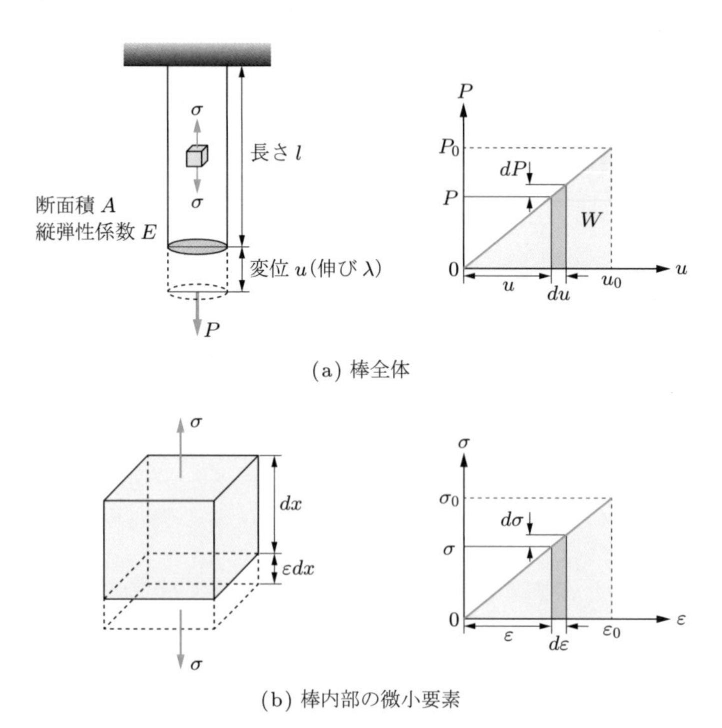

図 8.1　**外力が棒にする仕事 W と微小要素に蓄えられるひずみエネルギー**

P が弾性体の棒にしたトータルの仕事 W を考える．荷重 P と変位 u が比例関係にあるとき，$P=(P_0/u_0)u$ が成立し，仕事 W は

$$W=\int_0^{u_0} P du=\int_0^{u_0}\frac{P_0}{u_0}u\,du=\frac{P_0}{u_0}\int_0^{u_0}u\,du$$
$$=\frac{P_0}{u_0}\left[\frac{u^2}{2}\right]_0^{u_0}=\frac{1}{2}P_0u_0 \qquad (8.1)$$

となる．ここで，仕事が P_0u_0 ではなく，(1/2) が掛けられているのは，図 8.1 (a) に示したように，外力 P が変位 u に関して一定値ではなく，比例関係（P が u の一次関数）にあるからである．このように，弾性体が変位している間に力の大きさが変わらない一定荷重（たとえば重力）による仕事とは異なり，力が変位に比例して生じる場合の仕事は，力の大きさが変化しない場合の半分となる．

つぎに，図 8.1 (b) の弾性体の棒の内部にある微小直方体要素に蓄えられる単位体積あたりのひずみエネルギー ΔU（**ひずみエネルギー密度**）についても同様に考えると，

$$\Delta U=\int_0^{\varepsilon_0}\sigma\,d\varepsilon=\int_0^{\varepsilon_0}\frac{\sigma_0}{\varepsilon_0}\varepsilon\,d\varepsilon=\frac{\sigma_0}{\varepsilon_0}\int_0^{\varepsilon_0}\varepsilon\,d\varepsilon$$

$$= \frac{\sigma_0}{\varepsilon_0}\left[\frac{\varepsilon^2}{2}\right]_0^{\varepsilon_0} = \frac{1}{2}\sigma_0\varepsilon_0 \tag{8.2}$$

となる．したがって，棒に蓄えられた弾性ひずみエネルギー U は，式 (8.2) を弾性体である棒の全体積 V について集めればよく，次式のようになる．

$$U = \frac{1}{2}\sigma_0\varepsilon_0 \times V = \frac{1}{2}\frac{P_0}{A}\frac{u_0}{l}Al = \frac{1}{2}P_0 u_0 \tag{8.3}$$

このように，弾性体の棒に外力がなした仕事 W と，弾性体の棒の内部に蓄えられる弾性ひずみエネルギー U は等しくなる．すなわち，次式が成立する．

$$W = U \tag{8.4}$$

ここで，以下のことに注意しておいてほしい．図 8.1 (a)，(b) において，外力が棒にする仕事 W と弾性体内の微小要素に蓄えられるひずみエネルギー ΔU は，それぞれ P-u 線図と σ-ε 線図で囲まれた三角形の面積で計算できる．これは，線形弾性体を仮定しているからである．また，式 (8.4) が成立する背景には，「外力と内力がつり合い状態を保ちながら徐々に増加するように作用させる」という前提条件がある．もしこの前提条件とは異なり，外力を急激に加えてつり合い状態を保つことなく作用させた場合には，弾性体の棒は振動して，外力のなす仕事の一部は棒を振動させるための振動エネルギーとなって使われることになる．

8.2　さまざまな荷重形態におけるひずみエネルギー

前節では，引張荷重を受ける棒のひずみエネルギーについて説明したが，材料に作用する荷重形態としては，「引張・圧縮荷重」以外にも「曲げ荷重」や「せん断荷重」などがある．これらのさまざまな荷重形態におけるはりのひずみエネルギーは，共通の考え方で導くことができ，しかもその計算式は類似した形になっている．これは，弾性体において荷重と変位は線形関係にあり，どのような荷重形態であっても材料のひずみエネルギーは「荷重－変位線図で囲まれた面積」として考えられるからである．つまり，さまざまな荷重形態において，引張問題で取り扱った荷重と変位が，どのような物理量に対応しているかを考えればよいことになる．

以下では，引張問題との対比で，具体的に「曲げ問題やねじり問題における材料に蓄えられるひずみエネルギー」を求めてみる．最初に「引張問題における材料に蓄えられるひずみエネルギー」の求め方の復習から始める．ただし，以下では 1 次元の弾性体の材料の長さを l とした場合に，断面積 $A(x)$ や断面二次モーメント $I(x)$ は，材料の長さ方向（x 方向）で変化しないとする（すなわち $A(x) = A$，$I(x) = I$ とする）．

解き方の流れは，以下のようになる．

STEP1　さまざまな荷重形態において，材料に生じる「応力とひずみ」の関係を求める．

STEP2　式 (8.2) から単位体積あたりのひずみエネルギー U_0 を荷重 − 変位で表す．

STEP3　荷重 − 変位で表した単位体積あたりのひずみエネルギー U_0 を長さ方向の 0 から l までの範囲の体積で積分して材料全体のひずみエネルギー U を計算する．

［１］引張・圧縮荷重が作用している材料の場合

最初に，「引張問題における材料に蓄えられるひずみエネルギー」について，具体的な計算手順を示す．

STEP1　引張・圧縮荷重が作用している１次元の弾性体のはりに生じている垂直応力 σ と縦ひずみ ε の関係を求める．

$$\sigma = \frac{P}{A}, \quad \varepsilon = \frac{\sigma}{E}$$

STEP2　単位体積あたりのひずみエネルギー U_0 を荷重 P で表す．

$$U_0 = \frac{1}{2}\sigma\varepsilon = \frac{\sigma^2}{2E} = \frac{1}{2E}\left(\frac{P}{A}\right)^2 \tag{8.5}$$

STEP3　単位体積あたりのひずみエネルギー U_0 を長さ方向の 0 から l までの範囲の体積で積分して，材料全体のひずみエネルギー U を計算する．

$$U = \frac{P^2}{2EA}l = \frac{\sigma^2}{2E}Al = \frac{E\varepsilon^2}{2}Al \tag{8.6}$$

これはつぎのように計算される．

$$\begin{aligned} U &= \int_V U_0 dV = \int_0^l \int_A U_0 dA dx = \int_0^l \int_A \frac{\sigma^2}{2E} dA dx = \int_0^l \int_A \frac{1}{2E}\left(\frac{P}{A}\right)^2 dA dx \\ &= \int_0^l \frac{1}{2E}\left(\frac{P}{A}\right)^2 \left(\int_A dA\right) dx = \int_0^l \frac{1}{2E}\left(\frac{P}{A}\right)^2 A\, dx = \frac{P^2}{2EA}\int_0^l dx = \frac{P^2}{2EA}\left[x\right]_0^l \\ &= \frac{P^2}{2EA}l = \frac{\sigma^2}{2E}Al = \frac{E\varepsilon^2}{2}Al \end{aligned}$$

以下，同じように，曲げ荷重やせん断荷重が作用する場合の材料に蓄えられるひずみエネルギーを求めることができる.

[2] 曲げ荷重が作用している材料の場合

「曲げ荷重（曲げモーメント M）が作用している1次元の弾性体の材料（はり）に蓄えられるひずみエネルギー」の算出手順は，以下のようになる.

STEP1 曲げ荷重が作用している1次元の弾性体のはりに生じている曲げ応力 σ とひずみ ε の関係を求める.

$$\sigma = \frac{M}{I}y, \quad \varepsilon = \frac{\sigma}{E}$$

STEP2 単位体積あたりのひずみエネルギー U_0 をモーメント M で表す.

$$U_0 = \frac{1}{2}\sigma\varepsilon = \frac{\sigma^2}{2E} = \frac{1}{2E}\left(\frac{My}{I}\right)^2 \tag{8.7}$$

STEP3 単位体積あたりのひずみエネルギー U_0 を長さ方向の0から l までの範囲の体積で積分して，材料全体のひずみエネルギー U を計算する.

$$U = \frac{M^2 l}{2EI} \tag{8.8}$$

これはつぎのように計算される.

$$\begin{aligned}U &= \int_V U_0 dV = \int_0^l \int_A U_0 dA dx = \int_0^l \int_A \frac{\sigma^2}{2E} dA dx = \int_0^l \int_A \frac{M^2}{2EI^2} y^2 dA dx \\ &= \int_0^l \frac{M^2}{2EI^2}\left(\int_A y^2 dA\right) dx = \int_0^l \frac{M^2}{2EI} dx = \frac{M^2 l}{2EI}\end{aligned}$$

[3] ねじり荷重が作用している材料の場合

「ねじり荷重（トルク T）が作用している半径 r の1次元の弾性体の材料（軸）に蓄えられるひずみエネルギー」の算出手順は，以下のようになる.

STEP1 トルク T が作用している1次元の弾性体の軸に生じているせん断応力 τ とせん断ひずみ γ の関係を求める.

$$\tau = \frac{T}{I_{\mathrm{p}}}r, \quad \gamma = \frac{\tau}{G}$$

ここで，r は断面の極座標の半径，G は軸のせん断弾性係数，I_{p} は断面二次極モーメントである．

STEP2　単位体積あたりのひずみエネルギー U_0 をトルク T で表す．

$$U_0 = \frac{1}{2}\tau\gamma = \frac{\tau^2}{2G} = \frac{1}{2G}\left(\frac{Tr}{I_\mathrm{p}}\right)^2 \tag{8.9}$$

STEP3　単位長さあたりのひずみエネルギー U_0 を 0 から l まで積分して材料全体のひずみエネルギー U を計算する．

$$U = \frac{T^2 l}{2GI_\mathrm{p}} \tag{8.10}$$

なお，式 (8.10) はつぎのように計算される．

$$\begin{aligned} U &= \int_V U_0 dV = \int_0^l \int_A U_0 dAdx = \int_0^l \int_A \frac{\tau^2}{2G} dAdx = \int_0^l \int_A \frac{T^2}{2GI_\mathrm{p}^2} r^2 dAdx \\ &= \int_0^l \frac{T^2}{2GI_\mathrm{p}^2}\left(\int_A r^2 dA\right)dx = \int_0^l \frac{T^2}{2GI_\mathrm{p}}dx = \frac{T^2 l}{2GI_\mathrm{p}} \end{aligned}$$

式 (8.6)，式 (8.8)，式 (8.10) で示したように，荷重の形態が「引張」，「曲げ」，「せん断」と変わるだけで，ひずみエネルギー U の形はすべて同じである．すなわち，弾性体で作られた構造部材で軸方向の引張荷重 P を受けるはりは伸縮するばねと考えることができ，曲げモーメント M を受けるはり部材は曲がる板ばね，トルク T を受ける軸はねじりばねであると考えることができる．

例題 8.1　長さ $l = 3\,\mathrm{m}$，半径 $r = 6\,\mathrm{cm}$，せん断弾性係数 $G = 80\,\mathrm{GPa}$ のシャフト（動力伝達用の回転軸）がトルク $T = 12\,\mathrm{kN \cdot m}$ を受けている．このシャフトに蓄えられる弾性ひずみエネルギー U を求めよ．ただし，弾性ひずみエネルギー U の単位は J（$= \mathrm{N \cdot m}$）で答えよ．

[解答]　トルク T（せん断荷重）が作用している 1 次元の弾性体のはりに蓄えられる弾性ひずみエネルギー U は，

$$U = \frac{T^2 l}{2GI_\mathrm{p}}$$

である．また，このシャフトの断面二次極モーメント I_p は，

$$I_\mathrm{p} = \int_A r^2 dA = \frac{\pi d^4}{32} = \frac{\pi(2r)^4}{32} = \frac{\pi r^4}{2} \simeq 2.036 \times 10^{-5}\,\mathrm{m}^4$$

であるので，この棒に蓄えられる弾性ひずみエネルギー U は次式で計算できる．

$$U = \frac{T^2 l}{2GI_{\mathrm{p}}} = \frac{(12 \times 10^3)^2 \times 3}{2 \times 80 \times 10^9 \times 2.036 \times 10^{-5}} \simeq 132.6\,\mathrm{J}$$

したがって，このシャフトに蓄えられる弾性ひずみエネルギー U は 133 J である．■

8.3　弾性ひずみエネルギーの応用 1：はりのたわみの計算

前節で学んだ弾性ひずみエネルギーを利用すると，さまざまな荷重形態におけるはりの変形量を求めることができる．ここでは，曲げ問題を例にして説明する．図 8.2 に示すように，縦弾性係数 E，断面積 A，断面二次モーメント I，長さ l の片持ちはりの先端に集中荷重 P が作用する場合を考える．このとき，はりに蓄えられる弾性ひずみエネルギーと外力による仕事が等しいことを利用して，片持ちはりの荷重点のたわみを求める．ただし，せん断力による弾性ひずみエネルギーは非常に小さく無視できるものとして考えないことにする．

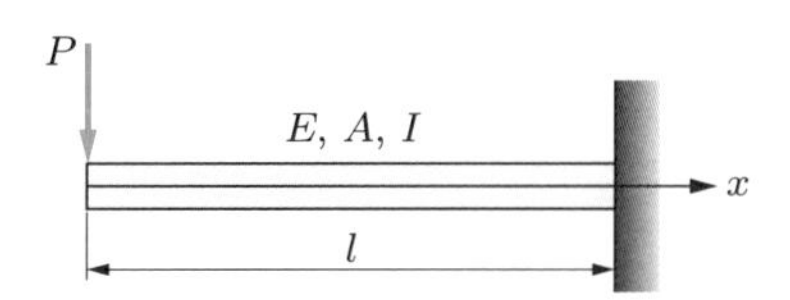

図 8.2　先端に集中荷重 P が作用している片持ちはり

まず，片持ちはりの先端から x の位置における曲げモーメント M は，$M = Px$ であるから，はりに蓄えられる曲げのひずみエネルギー U は，式 (8.8) の途中式より，

$$U = \int_0^l \frac{M^2}{2EI} dx = \frac{1}{2EI} \int_0^l (Px)^2 dx = \frac{P^2 l^3}{6EI} \tag{8.11}$$

となる．ここで，曲げモーメント M は x の関数であるため，引張荷重やねじりモーメントが作用する場合と異なり，必ず積分を行う前の状態で M を代入する．

外力による仕事 W は，先端のたわみの絶対値を δ とすると†，

$$W = \frac{1}{2} P\delta \tag{8.12}$$

であるので，外力による仕事 W とはりに蓄えられる弾性ひずみエネルギー U が等しいと考えれば，

† この章では，たわみの絶対値を v ではなく，δ で表記しているので注意．

$$U = W \quad \Rightarrow \quad \frac{P^2 l^3}{6EI} = \frac{1}{2} P\delta$$

となる．よって，

$$\delta = \frac{Pl^3}{3EI} \tag{8.13}$$

と求めることができる．これは式 (6.27) と同じである．

このように，「はりに蓄えられる弾性ひずみエネルギーと外力による仕事が等しい」ことを利用すると，はりの荷重点でのたわみ量を求めることができる．

例題 8.2　図 8.3 に示すように，縦弾性係数 E，断面積 A，断面二次モーメント I，長さ l の両端支持はりの中央部に集中荷重 P が作用する場合を考える．このとき，はり全体に蓄えられるひずみエネルギー U を求めよ．また，外力である集中荷重 P のする仕事 W が U と等しいことを利用して，荷重点のたわみの絶対値 δ を求めよ．ただし，せん断力による弾性ひずみエネルギーは小さいものとして無視してよい．

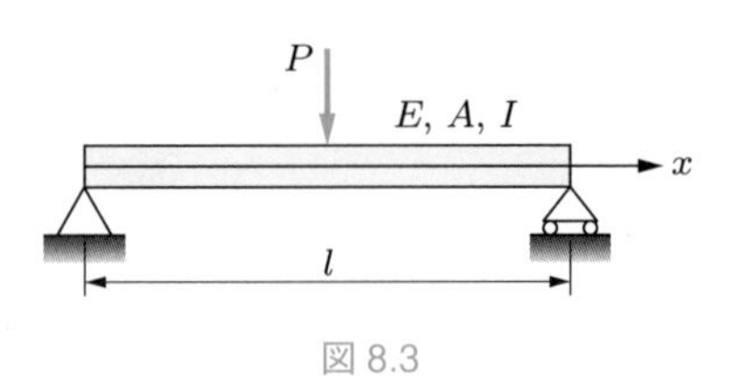

図 8.3

［解答］　5.5.4 項（$l_1 = l/2$ の場合）より，左の支点から $0 \leq x < l/2$ のとき，x の位置の曲げモーメント M_1 は，力のモーメントのつり合いから，

$$M_1 + R_{\mathrm{A}} x = 0 \quad \Rightarrow \quad M_1 = -\frac{P}{2} x$$

である．また，左の支点から $l/2 \leq x < l$ のとき，x の位置の曲げモーメント M_2 は，

$$M_2 + R_{\mathrm{A}} x - P\left(x - \frac{l}{2}\right) = 0 \quad \Rightarrow \quad M_2 = \frac{P}{2}(x - l)$$

であるので，はり全体に蓄えられるひずみエネルギー U は，せん断力によるエネルギーを小さいものとして無視すれば，

$$U = \int_0^l \frac{M^2}{2EI} dx = \int_0^{l/2} \frac{M_1^2}{2EI} dx + \int_{l/2}^l \frac{M_2^2}{2EI} dx = \int_0^{l/2} \frac{P^2 x^2}{8EI} dx + \int_{l/2}^l \frac{P^2 (x-l)^2}{8EI} dx$$

$$= \frac{P^2}{8EI}\left[\frac{x^3}{3}\right]_0^{l/2} + \frac{P^2}{8EI}\left[\frac{(x-l)^3}{3}\right]_{l/2}^l = \frac{P^2 l^3}{192EI} + \frac{P^2 l^3}{192EI} = \frac{P^2 l^3}{96EI}$$

となる．

一方，求める荷重点のたわみの絶対値を δ とすると，外力である集中荷重 P のする仕事 W は，

$$W = \frac{1}{2}P\delta$$

となる．$U = W$ とおけば，

$$\frac{P^2 l^3}{96EI} = \frac{1}{2}P\delta$$

となり，荷重 P の作用点のたわみの絶対値 δ は

$$\delta = \frac{Pl^3}{48EI}$$

と求めることができる．これは式 (6.68) で $l_1 = l_2 = l/2$ とした場合と同じである．■

8.4　弾性ひずみエネルギーの応用 2：衝撃問題への適用

構造物や機械に短時間に急激に作用するような**衝撃荷重**（impact load）が加わると，瞬間的に非常に大きな応力が生じることがある．このような衝撃荷重によって物体の内部に発生する応力を**衝撃応力**（impact stress）とよぶ．衝撃荷重により生じる弾性体の衝撃応力や変位を求めるときに，「弾性体に蓄えられるひずみエネルギーと外力がなす仕事が等しい」ことを利用すると，簡便に解析解を求めることができる場合がある．ここでは，弾性ひずみエネルギーの応用例として，はりに衝撃荷重が作用したときに，はりに生じる衝撃応力や変位を求める方法について述べる．

例として，図 8.4 に示すように，長さ l，断面積 A で縦弾性係数 E の丸棒の上端を固定して吊るし，下端にフランジを取り付けて，高さ h の位置から質量 m のおもりを下端のフランジに落下させる．このときに，この丸棒に生じる衝撃応力（衝撃による

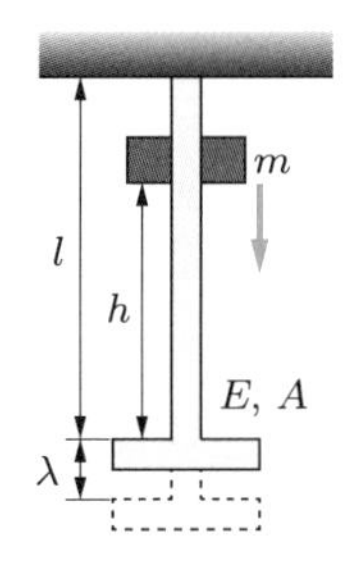

図 8.4　**丸棒の衝撃問題**

垂直応力）σ と衝撃伸び λ を求めることを考える.

この丸棒に，質量 m のおもりが衝突したことにより丸棒が λ 伸びるとする．このとき，おもりのなす仕事 W は，おもりの高さ h に棒の伸び λ を加えた分の高さ $(h+\lambda)$ から落下したことによる位置エネルギーと等しいと考えられる．したがって，おもりのなす仕事 W は，つぎのようになる.

$$W = mg(h+\lambda) \tag{8.14}$$

一方，この丸棒に蓄えられるひずみエネルギー U は，式 (8.6) に示したように，

$$U = \frac{\sigma^2}{2E}Al = \frac{E\varepsilon^2}{2}Al = \frac{E}{2}\left(\frac{\lambda}{l}\right)^2 Al = \frac{AE\lambda^2}{2l} \tag{8.15}$$

である．ここで $\lambda = \varepsilon l$ である．丸棒に蓄えられるひずみエネルギー U は，おもりのなす仕事 W と等しいと考えられるので，式 (8.14) と式 (8.15) を等置して，

$$U = W \quad \Rightarrow \quad \frac{\sigma^2}{2E}Al = mg(h+\lambda) \tag{8.16}$$

が成立する．また，衝撃伸び λ はフックの法則より衝撃応力 σ を用いて $\lambda = (\sigma/E)l$ と表されるので，式 (8.16) はつぎのように変形できる.

$$\frac{\sigma^2}{2E}Al = mg\left(h + \frac{\sigma}{E}l\right) \quad \Rightarrow \quad Al\sigma^2 - 2mgl\sigma - 2Emgh = 0 \tag{8.17}$$

したがって，衝撃応力 σ に関する二次方程式を解けば，衝撃応力 σ は次式となる.

$$\begin{aligned}\sigma &= \frac{2mgl \pm \sqrt{4(mgl)^2 + 8AlEmgh}}{2Al} \\ &= \frac{mg}{A} \pm \sqrt{\left(\frac{mg}{A}\right)^2 + 2h\left(\frac{mg}{A}\right)\frac{E}{l}}\end{aligned} \tag{8.18}$$

また，この丸棒のフランジにおもりを静かに置いたときの丸棒に生じる静的な引張応力 σ_{st} は $\sigma_{\mathrm{st}} = P/A = mg/A$ であるので，式 (8.18) で求めた衝撃荷重による衝撃応力 σ を静的引張応力 σ_{st} を用いて表すと，次式のようになる.

$$\sigma = \sigma_{\mathrm{st}} \pm \sqrt{\sigma_{\mathrm{st}}^2 + 2h\sigma_{\mathrm{st}}\frac{E}{l}} \tag{8.19}$$

ここで，最大衝撃応力 $\sigma_{\max}$ は正符号になるので，

$$\sigma_{\max} = \sigma_{\mathrm{st}} + \sqrt{\sigma_{\mathrm{st}}^2 + 2h\sigma_{\mathrm{st}}\frac{E}{l}} \tag{8.20}$$

である．なお，式 (8.20) で $h=0$ とおくと，$\sigma=2\sigma_{\mathrm{st}}$ となり，構造物に荷重を瞬時に加えた場合の応力は，静的に負荷した場合の 2 倍となることがわかる．

つぎに，$\lambda=(\sigma/E)l=(l/E)\sigma$ に式 (8.18) を代入すれば，衝撃伸び λ は

$$\lambda=\frac{mgl}{AE}\pm\sqrt{\left(\frac{mgl}{AE}\right)^2+2h\left(\frac{mgl}{AE}\right)} \tag{8.21}$$

となる．静的におもりを加えたときの伸びを λ_{st} とすれば，

$$\lambda_{\mathrm{st}}=\frac{PL}{AE}=\frac{mgl}{AE} \tag{8.22}$$

であるので，これを用いて，衝撃伸び λ は，正の値であることに注意して正符号を選び，次式のように表される．

$$\lambda=\lambda_{\mathrm{st}}+\sqrt{\lambda_{\mathrm{st}}^2+2h\lambda_{\mathrm{st}}} \tag{8.23}$$

衝撃応力のときと同様に，衝撃伸びは式 (8.23) で $h=0$ とおくと，$\lambda=2\lambda_{\mathrm{st}}$ となり，構造物に荷重を瞬時に加えた場合の伸びは，衝撃応力の場合と同様に静的に負荷した場合の 2 倍となることがわかる．このように衝撃的に荷重が作用する（荷重が突然加わる）場合に，応力や伸びが大きくなるのはなぜだろうか．

静的に（非常にゆっくりと）荷重が作用する場合は，丸棒を「おもりにより丸棒を伸ばそうとする外力」とそれを「阻止する力（弾性による内力）」がつねに平衡を保つため，運動エネルギーは一切考えなくてよい．これに対して，衝撃的に荷重が作用する（荷重が突然加わる）場合には，突然負荷された「おもりによる外力」と，フックの法則に従って次第に増大しようとする「弾性による内力」は，荷重が作用した直後にはつり合いを保つことができない．したがって，おもり（荷重）は落下し続けるために運動エネルギーが発生する．衝撃的に荷重が作用する場合では，このつり合うまでに発生した運動エネルギーの分だけ，静的におもりを置いた場合以上に大きな伸びを示すことになる．

なお，衝撃伸び λ は，式 (8.14) と式 (8.15) を等置して，

$$\begin{aligned}\frac{AE\lambda^2}{2l}=mg(h+\lambda)\quad&\Rightarrow\quad\lambda^2-\frac{2mgl}{AE}\lambda-\frac{2mgl}{AE}h=0\\&\Rightarrow\quad\lambda^2-2\lambda_{\mathrm{st}}\lambda-2\lambda_{\mathrm{st}}h=0\end{aligned}$$

と計算し，つぎのように求めることもできる．

$$\lambda = \lambda_{\mathrm{st}} \pm \sqrt{\lambda_{\mathrm{st}}^2 + 2h\lambda_{\mathrm{st}}} \tag{8.24}$$

ここで，式 (8.24) でルートの前に正負号がついているが，これは静的平衡位置を中心として，変位が正弦波振動的な変化をすることを意味している．しかし，衝撃応力と同様に最大伸びとしては，式 (8.23) に示したように絶対値として正符号だけをとればよい．

例題 8.3　図 8.5 に示すように，長さ l，断面積 A，縦弾性係数 E，断面二次モーメント I の両端支持はりの中央に，高さ h から質量 m の物体を自由落下させた．このとき，はりの最大たわみの絶対値 δ と最大曲げ応力 σ を求めよ．

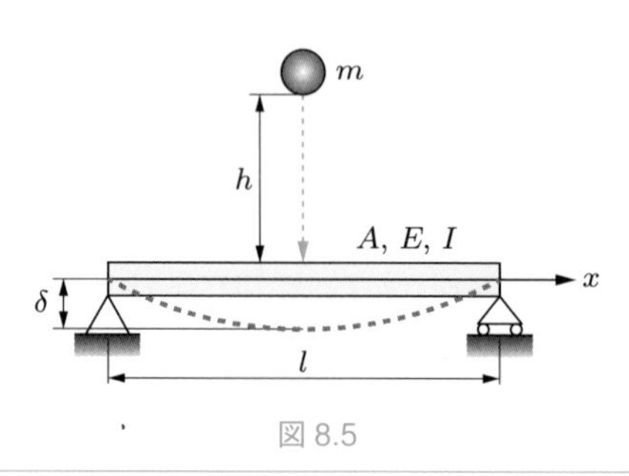

図 8.5

［解答］　質量 m のおもりが衝突したことにより，はりが δ たわんだとすると，おもりのなす仕事 W は，

$$W = mg(h + \delta)$$

である．ここで，両端支持はりの中央部に作用した衝撃荷重 P による中央部のたわみの絶対値 δ は，静的荷重の場合と同様に $\delta = Pl^3/(48EI)$ と考えられるので，仕事 W は次式となる．

$$W = mg(h + \delta) = mg\left(h + \frac{Pl^3}{48EI}\right)$$

一方，例題 8.2 に示したようにモーメント M は $M = Px/2$ なので，この丸棒に蓄えられるひずみエネルギー U は，

$$U = 2\int_0^{l/2} \frac{M^2}{2EI}dx = \frac{1}{EI}\int_0^{l/2}\left(\frac{Px}{2}\right)^2 dx = \frac{P^2}{4EI}\left[\frac{x^3}{3}\right]_0^{l/2} = \frac{P^2 l^3}{96EI}$$

となる．はりに蓄えられるひずみエネルギー U は，おもりが高さ $h + \delta$ から落下したことによる位置エネルギーが変化したものと考えられるから，上の 2 式を等置して，

$$W = U \quad \Rightarrow \quad mg\left(h + \frac{Pl^3}{48EI}\right) = \frac{P^2 l^3}{96EI}$$

が成立する．したがって，衝撃荷重 P に関する二次方程式

$$l^3P^2 - 2mgl^3P - 96EI \cdot mgh = 0$$

を解けば，衝撃荷重 P はつぎのようになる．

$$P = \frac{2mgl^3 \pm \sqrt{4m^2g^2l^6 + 4 \cdot 96EI \cdot mghl^3}}{2l^3} = mg \pm \sqrt{m^2g^2 + 96EI \cdot \frac{mgh}{l^3}}$$
$$= mg \pm mg\sqrt{1 + \frac{96EIh}{mgl^3}} = mg\left(1 \pm \sqrt{1 + \frac{96EIh}{mgl^3}}\right)$$

ここで，衝撃荷重 P は正符号のみを選び，それを中央に荷重を受ける両端支持はりの中央部のたわみの式 $\delta = Pl^3/(48EI)$ に代入すると，

$$\delta = \frac{Pl^3}{48EI} = \frac{mg\left(1 + \sqrt{1 + \dfrac{96EIh}{mgl^3}}\right)}{48EI}l^3$$
$$= \frac{mgl^3}{48EI}\left(1 + \sqrt{1 + 2h\left(\frac{48EI}{mgl^3}\right)}\right) = \delta_{\mathrm{st}}\left(1 + \sqrt{1 + \frac{2h}{\delta_{\mathrm{st}}}}\right)$$

となる．ここで，δ_{st} は中央に静的荷重 mg を受ける両端支持はりの中央のたわみの絶対値で，

$$\delta_{\mathrm{st}} = \frac{P_{\mathrm{st}}l^3}{48EI} = \frac{mgl^3}{48EI}$$

である．

また，衝撃による垂直応力の絶対値が最大の曲げ応力 σ であり，それは，はりの中央に生じる最大曲げモーメント $M = Pl/4$ より，次式で計算できる．

$$\sigma = \frac{M}{Z} = \frac{Pl}{4Z} = \frac{l}{4Z}\frac{48EI}{l^3}\delta = \frac{12EI}{Zl^2}\delta_{st}\left(1 + \sqrt{1 + \frac{2h}{\delta_{\mathrm{st}}}}\right)$$

さらに，通常は $h \gg \delta_{\mathrm{st}}$ であるので，衝撃によるたわみの絶対値 δ と垂直応力 σ はつぎのように近似できる．

$$\delta \simeq \sqrt{2h\delta_{\mathrm{st}}}, \quad \sigma \simeq \frac{12EI}{Zl^2}\sqrt{2h\delta_{\mathrm{st}}} = \frac{12EI}{Zl^2}\sqrt{2h\frac{mgl^3}{48EI}} = \sqrt{6mghE\frac{I}{Z^2l}}$$

■

8.5 カスティリアノの定理

前節では，ひずみエネルギーを用いた材料の解析方法として，はりのたわみの問題や衝撃問題への応用について述べた．これはエネルギー保存則の応用としては，非常にわかりやすい例である．しかしながら，ひずみエネルギーを用いたはりの解析方法は，単一の集中荷重が作用した場合にその作用点での変位を計算するときにしか適用できず，汎用的な解法ではない．一方，本節で学ぶ**カスティリアノの定理**を利用すると，複数の荷重が作用している問題や分布荷重が作用する問題など，より一般的な荷重形態における材料の問題を解くことができる．

カスティリアノの定理（Castigliano's theorem）とは，つぎのような定理である．

> 重ね合わせの原理が成立する弾性体にいくつかの荷重（外力，モーメント，トルク）が作用して静的なつり合い状態にある場合に，弾性体に蓄えられたひずみエネルギーを作用している荷重の関数として表し，その中の一つの荷重によってひずみエネルギーを偏微分すれば，その荷重方向の変位（垂直変位，たわみ角，ねじれ角）が得られる．

この定理をわかりやすく説明するために，式 (8.6) で求められた引張荷重を受ける棒に蓄えられているひずみエネルギー U を，荷重 P で微分してみる．

$$U = \frac{P^2}{2EA}l \quad \Rightarrow \quad \frac{dU}{dP} = \frac{Pl}{EA} = \frac{\sigma}{E}l = \varepsilon l = \lambda \tag{8.25}$$

すると，上式のように，棒の伸び λ が得られる．つぎに，式 (8.8) で求められたモーメント荷重を受ける棒に蓄えられているひずみエネルギー U をモーメント M で微分してみる†.

$$U = \frac{M^2 l}{2EI} \quad \Rightarrow \quad \frac{dU}{dM} = \frac{Ml}{EI} = \theta \tag{8.26}$$

すると，上式のように，モーメント M が作用しているはりの曲げモーメントによるたわみ角 θ が得られる．そして，式 (8.10) で求められたトルク T を受ける棒に蓄えられているひずみエネルギー U を，トルク T で微分してみる．

$$U = \frac{T^2 l}{2GI_{\mathrm{p}}} \quad \Rightarrow \quad \frac{dU}{dT} = \frac{Tl}{GI_{\mathrm{p}}} = \varphi \tag{8.27}$$

---

† モーメント荷重（偶力）M を受けるはり先端のたわみ角 θ は，次式となる．

$$\theta = \frac{d\nu}{dx} = -\int_0^l \frac{M}{EI}dx = \frac{Ml}{EI}$$

すると，やはり同じように，棒全長にわたるねじれ角 φ が得られる．

以上のように，材料に蓄えられたひずみエネルギーを荷重（外力，モーメント，トルク）で微分することにより，荷重により材料に生じた荷重方向の変位（伸び λ，たわみ角 θ，ねじれ角 φ）が求められる．このカスティリアノの定理では，荷重が引張荷重でもモーメントでもトルクでも成立するため，これらの一般的な荷重形態を総称して**一般化力**と定義して取り扱うことにする．また，一般化力に対応する変位も，伸びや回転角を総称して**一般化変位**と定義する．以下，このカスティリアノの定理を利用して，はりのたわみを算出する手順について解説する．

例題 8.4 図 8.6 に示すように，先端に集中荷重 P を受ける，長さ l，曲げ剛性 EI の片持ちはりを考える．この片持ちはりの先端のたわみ δ をカスティリアノの定理を用いて求めよ．

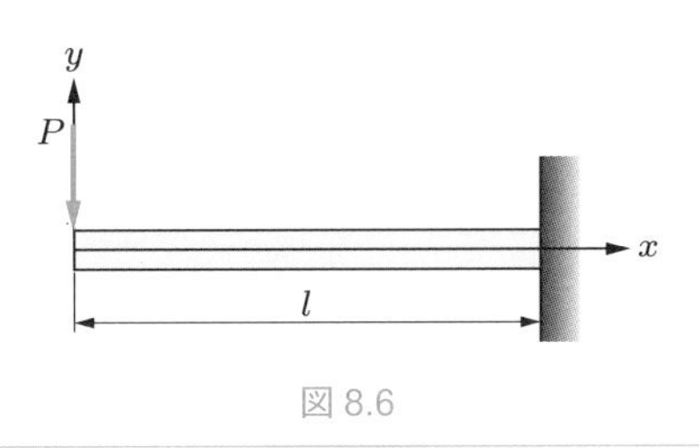

図 8.6

［解答］　はりに生じている曲げ応力は，はりの断面内で y 方向に分布しているため，y の関数として

$$\sigma_x = \frac{M(x)}{I}y$$

と与えられる．また，左端の支点から x の位置の曲げモーメント $M(x)$ は，はり全体のモーメントのつり合いから，

$$M(x) = -Px$$

と与えられる．

一方，はり全体に蓄えられるひずみエネルギー U は，せん断力によるひずみエネルギーは小さいものとして無視すれば，

$$\begin{aligned} U &= \int_V \frac{\sigma_x \varepsilon_x}{2} dV = \iiint_V \frac{1}{2}\left(\frac{M}{I}y\right)\left(\frac{\sigma_x}{E}\right) dxdydz \\ &= \iiint_V \frac{1}{2}\left(\frac{M}{I}y\right)\left(\frac{M}{EI}y\right) dxdydz = \int_0^l \left(\frac{M^2}{2EI^2} \iint_A y^2 dydz\right) dx \end{aligned}$$

$$=\int_0^l \frac{M^2}{2EI}dx$$

となる．

カスティリアノの定理より，このはりに蓄えられるひずみエネルギー U を先端の荷重 P で偏微分すれば，その荷重の作用点での荷重方向の変位（はりの先端のたわみ δ）が求められる．よって，上式を先端の荷重 P で偏微分すればよい．ここで，曲げモーメント M は $M(x)=-Px$ なので，ひずみエネルギー U は

$$U=\int_0^l \frac{M^2}{2EI}\,dx=\int_0^l \frac{P^2}{2EI}x^2\,dx$$

となる．よって，はりの先端のたわみ δ は

$$\delta=\frac{\partial U}{\partial P}=\int_0^l \frac{P}{EI}x^2\,dx=\frac{P}{EI}\int_0^l x^2\,dx=\frac{P}{EI}\left[\frac{x^3}{3}\right]_0^l=\frac{Pl^3}{3EI}$$

と求められる．■

例題 8.5　図 8.7 に示すように，等分布荷重 f_0 を受ける，長さ l，曲げ剛性 EI の片持ちはりを考える．この片持ちはりの先端のたわみ δ をカスティリアノの定理を用いて求めよ．

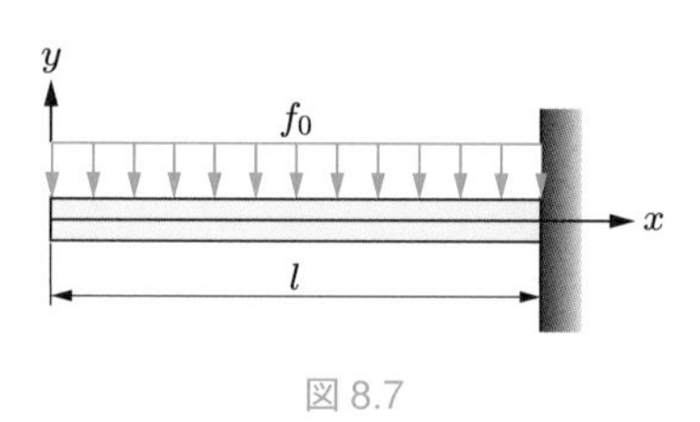

図 8.7

［解答］　この問題では，変位を求めたいはりの先端に荷重が作用していないため，ひずみエネルギー U を荷重で偏微分することができない．そこで，図 8.8 に示すように，はりの先端点 A に値がゼロの仮想的な荷重 P_A が作用していると仮定する．

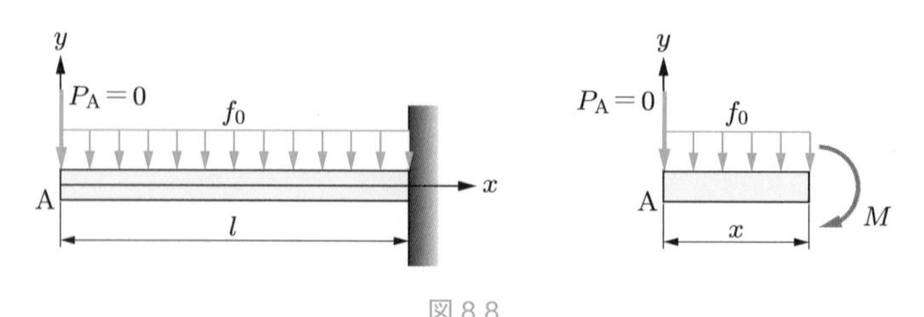

図 8.8

仮想的な荷重 P_{A} が作用したとすると，この片持ちはりの任意の点での曲げモーメント M は，点 A から x の位置でのモーメントのつり合い式から

$$M(x) - \frac{1}{2}f_0x^2 - P_{\mathrm{A}}x = 0 \quad \Rightarrow \quad M(x) = \frac{1}{2}f_0x^2 + P_{\mathrm{A}}x$$

となる．一方，曲げモーメントにより蓄えられるひずみエネルギー U は，

$$\begin{aligned} U &= \int_V \frac{\sigma_x\varepsilon_x}{2}dV = \iiint_V \frac{1}{2}\left(\frac{M}{I}y\right)\left(\frac{\sigma_x}{E}\right)dxdydz \\ &= \iiint_V \frac{1}{2}\left(\frac{M}{I}y\right)\left(\frac{M}{EI}y\right)dxdydz = \int_0^l \left(\frac{M^2}{2EI^2}\iint_A y^2dydz\right)dx = \int_0^l \frac{M^2}{2EI}dx \end{aligned}$$

である．曲げモーメント M の式を代入すると，

$$U = \int_0^l \frac{M^2}{2EI}dx = \int_0^l \left(\frac{1}{2}f_0x^2 + P_{\mathrm{A}}x\right)^2 dx = \int_0^l \left(\frac{1}{4}f_0^2x^4 + f_0P_{\mathrm{A}}x^3 + P_{\mathrm{A}}^2x^2\right)dx$$

となる．よって，カスティリアノの定理より，はりの先端のたわみ δ は，

$$\delta = \frac{\partial U}{\partial P_{\mathrm{A}}} = \int_0^l (f_0x^3 + 2P_{\mathrm{A}}x^2)dx = \frac{1}{2EI}\left[\frac{f_0x^4}{4} + \frac{2P_{\mathrm{A}}x^3}{3}\right]_0^l = \frac{f_0l^4}{8EI} + \frac{P_{\mathrm{A}}l^3}{3EI}$$

となる．ここで，仮想荷重は実際にはゼロであるため $P_{\mathrm{A}} = 0$ を代入して，

$$\delta = \frac{f_0l^4}{8EI}$$

と求めることができる．　■

カスティリアノの定理を用いた解法では，荷重の作用方向の変位が得られるため，求めたい変位方向に荷重が作用していない場合は変位が求められない．そのような場合には，例題 8.5 のように，求めたい変位方向に仮想荷重を負荷してひずみエネルギーを計算して仮想荷重で偏微分する．その後，仮想荷重にゼロを代入して変位を求める．

演習問題

8-1　長さ $l = 3.5\,\mathrm{m}$, 幅 $b = 8.0\,\mathrm{cm}$, 厚さ $t = 5.0\,\mathrm{cm}$ の長方形断面で縦弾性係数が $E = 206\,\mathrm{GPa}$ の棒に引張荷重が作用して，長さが $\lambda = 2.5\,\mathrm{mm}$ 伸びたとする．この棒に蓄えられる弾性ひずみエネルギー U を求めよ．ただし，弾性ひずみエネルギー U の単位は $\mathrm{J} = \mathrm{N\cdot m}$ で答えよ．

8-2　長さ l，断面積 A で縦弾性係数 E の両端支持はりの中央に質量 m の物体を静かに置いたところ，両端支持はりの中央部のたわみの絶対値 δ は 1.5 mm であった．この両端支持はりの中央に同じ質量 m の物体を高さ $h = 50$ cm から自由落下させたときのはりの中央部での最大たわみ $\delta_{\max}$ を求めよ．

8-3　図 8.9 に示すように，長さ $l = 80$ cm，直径 $d = 1.5$ cm で縦弾性係数 $E = 206$ GPa の鋼製の中実丸棒に，高さ $h = 50$ cm の位置から質量 $m = 50$ kg の物体を自由落下させた．このとき，中実丸棒に生じる最大衝撃応力 $\sigma_{\max}$ を求め，棒の伸び λ が静的荷重の場合と比較して何倍になるか答えよ．ただし，重力加速度 g は 9.81 m/s^2 とし，応力の単位は MPa で答えよ．

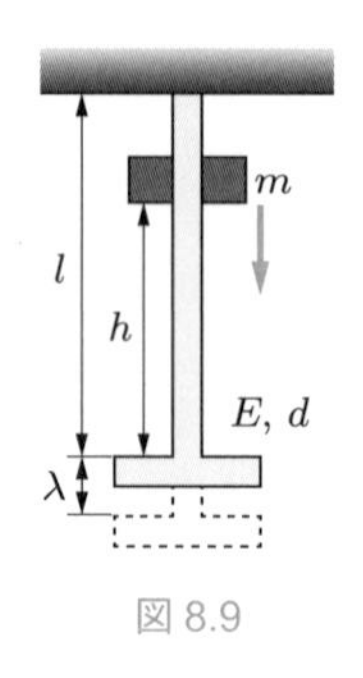

図 8.9

8-4　図 8.10 に示すように，長さ $l = 2$ m，幅 $b = 30$ cm，厚さ $t = 5$ cm で縦弾性係数 $E = 70$ GPa の片持ちはりの先端に，高さ $h = 0.3$ m から質量 $m = 60$ kg の物体を自由落下させた．このとき，はり先端の最大たわみ $\delta_{\max}$ を求めよ．ただし，重力加速度 g は 9.81 m/s^2 とし，最大たわみ $\delta_{\max}$ の単位は mm で答えよ．

8-5　図 8.11 に示すような，長方形断面（幅 b，高さ h，断面二次モーメント I）で縦弾性係数 E，長さ l の一端固定，他端支持はりに，等分布荷重 f_0 を作用させた．不静定反力 R_A，R_B および反モーメント M_B を，カスティリアノの定理を用いて求めよ．

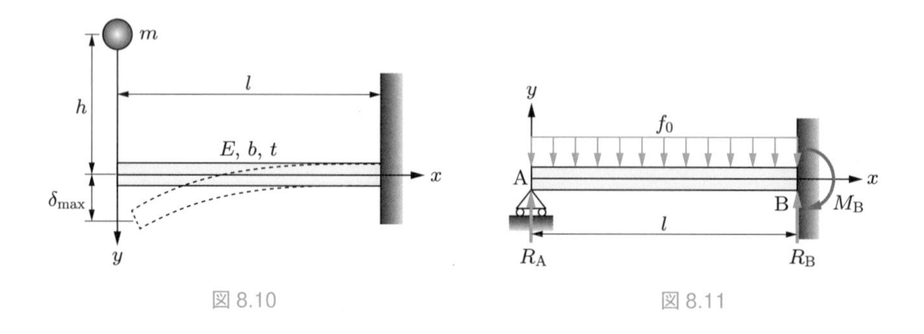

図 8.10　　　図 8.11

9 組み合わせ応力

☑ 確認しておこう！

(1) つぎの三角関数の公式を証明して，$\tan(\pi/8)$ の値を求めてみよう．

$$\sin^2\theta = \frac{1-\cos 2\theta}{2}, \quad \cos^2\theta = \frac{1+\cos 2\theta}{2}$$

(2) 直径 $d = 8\,\mathrm{mm}$，長さ $l = 500\,\mathrm{mm}$，縦弾性係数 $E = 206\,\mathrm{GPa}$ の鋼製の丸棒を $P = 3\,\mathrm{kN}$ で引っ張ったときに，丸棒に生じる垂直応力 σ，および棒の伸び λ を求めてみよう．

(3) 直径 $d = 12\,\mathrm{mm}$，長さ $l = 60\,\mathrm{mm}$ の丸棒に引張荷重 $P = 1.5\,\mathrm{kN}$ が負荷されたとき，伸び $\lambda = 0.3\,\mathrm{mm}$ であった．この材料の縦弾性係数 E を求めてみよう．また，この材料のポアソン比 ν が 0.3 のとき，ひずみ（縦ひずみ）と横ひずみを求めてみよう．

(4) 直径 $d = 16\,\mathrm{mm}$，長さ $l = 1.5\,\mathrm{m}$，縦弾性係数 $E = 210\,\mathrm{GPa}$ の丸棒に引張荷重 25 kN が負荷された場合の伸びを求めてみよう．また，ポアソン比 ν が 0.3 の場合，負荷時の直径は何 mm になるだろうか．

(5) 直径 $d = 8\,\mathrm{mm}$ の丸棒に引張荷重 $P = 1.5\,\mathrm{kN}$ が負荷されたとき，軸線と 30° および 45° をなす断面に発生する垂直応力 σ を計算してみよう．

(6) 弾性体におけるフックの法則について説明してみよう．

実際の構造部材では，引張・圧縮荷重以外にもせん断荷重，曲げやねじりモーメントが同時に作用している場合が一般的であり，圧縮，引張，せん断，曲げ応力などが組み合わされて生じている．このようなさまざまな応力が同時に作用している状態を**組み合わせ応力**（combined stress）状態とよぶ．ただし，圧縮応力と引張応力はともに垂直応力であり，曲げ応力やねじり応力はそれぞれ部材内部に分布している垂直応力とせん断応力なので，さまざまな荷重が作用している部材であっても，部材内部の応力状態は垂直応力とせん断応力の組み合わせで表現することができる．本章では，より一般的な応力状態の表現として，x-y 平面内で定義された垂直応力 σ_x と σ_y，せん断応力 τ_{xy} が，任意の断面（x-y 面内で回転させた任意の x'-y' 平面）内にどのように変換されるのかを学ぶ．また，材料の破壊は，垂直応力が最大の断面（座標軸）やせん断応力が最大の断面で起こることが多く，どの方向の断面に最大の垂直応力やせん断応力が作用しているかが重要な情報となる．したがって，垂直応力やせん断応力が最大になる断面を見つけるための方法についても述べる．

9.1 斜め断面に作用する応力の復習

第2章では，図9.1のような，まっすぐな棒の軸線に垂直な仮想断面 A_0 に対して引張荷重（断面力）が一様に分布している状態の垂直応力 σ_0 について学んだ．そして，軸方向荷重 P（内力 N）が，法線が軸線から角度 θ 傾いた断面上で，垂直応力とせん断応力がどのように変化するのかについても学んだ．このように，一方向に軸方向応力が生じている状態を**一軸応力**状態または**単軸応力**（uniaxial stress）状態とよぶ．

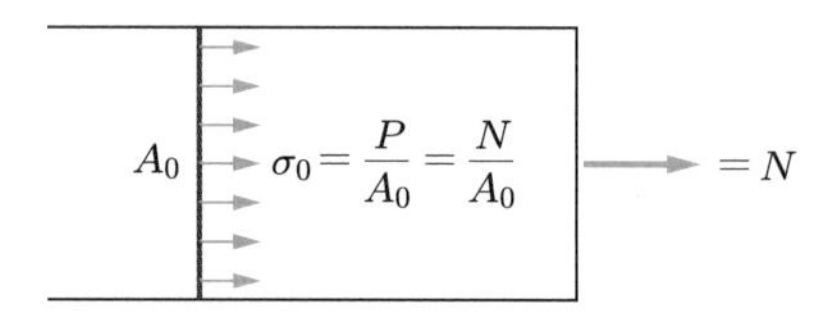

図9.1　引張荷重（断面力）が一様に分布している状態の応力

図9.1に示す応力状態から，図9.2に示すように法線が軸線から角度 θ 傾いた断面上の垂直応力 σ_n とせん断応力 τ_n の状態に変換するための式を，以下に再掲する．

$$\sigma_n = \frac{N_n}{A} = \frac{N\cos\theta}{A_0/\cos\theta} = \frac{N}{A_0}\cos^2\theta = \sigma_0\cos^2\theta \tag{9.1}$$

$$\tau_n = \frac{N_s}{A} = \frac{N\sin\theta}{A_0/\cos\theta} = \frac{N}{A_0}\sin\theta\cos\theta = \sigma_0\sin\theta\cos\theta \tag{9.2}$$

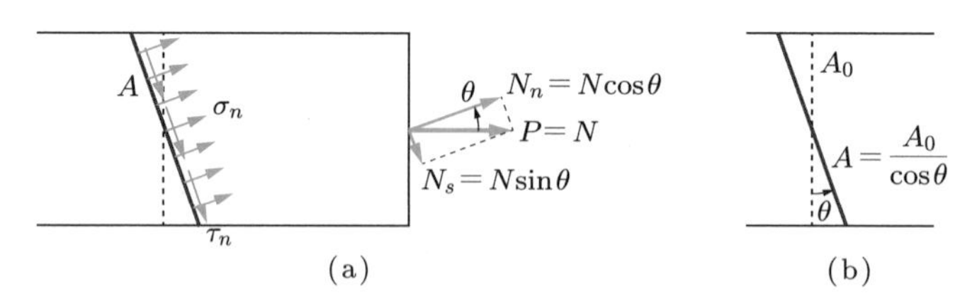

図9.2　斜め断面に作用する応力

第2章でも学んだように，式(9.1)と式(9.2)で計算される垂直応力 σ_n とせん断応力 τ_n は，ともに斜め断面の法線と軸線とのなす角度（斜め断面の傾き）θ の関数であり，θ を 0°～90° の範囲で変化させると垂直応力 σ_n とせん断応力 τ_n の最大，最小の値が確認できる．式(9.1)については容易に確認できる．一方，式(9.2)については三角関数の2倍角の公式 $\sin 2\theta = 2\sin\theta\cos\theta$ を利用して，

$$\tau_n = \sigma_0 \sin\theta \cos\theta = \frac{\sigma_0}{2} \sin 2\theta \tag{9.3}$$

のように変形すれば確認しやすい．とくに，式 (9.1) と式 (9.3) に $\theta = 0°$，$45°$，$90°$ を代入したときの値を，表 9.1 にまとめる．

表 9.1 **垂直応力とせん断応力の値**

	$\theta = 0°$	$\theta = 45°$	$\theta = 90°$
$\sigma_n = \sigma_0 \cos^2\theta$	σ_0（最大値）	$\dfrac{\sigma_0}{2}$	0
$\tau_n = \dfrac{\sigma_0}{2} \sin 2\theta$	0	$\dfrac{\sigma_0}{2}$（最大値）	0

この表 9.1 からも明らかなように，式 (9.3) で示したせん断応力が最大値となるのは，斜め断面の傾き $\theta = 45°$ のときである．軟鋼などの金属材料の引張試験を行ったときに，試験片の表面に荷重方向から 45° 傾いて線状の起伏（リューダース帯）が発生する．これは，せん断応力が最大となる $\theta = 45°$ の断面上で金属材料内部の塑性変形によるすべりが原因で発生する現象である．

例題 9.1 図 9.3 に示すように，軸線に垂直な断面積 $A = 150\,\mathrm{mm}^2$ の細長い角棒を角棒の軸に対して $\phi = 30°$ の角度で切断した後に接着剤で接着した．この接着剤は，引張強さ $\sigma_\mathrm{c} = 180\,\mathrm{MPa}$ で，せん断強さ $\tau_\mathrm{c} = 90\,\mathrm{MPa}$ である．この角棒はどれだけの軸方向の引張荷重 P_max に耐えられるか求めよ．

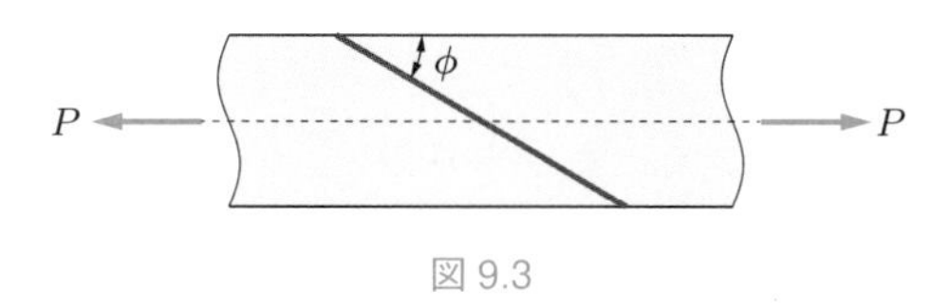

図 9.3

［解答］ 式 (9.1)，(9.2) の斜め断面の傾き θ は，図 9.4 のように，応力が作用する仮想断面の法線方向と x 軸とのなす角のことなので，この例題では $\theta = 90° - \phi = 60°$ である．したがって，引張強さ $\sigma_\mathrm{c} = 180\,\mathrm{MPa}$ で破断すると仮定すると，耐えられる最大の引張荷重 P_max は，

$$\sigma_\mathrm{c} = \frac{P_\mathrm{max}}{A} \cos^2\theta$$

から

$$P_\mathrm{max} = A\sigma_\mathrm{c} \frac{1}{\cos^2\theta} = 150 \times 180 \times \frac{1}{\cos^2 60°} = 108\,\mathrm{kN}$$

となる．

一方，せん断強さ $\tau_\mathrm{c} = 90\,\mathrm{MPa}$ で破断すると仮定すると，最大の引張荷重 P_max は，

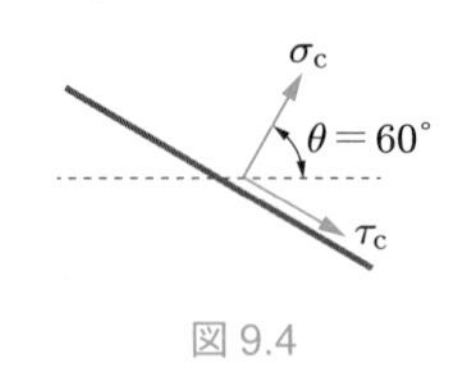

図 9.4

$$\tau_c = \frac{P_{max}}{A} \sin\theta \cos\theta$$

から

$$P_{max} = \frac{A\tau_c}{\sin\theta\cos\theta} = 150 \times 90 \times \frac{1}{\sin 60^\circ \cos 60^\circ} \simeq 31.2\,\text{kN}$$

となる．この値は先の 108 kN よりも小さいため，この角棒は，引張荷重 $P_{max} \simeq 31.2\,\text{kN}$ でせん断応力により破断すると考えられる．■

9.2 任意の断面上に作用する応力

前節では，まっすぐな棒の垂直断面に引張荷重（断面力）が一様に分布している状態（単軸応力状態）で，棒の斜め断面に作用する応力 σ が垂直応力 σ_n とせん断応力 τ_n に分けて記述でき，しかも斜めに切断した仮想断面のとり方でそれぞれの応力成分の値が変化することを復習した．ここでは，前節の 1 次元の棒の斜め断面の応力の問題を 2 次元に拡張し，一般的な平面内における任意の断面上に作用する応力について解説する．具体的には，図 9.5 に示すように，x-y 平面内の弾性体内部の微小な長方形要素を考えて，この長方形要素を x 軸から θ 傾いた面（θ は斜面の法線と x 軸のなす角度）で仮想的に切断してみる．そして，長方形要素に作用している x-y 座標軸で定義された一様な垂直応力 σ_x，σ_y とせん断応力 τ_{xy}（$= \tau_{yx}$）の 3 成分を使用して，x-y 座標軸から θ 傾けた新しい座標系（斜面 AC 上に定義された座標軸）での垂直応力 σ_n

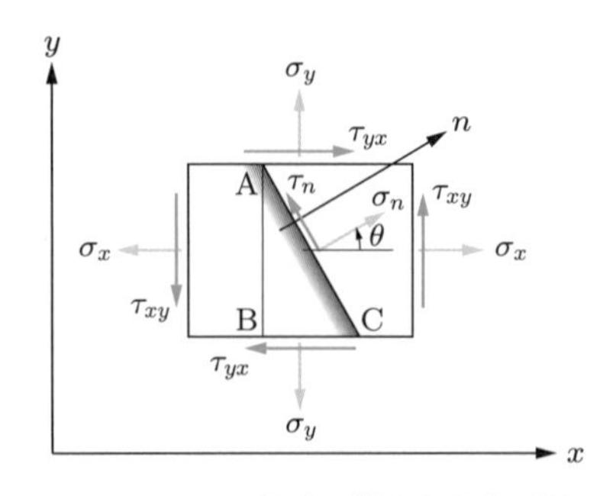

図 9.5　x-y 平面内の微小な長方形板

とせん断応力 τ_n を求めてみる．

これらの垂直応力 σ_n とせん断応力 τ_n を求めるために，図 9.5 の長方形要素を仮想的に切断した三角形要素 ABC の力のつり合い条件を利用する．長方形要素がつり合っているということは，当然，その内部の三角形要素 ABC もつり合っているはずである．このように考えて，実際に三角形要素 ABC の力のつり合い条件を求めてみる．具体的には，三角形要素 ABC の各辺上に作用している応力成分に辺の長さと面の厚さを掛けて，x 軸と y 軸方向の力のつり合い式を立てればよい．いま，辺 AB の長さを dy，辺 BC の長さを dx，辺 AC の長さを ds とし，各辺の厚さは t とする．各断面に作用する応力を図示すれば，図 9.6 のようになる．

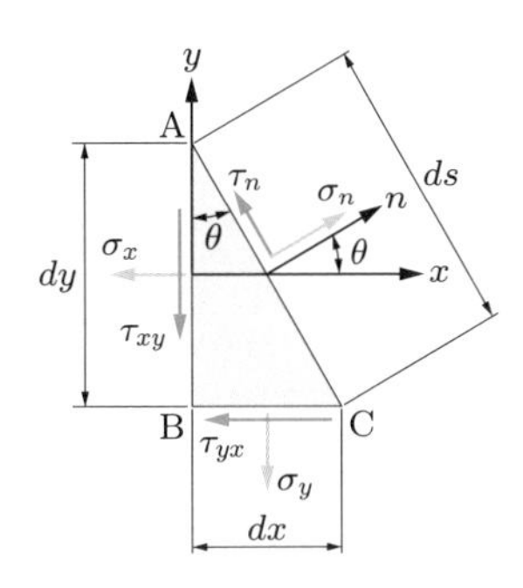

図 9.6　三角形要素 ABC の各断面に作用する応力

図 9.6 の斜面 AC に作用する力 $\sigma_n ds\,t$，$\tau_n ds\,t$ を x 方向と y 方向に分解して，x 方向と y 方向の力のつり合いを考えると，つぎの二つの式が得られる．ここで，x 軸は右を正，y 軸は上を正にとっている．

$$\sum F_x = \sigma_n ds\,t\cos\theta - \tau_n ds\,t\sin\theta - \sigma_x dy\,t - \tau_{xy} dx\,t = 0 \tag{9.4}$$

$$\sum F_y = \sigma_n ds\,t\sin\theta + \tau_n ds\,t\cos\theta - \sigma_y dx\,t - \tau_{xy} dy\,t = 0 \tag{9.5}$$

さらに，これらの 2 式を $ds\,t$ で割って，三角関数の定義式 $dx/ds = \sin\theta$，$dy/ds = \cos\theta$ を用いれば，式 (9.4) と式 (9.5) は，つぎのように変形できる．

$$\frac{\sum F_x}{ds\,t} = \sigma_n\cos\theta - \tau_n\sin\theta - \sigma_x\cos\theta - \tau_{xy}\sin\theta = 0 \tag{9.6}$$

$$\frac{\sum F_y}{ds\,t} = \sigma_n\sin\theta + \tau_n\cos\theta - \sigma_y\sin\theta - \tau_{xy}\cos\theta = 0 \tag{9.7}$$

ここで，σ_n を求めるために，式 (9.6) の両辺に $\cos\theta$ を掛け，式 (9.7) の両辺に $\sin\theta$ を掛けると，

$$
\begin{aligned}
&\text{式}\,(9.6) \times \cos\theta \\
&\Rightarrow \quad \sigma_n \cos^2\theta - \tau_n \sin\theta\cos\theta - \sigma_x \cos^2\theta - \tau_{xy} \sin\theta\cos\theta = 0 \qquad (9.8) \\
&\text{式}\,(9.7) \times \sin\theta \\
&\Rightarrow \quad \sigma_n \sin^2\theta + \tau_n \sin\theta\cos\theta - \sigma_y \sin^2\theta - \tau_{xy} \sin\theta\cos\theta = 0 \qquad (9.9)
\end{aligned}
$$

となり，式 (9.8) と式 (9.9) の両辺をそれぞれ加えると，

$$
\begin{aligned}
&\sigma_n \cos^2\theta - \tau_n \sin\theta\cos\theta - \sigma_x \cos^2\theta - \tau_{xy} \sin\theta\cos\theta \\
&\quad + \sigma_n \sin^2\theta + \tau_n \sin\theta\cos\theta - \sigma_y \sin^2\theta - \tau_{xy} \sin\theta\cos\theta = 0 \\
&\Rightarrow \quad \sigma_n(\cos^2\theta + \sin^2\theta) - \sigma_x \cos^2\theta - \sigma_y \sin^2\theta - 2\tau_{xy} \sin\theta\cos\theta = 0
\end{aligned}
$$

となる．よって，σ_n を次式のように求めることができる．

$$
\begin{aligned}
\sigma_n &= \sigma_x \cos^2\theta + \sigma_y \sin^2\theta + 2\tau_{xy} \sin\theta\cos\theta \\
&= \frac{1}{2}(\sigma_x + \sigma_y) + \frac{1}{2}(\sigma_x - \sigma_y)\cos 2\theta + \tau_{xy} \sin 2\theta \qquad (9.10)
\end{aligned}
$$

つぎに，τ_n を求めるために，式 (9.6) の両辺に $\sin\theta$ を掛け，式 (9.7) の両辺に $\cos\theta$ を掛けると，

$$
\begin{aligned}
&\text{式}\,(9.6) \times \sin\theta \\
&\Rightarrow \quad \sigma_n \sin\theta\cos\theta - \tau_n \sin^2\theta - \sigma_x \sin\theta\cos\theta - \tau_{xy} \sin^2\theta = 0 \qquad (9.11) \\
&\text{式}\,(9.7) \times \cos\theta \\
&\Rightarrow \quad \sigma_n \sin\theta\cos\theta + \tau_n \cos^2\theta - \sigma_y \sin\theta\cos\theta - \tau_{xy} \cos^2\theta = 0 \qquad (9.12)
\end{aligned}
$$

となり，式 (9.11) と式 (9.12) の両辺の差をとると，

$$
\begin{aligned}
&\sigma_n \sin\theta\cos\theta - \tau_n \sin^2\theta - \sigma_x \sin\theta\cos\theta - \tau_{xy} \sin^2\theta \\
&\quad - \sigma_n \sin\theta\cos\theta - \tau_n \cos^2\theta + \sigma_y \sin\theta\cos\theta + \tau_{xy} \cos^2\theta = 0 \\
&\Rightarrow \quad -\tau_n(\sin^2\theta + \cos^2\theta) - (\sigma_x - \sigma_y)\sin\theta\cos\theta - \tau_{xy}(\sin^2\theta - \cos^2\theta) = 0
\end{aligned}
$$

となる．よって，τ_n を次式のように求めることができる．

$$
\begin{aligned}
\tau_n &= (\sigma_y - \sigma_x)\sin\theta\cos\theta - \tau_{xy}(\sin^2\theta - \cos^2\theta) \\
&= \frac{1}{2}(\sigma_y - \sigma_x)\sin 2\theta + \tau_{xy} \cos 2\theta \qquad (9.13)
\end{aligned}
$$

なお，計算の途中で，本章のはじめに確認した三角関数の 2 倍角の公式を利用して

いる．式 (9.10) と式 (9.13) は，式 (9.1) と式 (9.2) の垂直応力 σ_n とせん断応力 τ_n を 2 次元に拡張したと考えればよい．式 (9.10) と式 (9.13) は重要なので覚えておいてほしい．

9.3 応力の座標変換

これまでは，図 9.7 に示すような任意の 2 次元平面の任意の断面上に作用する垂直応力 σ_n とせん断応力 τ_n について考えてきた．ここでは，2 次元応力状態の表現として x-y 平面内で定義された垂直応力 σ_x，σ_y とせん断応力 τ_{xy} が，図 9.8 に示すような x-y 面内で回転させて角度 θ 傾けた x'-y' 平面内にどのように変換されるかについて学ぶ．

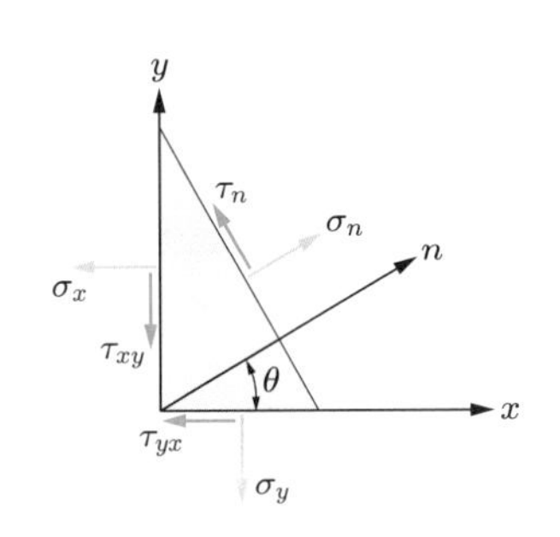

図 9.7　任意の断面上に作用する応力

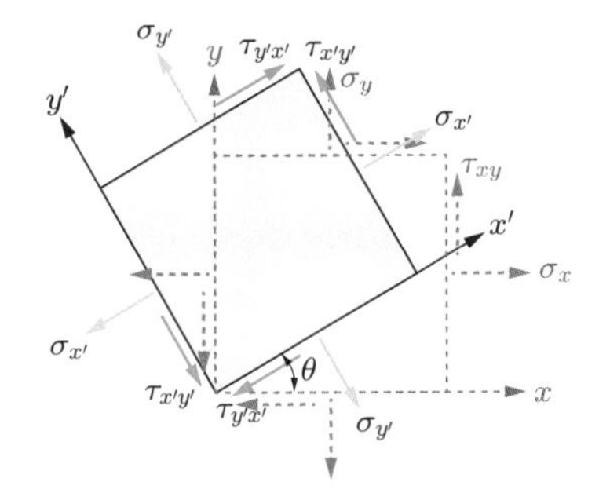

図 9.8　応力の座標変換

前節の x-y 座標系から θ 傾いた法線ベクトル n の面に作用する垂直応力 σ_n（式 (9.10)）は，n 軸を x-y 座標系から θ 傾いた x'-y' 座標系における x' 軸とみなせれば，x' 方向応力 $\sigma_{x'}$ と考えることができる．すなわち，$\sigma_n = \sigma_{x'}$ である．また，せん断応力も同様にして，$\tau_n = \tau_{x'y'}$ と考えることができる．このように考えると，前節で求めた θ 傾いた法線ベクトル n の面に作用する垂直応力 σ_n とせん断応力 τ_n は，実は，x-y 座標系から θ 傾いた x'-y' 座標系における x' 方向応力 $\sigma_{x'}$ とせん断応力 $\tau_{x'y'}$ を求めていたことになる．なお，x'-y' 座標系における y' 方向応力 $\sigma_{y'}$ がまだ求められていないが，実は，y' 軸が x' 軸からさらに $\pi/2$ 回転した軸であると考えれば，y' 方向応力 $\sigma_{y'}$ は，n 軸を x-y 座標系から $\theta + \pi/2$ 回転した x'-y' 座標系における x' 軸とみなして，x' 方向応力 $\sigma_{x'}$ と同じように計算できる．すなわち，$\sigma_{x'}$ の場合と同様に式 (9.10) で θ を $\theta + \pi/2$ に置き換えて，$\sin(\theta + \pi/2) = \cos\theta$，$\cos(\theta + \pi/2) = -\sin\theta$ を適用することで，$\sigma_{y'}$ を求めることができる．

以上のように，式 (9.10) より，x-y 座標系における垂直応力 σ_x と σ_y から θ 傾いた

x'-y' 座標系における垂直応力 $\sigma_{x'}$ と $\sigma_{y'}$ への変換式を求めると,

$$\begin{aligned}\sigma_{x'} &= \sigma_x \cos^2\theta + \sigma_y \sin^2\theta + 2\tau_{xy}\sin\theta\cos\theta \\ &= \frac{1}{2}(\sigma_x + \sigma_y) + \frac{1}{2}(\sigma_x - \sigma_y)\cos 2\theta + \tau_{xy}\sin 2\theta \end{aligned} \tag{9.14}$$

$$\begin{aligned}\sigma_{y'} &= \sigma_x \sin^2\theta + \sigma_y \cos^2\theta - 2\tau_{xy}\sin\theta\cos\theta \\ &= \frac{1}{2}(\sigma_x + \sigma_y) - \frac{1}{2}(\sigma_x - \sigma_y)\cos 2\theta - \tau_{xy}\sin 2\theta \end{aligned} \tag{9.15}$$

となる．さらに，式 (9.13) からせん断応力 $\tau_{x'y'}$ は,

$$\begin{aligned}\tau_{x'y'} &= (\sigma_y - \sigma_x)\sin\theta\cos\theta + \tau_{xy}(\cos^2\theta - \sin^2\theta) \\ &= \frac{1}{2}(\sigma_y - \sigma_x)\sin 2\theta + \tau_{xy}\cos 2\theta \end{aligned} \tag{9.16}$$

となる．式 (9.14) から式 (9.16) が，2 次元の応力の座標変換の関係式である．

例題 9.2　図 9.9 に示すように，x 軸に垂直な面に垂直応力 $\sigma_x = 60\,\text{MPa}$，$y$ 軸に垂直な面に垂直応力 $\sigma_y = 40\,\text{MPa}$，そしてせん断応力 $\tau_{xy} = 25\,\text{MPa}$ が生じている．このとき，x 軸と法線方向が $\theta = 50°$ 傾いた断面に作用する垂直応力 σ_n とせん断応力 τ_n を求めよ．

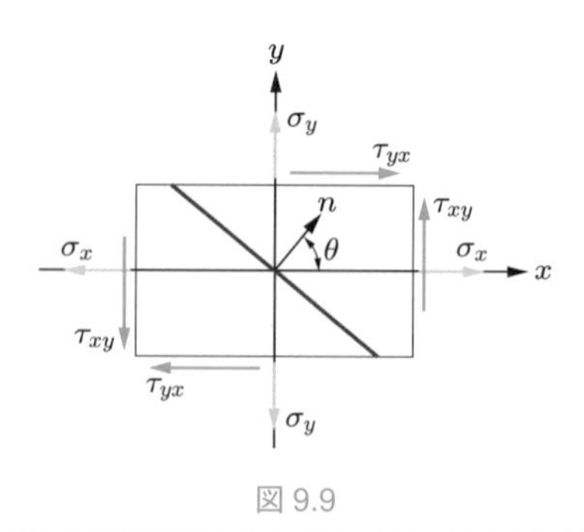

図 9.9

［解答］　式 (9.10)，(9.13) より，つぎのように求められる．

$$\begin{aligned}\sigma_n &= \sigma_x \cos^2\theta + \sigma_y \sin^2\theta + 2\tau_{xy}\sin\theta\cos\theta \\ &= 60 \times \cos^2 50° + 40 \times \sin^2 50° + 2 \times 25 \times \sin 50° \cos 50° \simeq 72.9\,\text{MPa} \\ \tau_n &= (\sigma_y - \sigma_x)\sin\theta\cos\theta + \tau_{xy}(\cos^2\theta - \sin^2\theta) \\ &= (40 - 60) \times \sin 50° \cos 50° + 25 \times (\cos^2 50° - \sin^2 50°) \simeq -14.2\,\text{MPa} \end{aligned}$$

■

9.4 ひずみの座標変換

前節で述べた応力と同じように，ひずみも座標系に依存する量である．ひずみの座標変換の導出に関しては省略するが，応力の座標変換式とほぼ同じ形になる．ひずみの座標変換式を応力の座標変換式と列記して，式 (9.17) から式 (9.19) に示す．

応力の座標変換式

$$\sigma_{x'} = \sigma_x \cos^2\theta + \sigma_y \sin^2\theta + 2\tau_{xy}\sin\theta\cos\theta = \frac{1}{2}(\sigma_x+\sigma_y) + \frac{1}{2}(\sigma_x-\sigma_y)\cos 2\theta + \tau_{xy}\sin 2\theta$$

$$\sigma_{y'} = \sigma_x \sin^2\theta + \sigma_y \cos^2\theta - 2\tau_{xy}\sin\theta\cos\theta = \frac{1}{2}(\sigma_x+\sigma_y) - \frac{1}{2}(\sigma_x-\sigma_y)\cos 2\theta - \tau_{xy}\sin 2\theta$$

$$\tau_{x'y'} = (\sigma_y-\sigma_x)\sin\theta\cos\theta + \tau_{xy}(\cos^2\theta - \sin^2\theta) = \frac{1}{2}(\sigma_y-\sigma_x)\sin 2\theta + \tau_{xy}\cos 2\theta$$

ひずみの座標変換式

$$\varepsilon_{x'} = \varepsilon_x \cos^2\theta + \varepsilon_y \sin^2\theta + 2\gamma_{xy}\sin\theta\cos\theta = \frac{1}{2}(\varepsilon_x+\varepsilon_y) + \frac{1}{2}(\varepsilon_x-\varepsilon_y)\cos 2\theta + \frac{1}{2}\gamma_{xy}\sin 2\theta \quad (9.17)$$

$$\varepsilon_{y'} = \varepsilon_x \sin^2\theta + \varepsilon_y \cos^2\theta - 2\gamma_{xy}\sin\theta\cos\theta = \frac{1}{2}(\varepsilon_x+\varepsilon_y) - \frac{1}{2}(\varepsilon_x-\varepsilon_y)\cos 2\theta - \frac{1}{2}\gamma_{xy}\sin 2\theta \quad (9.18)$$

$$\gamma_{x'y'} = 2(-\varepsilon_x+\varepsilon_y)\sin\theta\cos\theta + \gamma_{xy}(\cos^2\theta - \sin^2\theta) = (\varepsilon_y-\varepsilon_x)\sin 2\theta + \gamma_{xy}\cos 2\theta \quad (9.19)$$

これらの座標変換式および式 (9.10)，式 (9.13) を比較してみると，応力の座標変換式とひずみの座標変換式には，応力とひずみに関して，

$$\begin{array}{ll} \sigma_n \Leftrightarrow \varepsilon_n & \sigma_x \Leftrightarrow \varepsilon_x, \quad \sigma_y \Leftrightarrow \varepsilon_y \\ \tau_n \Leftrightarrow \dfrac{\gamma_n}{2} & \tau_{xy} \Leftrightarrow \dfrac{\gamma_{xy}}{2} \end{array} \quad (9.20)$$

のような対応関係が存在していることがわかる．すなわち，これらの座標変換式において垂直応力と垂直ひずみは 1 対 1 の対応があるが，せん断ひずみはせん断応力の 1/2 に対応することに注意ほしい．したがって，この対応関係に注意して，応力の座標変換式との対比でひずみの座標変換式を覚えればよいことになる．具体的には，せん断ひずみの座標変換式は，せん断応力の座標変換式との対応関係 (9.20) から次式のように求めることができる．

$$\begin{aligned} \tau_{x'y'} &= (\sigma_y - \sigma_x)\sin\theta\cos\theta + \tau_{xy}(\cos^2\theta - \sin^2\theta) \\ &= \frac{1}{2}(\sigma_y - \sigma_x)\sin 2\theta + \tau_{xy}\cos 2\theta \end{aligned}$$

$$\Rightarrow \quad \frac{\gamma_{x'y'}}{2} = \frac{1}{2}(\varepsilon_y - \varepsilon_x)\sin 2\theta + \frac{\gamma_{xy}}{2}\cos 2\theta$$

$$\Rightarrow \quad \gamma_{x'y'} = (\varepsilon_y - \varepsilon_x)\sin 2\theta + \gamma_{xy}\cos 2\theta \tag{9.21}$$

9.5 応力の座標変換による主応力の算出

前節では，材料に垂直応力やせん断応力が作用すると，材料の内部の点に作用する応力は，応力の作用する断面の角度によって変化することを学んだ．このことは，材料の内部の点に作用する垂直応力やせん断応力は，材料を仮想的に切断した面の角度 θ の関数であることを意味している．このように考えると，材料の内部の点に作用する垂直応力が最大になる角度 θ が存在するのではないかと予想される．ここでは，最大の垂直応力やせん断応力の具体的な求め方について述べる．

角度 θ の関数である材料の内部の点に作用する垂直応力やせん断応力の極値を求めるためには，応力 σ_n や τ_n を θ で微分して，ゼロと等置してそのときの角度 θ を求めればよい．式 (9.10) で示した x-y 座標系から θ 傾いた面に作用する垂直応力 σ_n の式を θ で微分すると，

$$\frac{d\sigma_n}{d\theta} = -(\sigma_x - \sigma_y)\sin 2\theta + 2\tau_{xy}\cos 2\theta \tag{9.22}$$

となり，この式の左辺が 0 となる $\theta = \theta_0$ は

$$-(\sigma_x - \sigma_y)\sin 2\theta + 2\tau_{xy}\cos 2\theta = 0$$

から，つぎのように求められる．

$$\frac{\sin 2\theta_0}{\cos 2\theta_0} = \tan 2\theta_0 = \frac{2\tau_{xy}}{\sigma_x - \sigma_y} \tag{9.23}$$

ただし，式 (9.23) は $\sigma_x \neq \sigma_y$ の場合であり，$\sigma_x = \sigma_y$ の場合は $\theta_0 = \pi/4$ である．

また，次式が成立するので，互いに直交する θ と $\theta \pm \pi/2$ が，垂直応力の最大値と最小値を与える．

$$\tan 2\theta_0 = \frac{\mp \sin 2\theta_0}{\mp \cos 2\theta_0} = \frac{\sin(2\theta_0 \pm \pi)}{\cos(2\theta_0 \pm \pi)} = \tan\left\{2\left(\theta_0 \pm \frac{\pi}{2}\right)\right\} \tag{9.24}$$

ここで求めたような θ_0 傾いた法線ベクトル n の面に作用する垂直応力 σ_n の中で，最大あるいは最小になる応力を**主応力**（principal stress）とよび，最大のほうを σ_1，最小のほうを σ_2 で表す．また，そのときの θ_0 傾いた法線ベクトル n の面を**主応力面**（principal plane of stress）とよび，簡単に主応力面 θ_0 と書き，主応力面の方向を**応**

力の主軸（principal axis of stress）あるいは**主軸**（principal axis）とよぶ．

つぎに，主応力の値を求めるために，式 (9.23) をつぎのように変形する．

$$\frac{1}{\cos^2 2\theta_0} = 1 + \tan^2 2\theta_0 = 1 + \left(\frac{2\tau_{xy}}{\sigma_x - \sigma_y}\right)^2 = \frac{(\sigma_x - \sigma_y)^2 + 4\tau_{xy}^2}{(\sigma_x - \sigma_y)^2}$$

$$\Rightarrow \quad \cos 2\theta_0 = \pm\frac{\sigma_x - \sigma_y}{\sqrt{(\sigma_x - \sigma_y)^2 + 4\tau_{xy}^2}} \tag{9.25}$$

$$\sin^2 2\theta_0 = 1 - \cos^2 2\theta_0 = 1 - \frac{(\sigma_x - \sigma_y)^2}{(\sigma_x - \sigma_y)^2 + 4\tau_{xy}^2} = \frac{4\tau_{xy}^2}{(\sigma_x - \sigma_y)^2 + 4\tau_{xy}^2}$$

$$\Rightarrow \quad \sin 2\theta_0 = \pm\frac{2\tau_{xy}}{\sqrt{(\sigma_x - \sigma_y)^2 + 4\tau_{xy}^2}} \tag{9.26}$$

ここで，式 (9.25) と式 (9.26) の符号は，式 (9.23) を満たすため同順である．この 2 式を式 (9.10) に代入すれば，主応力 σ_1，σ_2 の値はつぎのように求められる．

$$\begin{aligned}
\{(\sigma_n)_{max}, (\sigma_n)_{\min}\} &= \{\sigma_1, \sigma_2\} = \sigma_x \cos^2\theta_0 + \sigma_y \sin^2\theta_0 + 2\tau_{xy}\sin\theta_0\cos\theta_0 \\
&= \frac{1}{2}(\sigma_x + \sigma_y) + \frac{1}{2}(\sigma_x - \sigma_y)\cos 2\theta_0 + \tau_{xy}\sin 2\theta_0 \\
&= \frac{1}{2}(\sigma_x + \sigma_y) \pm \frac{1}{2}(\sigma_x - \sigma_y)\left\{\frac{\sigma_x - \sigma_y}{\sqrt{(\sigma_x - \sigma_y)^2 + 4\tau_{xy}^2}}\right\} \\
&\quad \pm \tau_{xy}\left\{\frac{2\tau_{xy}}{\sqrt{(\sigma_x - \sigma_y)^2 + 4\tau_{xy}^2}}\right\} \\
&= \frac{1}{2}\left\{(\sigma_x + \sigma_y) \pm \frac{(\sigma_x - \sigma_y)^2 + 4\tau_{xy}^2}{\sqrt{(\sigma_x - \sigma_y)^2 + 4\tau_{xy}^2}}\right\} \\
&= \frac{1}{2}\left\{(\sigma_x + \sigma_y) \pm \sqrt{(\sigma_x - \sigma_y)^2 + 4\tau_{xy}^2}\right\}
\end{aligned} \tag{9.27}$$

これが 2 次元での二つの主応力となる．これらの二つの主応力（垂直応力の最大値と最小値）は互いに位相が $\pi/2$（90°）ずれて生じている．また，主応力面にはせん断応力は発生しない．このように主応力の数は 2 次元応力状態では 2 個であるが，3 次元応力状態では σ_1，σ_2，σ_3 の 3 個となる．また，主応力のうち最大のものを**最大主応力**（maximum principal stress），最小のものを**最小主応力**（minimum principal stress）とよぶ．ここで学んだ主応力は，この後の 11.3 節で学ぶ脆性材料の古典的強度説の基準値として適用されることが多く，非常に重要である．

つぎに，せん断応力が最大値をとるときの値と角度を求めてみる．先ほどと同様に，

式 (9.13) で示した x-y 座標系から θ 傾いた面に作用するせん断応力 τ_n の式を θ で微分してゼロと等置すると，次式が得られる．

$$\frac{d\tau_n}{d\theta} = (\sigma_y - \sigma_x)\cos 2\theta - 2\tau_{xy}\sin 2\theta = 0 \tag{9.28}$$

さらに，この式から次式を得る．

$$\tan 2\theta_1 = \frac{\sigma_y - \sigma_x}{2\tau_{xy}} \tag{9.29}$$

ここで，$\theta_1 \pm \pi/2$ も式 (9.29) を満足するので，せん断応力が極値をとる面も互いに直交することがわかる．このとき，最大となるせん断応力を**最大せん断応力**（maximum shear stress），最小となるせん断応力を**最小せん断応力**（minimum shear stress）とよぶ．また，最大せん断応力，最小せん断応力を**主せん断応力**とよんで τ_1，τ_2 で表し，主せん断応力が作用する面を**主せん断応力面**とよぶこともある．主せん断応力の値を求めるために，式 (9.29) から

$$\frac{1}{\cos^2 2\theta_1} = 1 + \tan^2 2\theta_1 = \frac{(\sigma_x - \sigma_y)^2 + 4\tau_{xy}^2}{4\tau_{xy}^2}$$

と計算し，$\cos 2\theta_1$ と $\sin 2\theta_1$ を求めておく．

$$\cos 2\theta_1 = \pm\frac{2\tau_{xy}}{\sqrt{(\sigma_x - \sigma_y)^2 + 4\tau_{xy}^2}}, \quad \sin 2\theta_1 = \mp\frac{\sigma_x - \sigma_y}{\sqrt{(\sigma_x - \sigma_y)^2 + 4\tau_{xy}^2}} \tag{9.30}$$

この式を式 (9.13) に代入すれば，最大せん断応力 τ_1，最小せん断応力 τ_2 は，

$$\begin{aligned}
\{(\tau_n)_{\max}, (\tau_n)_{\min}\} &= \{\tau_1, \tau_2\} = \frac{1}{2}(\sigma_y - \sigma_x)\sin 2\theta_1 + \tau_{xy}\cos 2\theta_1 \\
&= \mp\frac{1}{2}(\sigma_y - \sigma_x)\left\{\frac{\sigma_x - \sigma_y}{\sqrt{(\sigma_x - \sigma_y)^2 + 4\tau_{xy}^2}}\right\} \pm \tau_{xy}\left\{\frac{2\tau_{xy}}{\sqrt{(\sigma_x - \sigma_y)^2 + 4\tau_{xy}^2}}\right\} \\
&= \pm\frac{1}{2}\left\{\frac{(\sigma_x - \sigma_y)^2}{\sqrt{(\sigma_x - \sigma_y)^2 + 4\tau_{xy}^2}} + \frac{4\tau_{xy}^2}{\sqrt{(\sigma_x - \sigma_y)^2 + 4\tau_{xy}^2}}\right\} \\
&= \pm\frac{1}{2}\left\{\frac{(\sigma_x - \sigma_y)^2 + 4\tau_{xy}^2}{\sqrt{(\sigma_x - \sigma_y)^2 + 4\tau_{xy}^2}}\right\} = \pm\frac{1}{2}\sqrt{(\sigma_x - \sigma_y)^2 + 4\tau_{xy}^2}
\end{aligned} \tag{9.31}$$

と求められる．

ここで，式 (9.27) と式 (9.31) から，つぎの重要な関係式を導くことができる．

$$\sigma_1 = \frac{1}{2}\left\{(\sigma_x + \sigma_y) + \sqrt{(\sigma_x - \sigma_y)^2 + 4\tau_{xy}^2}\right\} \tag{9.32}$$

$$\sigma_2 = \frac{1}{2}\left\{(\sigma_x + \sigma_y) - \sqrt{(\sigma_x - \sigma_y)^2 + 4\tau_{xy}^2}\right\} \tag{9.33}$$

$$\Rightarrow \quad \sigma_1 - \sigma_2 = \sqrt{(\sigma_x - \sigma_y)^2 + 4\tau_{xy}^2}$$

$$\tau_1,\, \tau_2 = \pm\frac{1}{2}\sqrt{(\sigma_x - \sigma_y)^2 + 4\tau_{xy}^2} = \pm\frac{1}{2}(\sigma_1 - \sigma_2) \tag{9.34}$$

すなわち，主せん断応力の値は二つの主応力 σ_1 と σ_2 の差の半分となる．

また，式 (9.23) と式 (9.29) から，主応力面 θ_0 と主せん断応力面 θ_1 の間には，つぎのような重要な関係が成立している．

$$\tan 2\theta_0 \tan 2\theta_1 = \frac{2\tau_{xy}}{\sigma_x - \sigma_y} \times \frac{\sigma_y - \sigma_x}{2\tau_{xy}} = -1 \tag{9.35}$$

$$\theta_0 - \theta_1 = \pm\frac{\pi}{4} = \pm 45^\circ \tag{9.36}$$

式 (9.35) から $2\theta_0$ と $2\theta_1$ が直交していることがわかり，式 (9.36) のように主応力面 θ_0 と主せん断応力面 θ_1 は 45° の角度をなすことがわかる．

以上の式から，材料に垂直応力（σ_x，σ_y）やせん断応力（τ_{xy}）が作用したときの，材料の内部の点に作用する主応力 σ_1，σ_2 や主せん断応力 τ_1，τ_2，さらに主応力面 θ_0 と主せん断応力面 θ_1 を求めることができる．

再度，重要な内容を整理しておく．

◆主応力 σ_1，σ_2 と主せん断応力 τ_1，τ_2 の式

$$\sigma_1 = \frac{1}{2}\left\{(\sigma_x + \sigma_y) + \sqrt{(\sigma_x - \sigma_y)^2 + 4\tau_{xy}^2}\right\}$$

$$\sigma_2 = \frac{1}{2}\left\{(\sigma_x + \sigma_y) - \sqrt{(\sigma_x - \sigma_y)^2 + 4\tau_{xy}^2}\right\}$$

$$\tau_1,\, \tau_2 = \pm\frac{1}{2}\sqrt{(\sigma_x - \sigma_y)^2 + 4\tau_{xy}^2} = \pm\frac{1}{2}(\sigma_1 - \sigma_2)$$

◆主応力面 θ_0 と主せん断応力面 θ_1 の式

$$\tan 2\theta_0 = \frac{2\tau_{xy}}{\sigma_x - \sigma_y}, \quad \tan 2\theta_1 = \frac{\sigma_y - \sigma_x}{2\tau_{xy}}$$

◆二つの主応力は互いに位相が $\pi/2$（90°）ずれる．

◆主応力が作用する面にはせん断応力は発生しない．

◆主せん断応力の値は，二つの主応力 σ_1 と σ_2 の差の半分である．

◆主応力面 θ_0 と主せん断応力面 θ_1 は 45° の角度をなす．

例題 9.3　図 9.10 に示すように，x-y 平面にある微小な平板の x 軸方向に $\sigma_x = 60\,\mathrm{MPa}$ のみが作用している（このような状態を**単純引張**とよぶ）．このときの主応力 σ_1，σ_2 および主せん断応力 τ_1，τ_2，主応力面（主軸）の方向 θ_0 を求めよ．

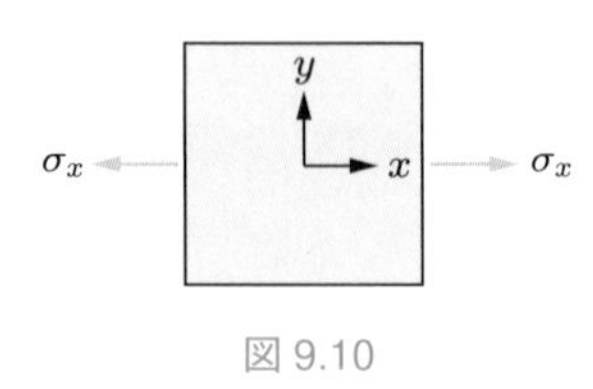

図 9.10

［解答］　単純引張状態 $\sigma_x = 60\,\mathrm{MPa}$，$\sigma_y = 0\,\mathrm{MPa}$，$\tau_{xy} = 0\,\mathrm{MPa}$ であるので，主応力 σ_1，σ_2 および主せん断応力 τ_1，τ_2，主応力面（主軸）の方向 θ_0 は，

$$\begin{aligned}
\sigma_1, \sigma_2 &= \frac{1}{2}(\sigma_x + \sigma_y) \pm \frac{1}{2}\sqrt{(\sigma_x - \sigma_y)^2 + 4\tau_{xy}^2} \\
&= \frac{1}{2}(60 + 0) \pm \frac{1}{2}\sqrt{(60 - 0)^2 + 4 \times 0^2} = 30 \pm \frac{1}{2}\sqrt{3600} = 60,\ 0\,\mathrm{MPa} \\
\tau_1, \tau_2 &= \pm\frac{1}{2}\sqrt{(\sigma_x - \sigma_y)^2 + 4\tau_{xy}^2} = \pm\frac{1}{2}\sqrt{(60 - 0)^2 + 4 \times 0^2} = \pm 30\,\mathrm{MPa} \\
\theta_0 &= \frac{1}{2}\tan^{-1}\left(\frac{2\tau_{xy}}{\sigma_x - \sigma_y}\right) \times \frac{180}{\pi} = \frac{1}{2}\tan^{-1}\left(\frac{0}{60}\right) \times \frac{180}{\pi} = 0^\circ
\end{aligned}$$

となる．このように，単純引張状態 $\sigma_x = 60\,\mathrm{MPa}$，$\sigma_y = 0\,\mathrm{MPa}$，$\tau_{xy} = 0\,\mathrm{MPa}$ であっても，主せん断応力が主せん断応力面の方向 $\theta_1 = 45^\circ$（$\theta_1 = \theta_0 \pm 45^\circ$）に発生していることに注意してほしい．■

例題 9.4　図 9.11 に示すように，長方形板に垂直応力 $\sigma_x = 60\,\mathrm{MPa}$，せん断応力 $\tau_{xy} = \tau_{yx} = 50\,\mathrm{MPa}$ が作用している．この板における最大主応力 σ_1，主せん断応力 τ_1，τ_2 および主せん断応力が作用する面の角度（その面の法線ベクトルが x 軸となす角度）θ_1 を求めよ．

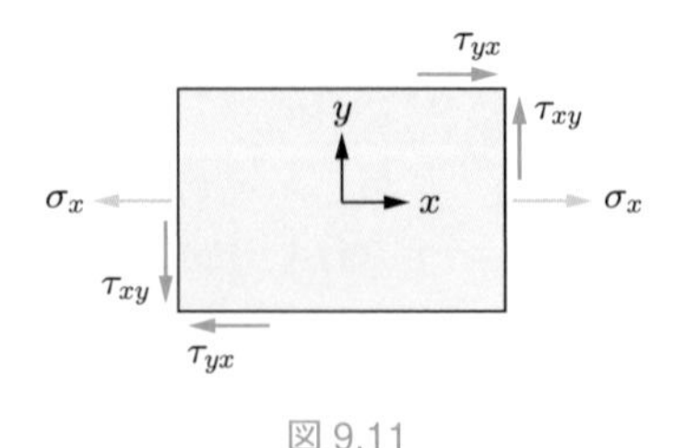

図 9.11

［解答］　垂直応力 $\sigma_x = 60\,\mathrm{MPa}$，$\sigma_y = 0\,\mathrm{MPa}$，せん断応力 $\tau_{xy} = \tau_{yx} = 50\,\mathrm{MPa}$ のとき，主応力 σ_1，σ_2 と主せん断応力 τ_1，τ_2 は，

$$\begin{aligned}\sigma_1,\,\sigma_2 &= \frac{1}{2}(\sigma_x+\sigma_y)\pm\frac{1}{2}\sqrt{(\sigma_x-\sigma_y)^2+4\tau_{xy}^2}\\ &= \frac{1}{2}(60+0)\pm\frac{1}{2}\sqrt{(60-0)^2+4\times 50^2}\\ &= 30\pm\frac{1}{2}\sqrt{3600+10000}\simeq 88.3,\ -28.3\,\mathrm{MPa}\\ \tau_1,\,\tau_2 &= \pm\frac{1}{2}\sqrt{(\sigma_x-\sigma_y)^2+4\tau_{xy}^2}=\pm\frac{1}{2}\sqrt{(60-0)^2+4\times 50^2}\simeq\pm 58.3\,\mathrm{MPa}\end{aligned}$$

で求められる．したがって，この板における最大主応力 σ_1 は 88.3 MPa であり，主せん断応力 τ_1，τ_2 は ±58.3 MPa である．

また，主応力 σ_1，σ_2 と主せん断応力 τ_1，τ_2 が作用するそれぞれの面の法線ベクトルが x 軸となす角度 θ_0，θ_1 は，

$$\tan 2\theta_0=\frac{2\tau_{xy}}{\sigma_x-\sigma_y}=\frac{100}{60}\simeq 1.67 \text{ から，} 2\theta_0\simeq 59.0^\circ,\ -121^\circ$$

$$\tan 2\theta_1=\frac{\sigma_y-\sigma_x}{2\tau_{xy}}=\frac{-60}{100}=-0.6 \text{ から，} 2\theta_1\simeq -31.0^\circ,\ 150^\circ$$

なので，

$$\theta_0\simeq 29.5^\circ,\ -60.5^\circ,\quad \theta_1\simeq -15.5^\circ,\ -74.5^\circ$$

と求められる．したがって，主せん断応力が作用する面の角度（その面の法線ベクトルが x 軸となす角度）は $\theta_1\simeq -15.5^\circ,\ -74.5^\circ$ である． ■

9.6 主ひずみの算出

前節で述べたように，材料に複数の引張応力やせん断応力が作用すると，材料の内部の点に作用する応力は，応力の作用する断面の角度 θ によって変化し，最大の垂直応力（最大主応力）やせん断応力（最大せん断応力）が生じる．ひずみについても同様に，角度 θ が変化すれば垂直ひずみの値が変化し，ある角度において最大，最小の二つの極値をもつ．このような最大，最小の二つのひずみを**主ひずみ**（principal strain）とよび，それぞれ ε_1，ε_2 で表す．また，せん断ひずみも同様に，角度 θ が変化すれば，ある角度において二つの極値をもち，これらを主せん断ひずみとよび，γ_1，γ_2 で表す．

主ひずみ ε_1，ε_2 と**主せん断ひずみ** γ_1，γ_2 の計算式は，主応力の計算式である式 (9.27) と式 (9.31) における σ_x，σ_y，τ_{xy} が ε_x，ε_y，$\gamma_{xy}/2$ に対応すると考えれば，つぎのようになることがわかる．

$$\sigma_1,\,\sigma_2 = \frac{1}{2}\left\{(\sigma_x+\sigma_y)\pm\sqrt{(\sigma_x-\sigma_y)^2+4\tau_{xy}^2}\right\}$$

$$\Leftrightarrow\quad \varepsilon_1,\,\varepsilon_2 = \frac{1}{2}\left\{(\varepsilon_x+\varepsilon_y)\pm\sqrt{(\varepsilon_x-\varepsilon_y)^2+4\left(\frac{\gamma_{xy}}{2}\right)^2}\right\}$$

$$= \frac{1}{2}\left\{(\varepsilon_x+\varepsilon_y)\pm\sqrt{(\varepsilon_x-\varepsilon_y)^2+\gamma_{xy}^2}\right\} \tag{9.37}$$

$$\tau_1,\,\tau_2 = \pm\frac{1}{2}\sqrt{(\sigma_x-\sigma_y)^2+4\tau_{xy}^2} = \pm\frac{1}{2}(\sigma_1-\sigma_2)$$

$$\Leftrightarrow\quad \frac{\gamma_1}{2},\,\frac{\gamma_2}{2} = \pm\frac{1}{2}\sqrt{(\varepsilon_x-\varepsilon_y)^2+4\left(\frac{\gamma_{xy}}{2}\right)^2} = \pm\frac{1}{2}\sqrt{(\varepsilon_x-\varepsilon_y)^2+\gamma_{xy}^2}$$

$$= \pm\frac{1}{2}(\varepsilon_1-\varepsilon_2) \tag{9.38}$$

このように，σ_x，σ_y，τ_{xy} が ε_x，ε_y，$\gamma_{xy}/2$ に対応すると考えれば，主応力，主せん断応力に関する計算式が，そのまま主ひずみ，主せん断ひずみに関する計算式となる．また，主ひずみの方向 θ_0 と主せん断ひずみの方向 θ_1 も同様に，

$$\tan 2\theta_0 = \frac{\gamma_{xy}}{\varepsilon_x-\varepsilon_y} \tag{9.39}$$

$$\tan 2\theta_1 = \frac{\varepsilon_y-\varepsilon_x}{\gamma_{xy}} \tag{9.40}$$

となる．主応力の場合と同様に，主ひずみ ε_1，ε_2 の方向は互いに直交し，主ひずみ方向にはせん断ひずみは生じない．また，等方性弾性体では，主応力の方向と主ひずみの方向は一致するので，以降の節で学ぶ応力とひずみの関係式を用いて，主ひずみの値から主応力の値を求めることができる．

例題 9.5　x-y 平面内のひずみ成分が $\varepsilon_x = 3\times10^{-3}$（0.3%），$\varepsilon_y = -4\times10^{-4}$（−0.04%），$\gamma_{xy} = 6\times10^{-3}$（0.6%）であるとき，最大主ひずみの方向 θ_0 および主ひずみ ε_1，ε_2，主せん断ひずみ γ_1，γ_2 の値を求めよ．また，x 軸から反時計回りに $\theta = 25^\circ$ 回転した方向の垂直ひずみ ε_n およびせん断ひずみ γ_n の値を求めよ．

［解答］　主ひずみ ε_1，ε_2，主せん断ひずみ γ_1，γ_2，最大主ひずみの方向 θ_0 は，式 (9.37)，(9.38)，(9.39) より，それぞれ次式で計算できる．

$$\varepsilon_1,\,\varepsilon_2 = \frac{\varepsilon_x+\varepsilon_y}{2}\pm\sqrt{\left(\frac{\varepsilon_x-\varepsilon_y}{2}\right)^2+\left(\frac{\gamma_{xy}}{2}\right)^2}$$

$$= \frac{0.3-0.04}{2} \pm \sqrt{\left(\frac{0.3+0.04}{2}\right)^2 + \left(\frac{0.6}{2}\right)^2} \simeq 0.475,\ -0.215\%$$

$$\gamma_1,\ \gamma_2 = \pm(\varepsilon_1 - \varepsilon_2) = \pm(0.475 + 0.215) \simeq \pm 0.690\%$$

$$\theta_0 = \frac{1}{2}\tan^{-1}\left(\frac{\gamma_{xy}}{\varepsilon_x - \varepsilon_y}\right) = \frac{1}{2} \times \tan^{-1}\left(\frac{0.6}{0.3+0.04}\right) \simeq 30.2^\circ,\ -59.8^\circ$$

つぎに，x 軸から反時計回りに $\theta = 25^\circ$ 回転した方向の垂直ひずみ ε_n およびせん断ひずみ γ_n の値は，それぞれ次式で計算できる．

$$\varepsilon_n = \frac{1}{2}(\varepsilon_x + \varepsilon_y) + \frac{1}{2}(\varepsilon_x - \varepsilon_y)\cos 2\theta + \frac{1}{2}\gamma_{xy}\sin 2\theta$$

$$= \frac{1}{2} \times (0.3-0.04) + \frac{1}{2} \times (0.3+0.04) \times \cos 50^\circ + \frac{1}{2} \times 0.6 \times \sin 50^\circ \simeq 0.469\%$$

$$\gamma_n = (\varepsilon_y - \varepsilon_x)\sin 2\theta + \gamma_{xy}\cos 2\theta = (-0.04 - 0.3) \times \sin 50^\circ + 0.6 \times \cos 50^\circ$$

$$\simeq 0.125\%$$

■

9.7 3次元問題における一般化フックの法則

2.4 節で学んだように，等方性材料の断面に一様に作用している垂直応力 σ と垂直ひずみ ε との間には，縦弾性係数 E を比例定数としてフックの法則 $\sigma = E\varepsilon$ が成立している．本節では，この 1 次元のフックの法則を出発点として，3 次元物体でのより一般的なフックの法則（**一般化フックの法則**（generalized Hooke's law））について学ぶ．そして次節では，3 次元の一般化フックの法則を用いて，実用的に重要な 2 次元平面におけるフックの法則について述べる．

3 次元の一般化フックの法則は，ポアソン比 ν の影響を考慮する必要があり，縦弾性係数 E とポアソン比 ν の二つの材料定数により記述される．実際に，図 9.12 を参照しながら，3 次元の一般化フックの法則を導いてみる．図 9.12 (a) に示すように，等方性弾性体に x 方向の垂直応力 σ_x のみが発生する場合，フックの法則により垂直ひずみが x 方向に生じる．さらに，引張の垂直ひずみだけでなく，その直交する方向に対して応力が作用していなくても，ポアソン比に応じた横ひずみが生じる．これを一般に**ポアソン効果**とよぶ．したがって，x 方向の垂直応力 σ_x のみが作用する場合でも，このポアソン効果により y 方向と z 方向に圧縮の垂直ひずみが発生し，各方向の垂直ひずみを ε_x^1，ε_y^1，ε_z^1 とすると，これらは式 (2.13) を使って次式のように求められる．

$$\varepsilon_x^1 = \frac{\sigma_x}{E}, \quad \varepsilon_y^1 = -\nu\frac{\sigma_x}{E}, \quad \varepsilon_z^1 = -\nu\frac{\sigma_x}{E} \tag{9.41}$$

つぎに図 9.12 (b) に示すように，y 方向の垂直応力 σ_y のみが発生する場合につい

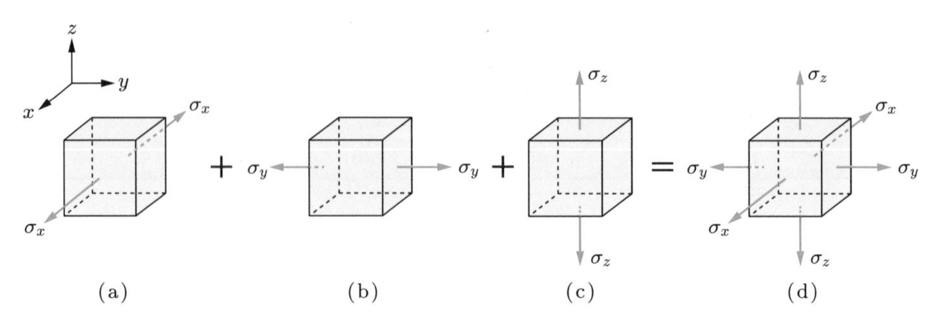

図 9.12　**3次元の弾性体に作用する応力**

て考える．x 方向の垂直応力 σ_x のみが発生する場合と同様に，y 方向に引張の垂直ひずみが発生し，ポアソン効果により，x 方向と z 方向に圧縮の垂直ひずみが発生する．したがって，等方性弾性体に y 方向の垂直応力 σ_y のみが発生する場合の各方向の垂直ひずみを ε_x^2，ε_y^2，ε_z^2 とすると，これらは次式のようになる．

$$\varepsilon_x^2 = -\nu\frac{\sigma_y}{E}, \quad \varepsilon_y^2 = \frac{\sigma_y}{E}, \quad \varepsilon_z^2 = -\nu\frac{\sigma_y}{E} \tag{9.42}$$

さらに図 9.11 (c) に示すように，z 方向の垂直応力 σ_z のみが発生する場合も同様に，各方向のひずみを ε_x^3，ε_y^3，ε_z^3 とすると，これらは次式のようになる．

$$\varepsilon_x^3 = -\nu\frac{\sigma_z}{E}, \quad \varepsilon_y^3 = -\nu\frac{\sigma_z}{E}, \quad \varepsilon_z^3 = \frac{\sigma_z}{E} \tag{9.43}$$

最後に，図 9.12 (d) のように x 方向，y 方向，z 方向の応力 σ_x，σ_y，σ_z が同時に作用している状態の x 方向，y 方向，z 方向のひずみ ε_x，ε_y，ε_z を考える．これらは，重ね合わせの原理により，個々の垂直応力によって生じる垂直ひずみを足し合わせて求められる．したがって，等方性弾性体に生じる垂直ひずみは，式 (9.41)〜(9.43) より

$$\begin{aligned}
\varepsilon_x &= \varepsilon_x^1 + \varepsilon_x^2 + \varepsilon_x^3 = \frac{\sigma_x}{E} - \nu\frac{\sigma_y}{E} - \nu\frac{\sigma_z}{E} \\
\varepsilon_y &= \varepsilon_y^1 + \varepsilon_y^2 + \varepsilon_y^3 = -\nu\frac{\sigma_x}{E} + \frac{\sigma_y}{E} - \nu\frac{\sigma_z}{E} \\
\varepsilon_z &= \varepsilon_z^1 + \varepsilon_z^2 + \varepsilon_z^3 = -\nu\frac{\sigma_x}{E} - \nu\frac{\sigma_y}{E} + \frac{\sigma_z}{E}
\end{aligned} \tag{9.44}$$

と求めることができる．上式を整理すると，つぎのようになる．

$$\begin{aligned}
\varepsilon_x &= \frac{1}{E}\{\sigma_x - \nu(\sigma_y + \sigma_z)\} \\
\varepsilon_y &= \frac{1}{E}\{\sigma_y - \nu(\sigma_x + \sigma_z)\} \\
\varepsilon_z &= \frac{1}{E}\{\sigma_z - \nu(\sigma_x + \sigma_y)\}
\end{aligned} \tag{9.45}$$

一方，等方性弾性体にせん断応力 τ_{ij}（$i, j = x, y, z, i \neq j$）が作用している場合，発生するせん断ひずみ γ_{ij} は，垂直ひずみのように互いに影響を及ぼし合うことはない[†]．したがって，せん断弾性係数を G とすると，各方向のせん断応力 τ_{xy}，τ_{yz}，τ_{zx} とせん断ひずみ γ_{xy}，γ_{yz}，γ_{zx} の関係は，次式のようになる．

$$\gamma_{xy} = \frac{1}{G}\tau_{xy}, \quad \gamma_{yz} = \frac{1}{G}\tau_{yz}, \quad \gamma_{zx} = \frac{1}{G}\tau_{zx} \tag{9.46}$$

式 (9.45) と式 (9.46) をまとめて行列表示し，等方性弾性体のせん断弾性係数 G，縦弾性係数 E，ポアソン比 ν の間に成立している

$$G = \frac{E}{2(1+\nu)} \tag{9.47}$$

という関係を用いると，

$$\begin{Bmatrix} \varepsilon_x \\ \varepsilon_y \\ \varepsilon_z \\ \gamma_{xy} \\ \gamma_{yz} \\ \gamma_{zx} \end{Bmatrix} = \frac{1}{E} \begin{bmatrix} 1 & -\nu & -\nu & 0 & 0 & 0 \\ -\nu & 1 & -\nu & 0 & 0 & 0 \\ -\nu & -\nu & 1 & 0 & 0 & 0 \\ 0 & 0 & 0 & 2(1+\nu) & 0 & 0 \\ 0 & 0 & 0 & 0 & 2(1+\nu) & 0 \\ 0 & 0 & 0 & 0 & 0 & 2(1+\nu) \end{bmatrix} \begin{Bmatrix} \sigma_x \\ \sigma_y \\ \sigma_z \\ \tau_{xy} \\ \tau_{yz} \\ \tau_{zx} \end{Bmatrix} \tag{9.48}$$

となる．式 (9.48) を応力成分について解くと，

$$\begin{cases} \sigma_x = \dfrac{E}{(1+\nu)(1-2\nu)}\{(1-\nu)\varepsilon_x + \nu(\varepsilon_y + \varepsilon_z)\} \\ \sigma_y = \dfrac{E}{(1+\nu)(1-2\nu)}\{(1-\nu)\varepsilon_y + \nu(\varepsilon_x + \varepsilon_z)\} \\ \sigma_z = \dfrac{E}{(1+\nu)(1-2\nu)}\{(1-\nu)\varepsilon_z + \nu(\varepsilon_x + \varepsilon_y)\} \\ \tau_{xy} = G\gamma_{xy} = \dfrac{E}{2(1+\nu)}\gamma_{xy} \\ \tau_{yz} = G\gamma_{yz} = \dfrac{E}{2(1+\nu)}\gamma_{yz} \\ \tau_{zx} = G\gamma_{zx} = \dfrac{E}{2(1+\nu)}\gamma_{zx} \end{cases} \tag{9.49}$$

となり，これを行列表示すると，

† せん断応力 τ_{ij} とせん断ひずみ γ_{ij} の一つ目の添え字 i は作用する面を表し，二つ目の添え字 j は作用する方向を表している．

$$
\begin{Bmatrix} \sigma_x \\ \sigma_y \\ \sigma_z \\ \tau_{xy} \\ \tau_{yz} \\ \tau_{zx} \end{Bmatrix} = \frac{E}{(1+\nu)(1-2\nu)} \begin{bmatrix} 1-\nu & \nu & \nu & 0 & 0 & 0 \\ \nu & 1-\nu & \nu & 0 & 0 & 0 \\ \nu & \nu & 1-\nu & 0 & 0 & 0 \\ 0 & 0 & 0 & \dfrac{1-2\nu}{2} & 0 & 0 \\ 0 & 0 & 0 & 0 & \dfrac{1-2\nu}{2} & 0 \\ 0 & 0 & 0 & 0 & 0 & \dfrac{1-2\nu}{2} \end{bmatrix} \begin{Bmatrix} \varepsilon_x \\ \varepsilon_y \\ \varepsilon_z \\ \gamma_{xy} \\ \gamma_{yz} \\ \gamma_{zx} \end{Bmatrix} \tag{9.50}
$$

となる．この式 (9.48) あるいは式 (9.50) を，等方性材料の**一般化フックの法則**とよぶ．

9.8 2次元問題における一般化フックの法則

つぎに，式 (9.48) と式 (9.50) から 2 次元平面上で成立する一般化フックの法則を求めてみよう．実際の構造物は 3 次元形状をしているが，2 次元形状で近似して応力やひずみを求めても問題がない場合がある．そのような場合には，式 (9.48)，式 (9.50) を 2 次元問題で成立する一般化フックの法則に修正して適用する．そうすることで，応力解析や変形解析が簡単になるからである．3 次元の物体を 2 次元形状で近似する方法には，z 方向の応力やひずみの近似の仕方により，**平面応力状態**（plane stress condition）と**平面ひずみ状態**（plane strain condition）がある．以下では，平面応力状態と平面ひずみ状態における一般化フックの法則を求める．

9.8.1 ▶ 平面応力状態

平面応力状態とは，応力がある平面（たとえば x-y 平面）に平行に生じ，この面に垂直な z 方向の応力成分がゼロ，すなわち「$\sigma_z = \tau_{yz} = \tau_{zx} = 0$ の状態」をいう．したがって，応力成分は σ_x，σ_y，$\tau_{xy} = \tau_{yx}$ のみが生じている．平面応力状態は，外力を受けていない物体の自由表面とその近傍や，薄い平板が面内の荷重のみを受ける場合などで近似的に成立する．たとえば，図 9.13 (a) に示すような，面内に荷重が作用する薄板の引張試験片の裏表面は自由表面である．つまり，$\sigma_z = \tau_{yz} = \tau_{zx} = 0$ の状態が近似的に成立し，薄い試験片の内部の状態も同じであると考えられる．また，図 9.13 (b) に示すような内圧 p を受ける薄肉円筒においても平面応力状態で近似ができる．このような内圧を受ける薄肉円筒に生じる応力やひずみについては，第 10 章で詳しく学ぶ．

このような平面応力状態では，フックの法則はどのように記述されるだろうか．式 (9.48) で求めた 3 次元のひずみと応力の関係式において，$\sigma_z = \tau_{yz} = \tau_{zx} = 0$ を代入すると，

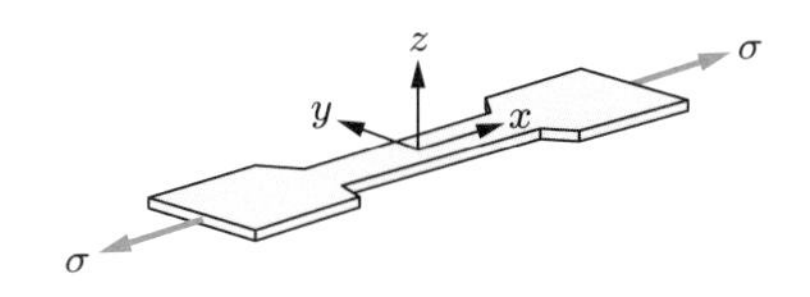

(a) 面内に荷重が作用する薄板の引張試験片

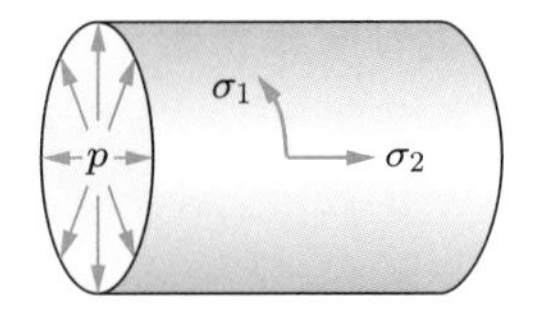

(b) 内圧を受ける円筒

図 9.13　**平面応力状態の例**

$$
\begin{aligned}
\varepsilon_x &= \frac{1}{E}(\sigma_x - \nu\sigma_y) \\
\varepsilon_y &= \frac{1}{E}(\sigma_y - \nu\sigma_x) \\
\varepsilon_z &= \frac{-\nu}{E}(\sigma_x + \sigma_y) \\
\gamma_{xy} &= \frac{2(1+\nu)}{E}\tau_{xy}
\end{aligned}
\tag{9.51}
$$

となる．これを応力に関して解けば，

$$
\begin{aligned}
\sigma_x &= \frac{E}{1-\nu^2}(\varepsilon_x + \nu\varepsilon_y) \\
\sigma_y &= \frac{E}{1-\nu^2}(\varepsilon_y + \nu\varepsilon_x) \\
\tau_{xy} &= \frac{E}{2(1+\nu)}\gamma_{xy}
\end{aligned}
\tag{9.52}
$$

となり，これらをそれぞれ行列表示すると，

$$
\begin{Bmatrix} \varepsilon_x \\ \varepsilon_y \\ \gamma_{xy} \end{Bmatrix} = \frac{1}{E}\begin{bmatrix} 1 & -\nu & 0 \\ -\nu & 1 & 0 \\ 0 & 0 & 2(1+\nu) \end{bmatrix}\begin{Bmatrix} \sigma_x \\ \sigma_y \\ \tau_{xy} \end{Bmatrix} \tag{9.53}
$$

$$
\varepsilon_z = -\frac{\nu}{E}(\sigma_x + \sigma_y) \tag{9.54}
$$

$$
\begin{Bmatrix} \sigma_x \\ \sigma_y \\ \tau_{xy} \end{Bmatrix} = \frac{E}{1-\nu^2}\begin{bmatrix} 1 & \nu & 0 \\ \nu & 1 & 0 \\ 0 & 0 & \dfrac{1-\nu}{2} \end{bmatrix}\begin{Bmatrix} \varepsilon_x \\ \varepsilon_y \\ \gamma_{xy} \end{Bmatrix} \tag{9.55}
$$

となる．これらが平面応力状態での一般化フックの法則である．ここで注意してほしいことは，式 (9.54) から明らかなように，平面応力状態では，z 方向応力は $\sigma_z = 0$ と近似しても，z 方向ひずみ ε_z はゼロとはならずに発生している点である．

9.8.2 ▶ 平面ひずみ状態

平面ひずみ状態とは，ひずみがある一つの平面（たとえば x-y 平面）に平行に生じるのみで，この面に垂直な z 方向の変形が拘束されていて z 方向のひずみ成分がゼロ，すなわち「$\varepsilon_z = \gamma_{yz} = \gamma_{zx} = 0$ の状態」をいう．したがって，ひずみ成分は ε_x，ε_y，$\gamma_{xy} = \gamma_{yx}$ のみが生じている．平面ひずみ状態は，一つの軸，たとえば z 軸方向の厚さが大きく，すべての場所で断面形状が同じ物体が，その軸に沿って一様な荷重を受ける場合などで近似的に成立する．たとえば，図 9.14 に示す水圧を受ける一定断面のダム壁や，図 9.15 に示す長い一定断面のロール圧延材などを 2 次元形状で近似する場合などは，近似的に平面ひずみ状態を仮定して解析を行うことができる．

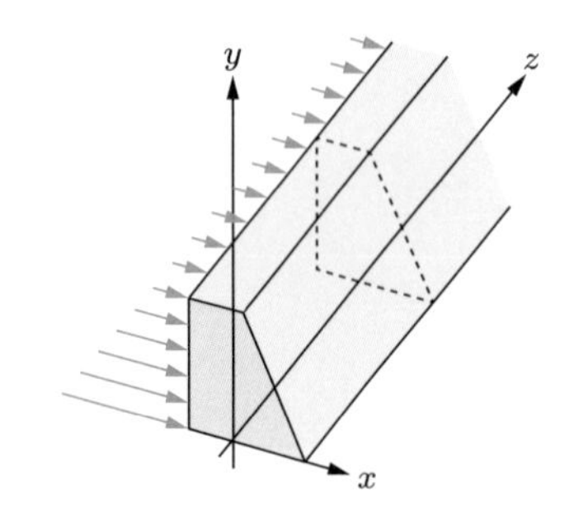

図 9.14　**水圧を受ける一定断面のダム壁**

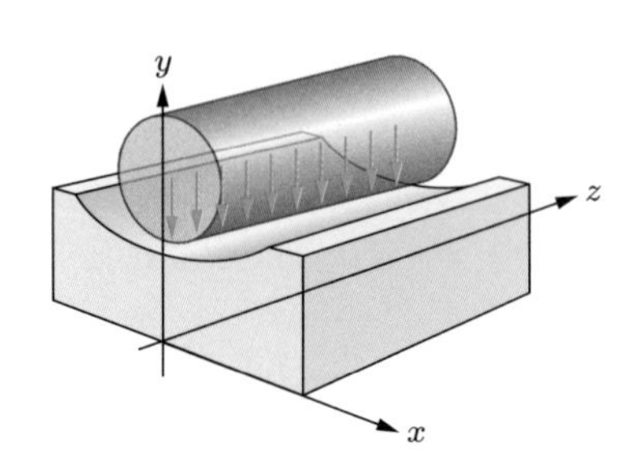

図 9.15　**一定断面のロール圧延材**

このような平面ひずみ状態におけるフックの法則を，先ほどの平面応力の場合と同様に求めてみよう．式 (9.50) の 3 次元の応力とひずみの関係式に $\varepsilon_z = \gamma_{yz} = \gamma_{zx} = 0$ を代入すると，

$$\begin{Bmatrix} \sigma_x \\ \sigma_y \\ \tau_{xy} \end{Bmatrix} = \frac{E}{(1+\nu)(1-2\nu)} \begin{bmatrix} 1-\nu & \nu & 0 \\ \nu & 1-\nu & 0 \\ 0 & 0 & \dfrac{1-2\nu}{2} \end{bmatrix} \begin{Bmatrix} \varepsilon_x \\ \varepsilon_y \\ \gamma_{xy} \end{Bmatrix} \tag{9.56}$$

$$\sigma_z = \frac{E\nu}{(1+\nu)(1-2\nu)}(\varepsilon_x + \varepsilon_y) \tag{9.57}$$

となる．式 (9.56) をひずみについて解くと

$$\begin{Bmatrix} \varepsilon_x \\ \varepsilon_y \\ \gamma_{xy} \end{Bmatrix} = \frac{1-\nu^2}{E} \begin{bmatrix} 1 & -\dfrac{\nu}{1-\nu} & 0 \\ -\dfrac{\nu}{1-\nu} & 1 & 0 \\ 0 & 0 & \dfrac{2}{1-\nu} \end{bmatrix} \begin{Bmatrix} \sigma_x \\ \sigma_y \\ \tau_{xy} \end{Bmatrix} \tag{9.58}$$

となる．これらが平面ひずみ状態での一般化フックの法則である．平面ひずみ状態で

は，z 軸方向を含むひずみ成分はすべてゼロになるが（$\varepsilon_z = \gamma_{yz} = \gamma_{zx} = 0$），式 (9.57) から明らかなように，$z$ 方向の垂直応力 σ_z はゼロとはならない点に注意が必要である．

例題 9.6　図 9.16 に示すように，x 軸に平行な辺の長さ $l_x = 10\,\mathrm{mm}$，y 軸に平行な辺の長さ $l_y = 5\,\mathrm{mm}$，厚さ $t = 1\,\mathrm{mm}$ の薄い長方形板に，垂直荷重 $P_x = 3\,\mathrm{kN}$，$P_y = 5\,\mathrm{kN}$ がそれぞれ作用している．このとき，この板の x 方向，y 方向のひずみ ε_x，ε_y を求めよ．ただし，この長方形板材の縦弾性係数 $E = 206\,\mathrm{GPa}$，ポアソン比 $\nu = 0.34$ とし，平面応力状態を仮定する．

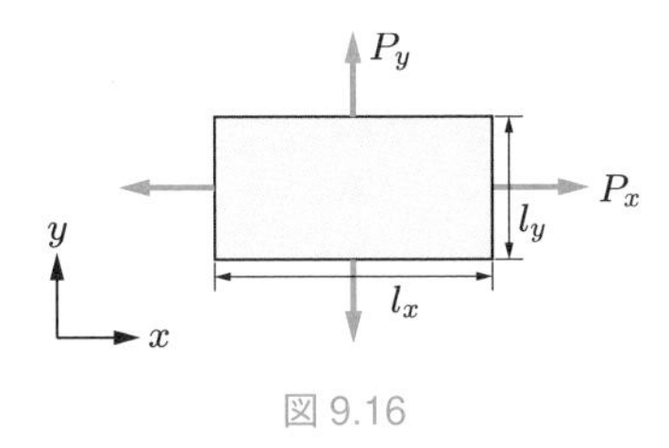

図 9.16

［解答］　薄い長方形板に作用する垂直応力 σ_x，σ_y は，P_x，P_y が作用する断面積をそれぞれ A_x，A_y とすると，つぎのように計算できる．

$$\sigma_x = \frac{P_x}{A_x} = \frac{3 \times 10^3}{5 \times 1} = 600\,\mathrm{MPa}$$

$$\sigma_y = \frac{P_y}{A_y} = \frac{5 \times 10^3}{10 \times 1} = 500\,\mathrm{MPa}$$

そして，平面応力状態の一般化フックの法則を用いて，この板の x 方向，y 方向のひずみ ε_x，ε_y は，つぎのように計算できる．

$$\varepsilon_x = \frac{1}{E}(\sigma_x - \nu\sigma_y) = \frac{1}{206 \times 10^3}(600 - 0.34 \times 500) \simeq 2.09 \times 10^{-3}$$

$$\varepsilon_y = \frac{1}{E}(\sigma_y - \nu\sigma_x) = \frac{1}{206 \times 10^3}(500 - 0.34 \times 600) \simeq 1.44 \times 10^{-3}$$

したがって，この板の y 方向のひずみ ε_y は 1.44×10^{-3} である．■

9.9　ひずみゲージによる応力測定

本節では，実用上重要なひずみゲージによる構造物などの応力測定の方法について解説する．この章で学んできた多くの知識を利用するので，総復習という意味でも重要である．一般に，製品の強度評価のための試験においては，応力集中が予測される部位にひずみゲージを貼り付けて応力の計測を行う．しかし，仮に応力集中する部位がわかっていたとしても，どの方向にひずみゲージを貼り付ければよいのだろうか．

これまでに学んだように，応力やひずみは仮想断面のとり方（ひずみゲージを貼り付ける方向）でそれぞれの応力やひずみ成分の値が変化する．基本的には，ひずみゲージは主応力方向（主ひずみ方向）に貼り付けたい．ところが，主応力方向は特別な荷重の場合以外は，わからない場合がほとんどである．そのような場合には，図9.17に示す3軸のひずみゲージ（ロゼットゲージ）を使用して，三つのひずみの計測値から主応力，主ひずみ，およびその方向を求めることができる．

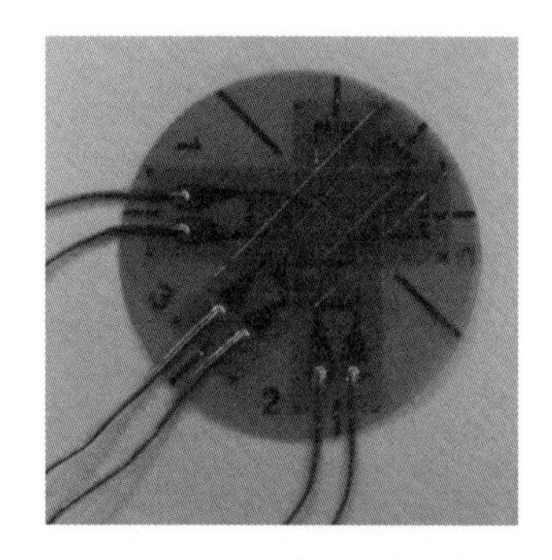

図9.17　**ロゼットゲージ**

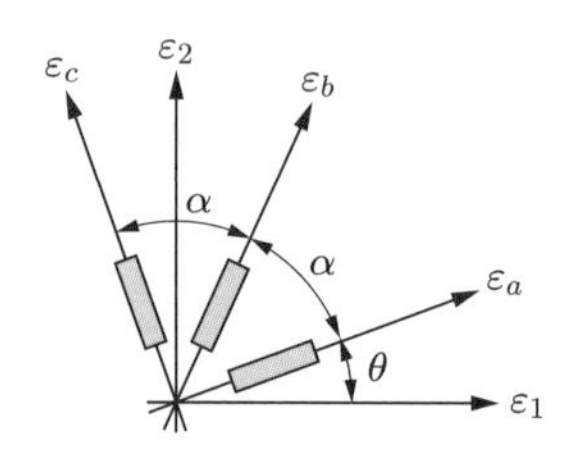

図9.18　**ロゼットゲージと主ひずみの方向**

図9.18のように，主応力方向から反時計回りにθ傾いた方向にひずみゲージを貼り付けて計測したひずみをε_aとし，さらにα，2α傾いた方向のひずみをそれぞれε_b，ε_cとする．ひずみの座標変換式(9.37)で，x方向，y方向のひずみを主ひずみとすると，せん断ひずみはゼロのため$\varepsilon_x=\varepsilon_1$，$\varepsilon_y=\varepsilon_2$，$\gamma_{xy}=0$とおける．よって，$\varepsilon_a$，$\varepsilon_b$，$\varepsilon_c$と主ひずみ$\varepsilon_1$，$\varepsilon_2$との間には，つぎのような関係式が成立する．

$$
\begin{aligned}
\varepsilon_a &= \frac{1}{2}(\varepsilon_1+\varepsilon_2)+\frac{1}{2}(\varepsilon_1-\varepsilon_2)\cos 2\theta \\
\varepsilon_b &= \frac{1}{2}(\varepsilon_1+\varepsilon_2)+\frac{1}{2}(\varepsilon_1-\varepsilon_2)\cos 2(\theta+\alpha) \\
\varepsilon_c &= \frac{1}{2}(\varepsilon_1+\varepsilon_2)+\frac{1}{2}(\varepsilon_1-\varepsilon_2)\cos 2(\theta+2\alpha)
\end{aligned}
\tag{9.59}
$$

これを連立させて解くと，未知数である主ひずみε_1，ε_2と主ひずみの方向θを求めることができる．たとえば，$\alpha=45^\circ$の場合に式(9.59)を解くと，次式のようになる．

$$
\begin{aligned}
&\varepsilon_1+\varepsilon_2=\varepsilon_a+\varepsilon_c \\
&\varepsilon_1-\varepsilon_2=\sqrt{2}\sqrt{(\varepsilon_a-\varepsilon_b)^2+(\varepsilon_b-\varepsilon_c)^2} \\
&\tan 2\theta=\frac{\varepsilon_a+\varepsilon_c-2\varepsilon_b}{\varepsilon_a-\varepsilon_c}
\end{aligned}
\tag{9.60}
$$

したがって，式 (9.60) から主ひずみ ε_1，ε_2，主ひずみの方向 θ が計算でき，ひずみの計測対象が薄板構造物で平面応力状態を仮定できれば，式 (9.55) を用いて主応力，主せん断応力などを求めることができる．

以下に，$\alpha = 45^\circ$ のロゼットゲージで計測された 3 方向のひずみの値 ε_a，ε_b，ε_c から主要な物理量を計算する式をまとめて示す．

① 最大主ひずみ

$$\varepsilon_{\max} = \frac{1}{2}\left[\varepsilon_a + \varepsilon_c + \sqrt{2\{(\varepsilon_a - \varepsilon_b)^2 + (\varepsilon_b - \varepsilon_c)^2\}}\right] \tag{9.61}$$

② 最小主ひずみ

$$\varepsilon_{\min} = \frac{1}{2}\left[\varepsilon_a + \varepsilon_c - \sqrt{2\{(\varepsilon_a - \varepsilon_b)^2 + (\varepsilon_b - \varepsilon_c)^2\}}\right] \tag{9.62}$$

③ 主ひずみの方向（ε_a 軸からの角度）

$$\theta = \frac{1}{2}\tan^{-1}\left(\frac{\varepsilon_a + \varepsilon_c - 2\varepsilon_b}{\varepsilon_a - \varepsilon_c}\right) \tag{9.63}$$

④ 最大せん断ひずみ

$$\gamma_{\max} = \sqrt{2\{(\varepsilon_a - \varepsilon_b)^2 + (\varepsilon_b - \varepsilon_c)^2\}} \tag{9.64}$$

⑤ 最大主応力

$$\sigma_{\max} = \frac{E}{2(1-\nu^2)}\left[(1+\nu)(\varepsilon_a + \varepsilon_c) + (1-\nu)\sqrt{2\{(\varepsilon_a - \varepsilon_b)^2 + (\varepsilon_b - \varepsilon_c)^2\}}\right] \tag{9.65}$$

⑥ 最小主応力

$$\sigma_{\min} = \frac{E}{2(1-\nu^2)}\left[(1+\nu)(\varepsilon_a + \varepsilon_c) - (1-\nu)\sqrt{2\{(\varepsilon_a - \varepsilon_b)^2 + (\varepsilon_b - \varepsilon_c)^2\}}\right] \tag{9.66}$$

⑦ 最大せん断応力

$$\tau_{\max} = \frac{E}{2(1+\nu)}\sqrt{2\{(\varepsilon_a - \varepsilon_b)^2 + (\varepsilon_b - \varepsilon_c)^2\}} \tag{9.67}$$

例題 9.7　薄い鋼板の表面に $\alpha = 45°$ の3軸ロゼットゲージを貼り付けて，ひずみ計測を行った．3軸のひずみの値はそれぞれ $\varepsilon_a = 6.5 \times 10^{-4}$，$\varepsilon_b = 8.2 \times 10^{-4}$，$\varepsilon_c = -2.3 \times 10^{-4}$ であった．この点での主応力の大きさとその方向を求めよ．ただし，鋼板の縦弾性係数 $E = 206\,\mathrm{GPa}$，ポアソン比 $\nu = 0.34$ とする．

［解答］　薄い板に作用する主応力の大きさとその方向はそれぞれ，以下のように計算できる．最大主応力は，

$$\begin{aligned}\sigma_{\max} &= \frac{E}{2(1-\nu^2)}\left[(1+\nu)(\varepsilon_a+\varepsilon_c)+(1-\nu)\sqrt{2\{(\varepsilon_a-\varepsilon_b)^2+(\varepsilon_b-\varepsilon_c)^2\}}\right] \\ &= \frac{206\times10^3}{2(1-0.34^2)}\Big[(1+0.34)(6.5-2.3)\times10^{-4} \\ &\qquad +(1-0.34)\times10^{-4}\times\sqrt{2\{(6.5-8.2)^2+(8.2+2.3)^2\}}\Big] \\ &\simeq 181\,\mathrm{MPa}\end{aligned}$$

となり，主応力（主ひずみ）の方向（ε_a 軸からの角度）は，

$$\begin{aligned}\theta &= \frac{1}{2}\tan^{-1}\left(\frac{2\varepsilon_b-\varepsilon_a-\varepsilon_c}{\varepsilon_a-\varepsilon_c}\right) \\ &= \frac{1}{2}\tan^{-1}\left(\frac{2\times8.2\times10^{-4}-6.5\times10^{-4}+2.3\times10^{-4}}{6.5\times10^{-4}+2.3\times10^{-4}}\right)\simeq 27.1°\end{aligned}$$

となる．■

演習問題

9-1　x-y 平面内のひずみ成分が $\varepsilon_x = 3\times10^{-3}$（0.3%），$\varepsilon_y = -4\times10^{-4}$（−0.04%），$\gamma_{xy} = 6\times10^{-3}$（0.6%）であるとき，つぎの問いに答えよ．ただし，方向 θ の単位は度（°）で答えよ．

(1) 最大主ひずみの方向 θ_0 および最大主ひずみ ε_1，最大せん断ひずみ γ_1 の値を求めよ．

(2) x 軸から反時計回りに $\theta = 25°$ 回転した方向の垂直ひずみ ε_n およびせん断ひずみ γ_n の値を求めよ．

9-2　2次元のある弾性体の微小要素について，x-y 座標系における応力状態が $\sigma_x = 120\,\mathrm{MPa}$，$\sigma_y = -80\,\mathrm{MPa}$，$\tau_{xy} = 80\,\mathrm{MPa}$ であるとき，つぎの問いに答えよ．ただし，方向 θ の単位は度（°）で，応力の単位は MPa で答えよ．

(1) この微小要素における最大主応力 σ_1，最大せん断応力 τ_1，主応力面 θ_0 を求めよ．

(2) x-y 座標系から 30° 傾いた x'-y' 座標系での応力（$\sigma_{x'}$，$\sigma_{y'}$，$\tau_{x'y'}$）を求めよ．

(3) x-y 座標系から θ 傾いた x'-y' 座標系での応力（$\sigma_{x'}$，$\sigma_{y'}$，$\tau_{x'y'}$）を $\theta = 0$〜2π の範囲で計算してグラフ化し，そのグラフの最大値や最小値から求めた応力値および角

度 θ と，(1) で求めた主応力，最大せん断応力，主応力面の方向の値を比較して，気づいた点について述べよ（100～200 文字程度）．

9-3　縦弾性係数 $E = 206\,\mathrm{GPa}$，ポアソン比 $\nu = 0.34$，一辺の長さ 50 cm の正方形の薄い平板が x 方向に引張荷重を受けて，x 方向が 50.05 cm，y 方向が 49.98 cm 変形した．このとき，平板に生じている応力成分 σ_x，σ_y，τ_{xy} を求めよ．

9-4　図 9.19 に示すように，$\alpha = 45°$ の 3 軸ロゼットゲージを用いて，薄い平板に生じているひずみ ε_x，ε_y および x 軸から 45° 方向のひずみ $\varepsilon_{45°}$ を計測したところ，$\varepsilon_x = 6.0 \times 10^{-4}$，$\varepsilon_y = 2.5 \times 10^{-4}$，$\varepsilon_{45°} = 8.2 \times 10^{-4}$ であった．このとき，平板に生じている応力 σ_x，σ_y，τ_{xy}（$= \tau_{yx}$）を求めよ．ただし，平板の縦弾性係数 $E = 206\,\mathrm{GPa}$，ポアソン比 $\nu = 0.34$ とする．

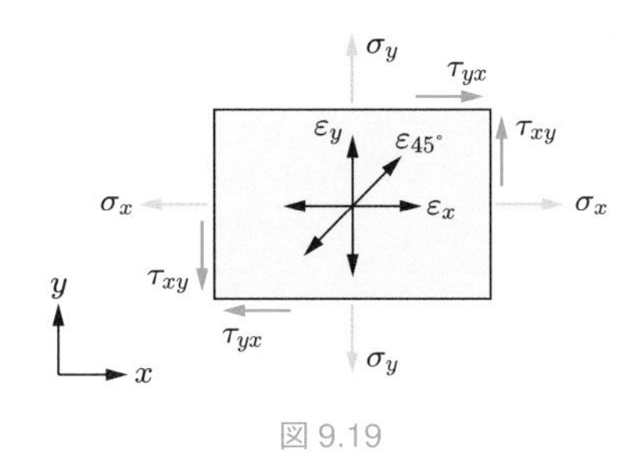

図 9.19

9-5　鋼板製の自動車部品の応力解析のために，部品表面に $\alpha = 45°$ の 3 軸ロゼットゲージを貼り付けて，ひずみ計測を行った．3 軸のひずみは $\varepsilon_a = 5.0 \times 10^{-4}$，$\varepsilon_b = 3.0 \times 10^{-4}$，$\varepsilon_c = 4.0 \times 10^{-4}$ であった．この点での主ひずみ，主応力の大きさと方向および最大せん断応力を求めよ．ただし，鋼板の縦弾性係数 $E = 206\,\mathrm{GPa}$，ポアソン比 $\nu = 0.34$ とする．

9-6　x-y 平面内にある薄い平板の表面の x 方向と y 方向の垂直ひずみを計測した結果，それぞれ $\varepsilon_x = 0.105\%$，$\varepsilon_y = 0.042\%$ であった．この薄い平板に生じている垂直応力 σ_x，σ_y を求めよ．ただし，平面応力状態を仮定し，平板の縦弾性係数 $E = 206\,\mathrm{GPa}$，ポアソン比 $\nu = 0.34$ とする．

9-7　図 9.20 に示すように，正方形の薄い平板の x 軸に垂直な面に垂直引張応力 σ_0，y 軸に垂直な面に垂直圧縮応力 $-\sigma_0$ が作用している．このような応力状態はどのような状態であるか考察し，この薄い平板がどのような形状に変形するか述べよ．

9-8　式 (9.48) を応力について解き，式 (9.50) を導け．

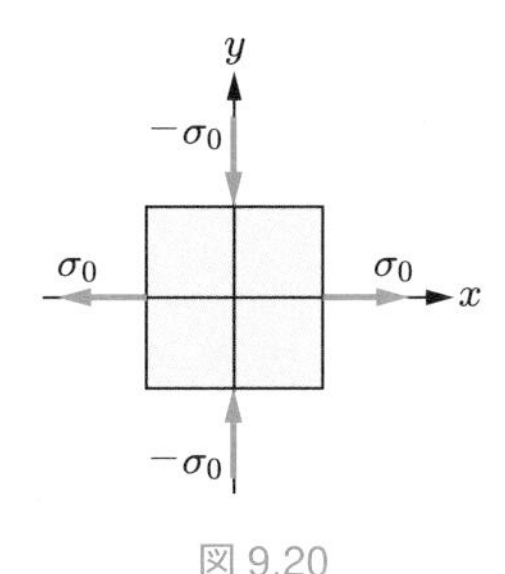

図 9.20

10 薄肉円筒と薄肉球

☑ 確認しておこう！

(1) 内圧が作用する構造物について調べてみよう．
(2) 主応力の性質についてまとめてみよう．
(3) 平面応力状態におけるフックの法則について調べてみよう．

燃料電池自動車の水素を貯蔵する圧力容器や，ガスや液体を貯蔵するタンクなどは，一般に円筒部と両端の鏡部で構成され，それらの厚さは円筒部半径に比べて薄い．本章では，薄肉円筒に内圧が負荷される場合の主応力（円周方向応力と軸方向応力）の導出を行う．そして，円周方向と軸方向に生じるひずみと圧力の関係式，半径方向と軸方向の膨張量の計算方法について学ぶ．さらに，薄肉円筒で学んだ知識を基に，薄肉球の主応力について学ぶ．

10.1 内圧を受ける薄肉円筒

図 10.1 に示すような，ガスや液体などにより内圧 p を受ける内半径 r，厚さ t，長さ l，縦弾性係数 E の薄肉円筒（$t \ll r, l$）を考える[†]．この薄肉円筒を仮想的に X-X で半分に切断し，Y-Y 付近から図のように長さ l' の部分を取り出す．図 10.2 のグレー部分の面積 $2rl'$ には，内圧 p によって上向きに $2rl'p$ の力が作用する．一方，図 10.3 のように，薄肉円筒の切断面（面積：$tl' \times 2$）には，円周方向に**円周方向応力**（circumferential stress または hoop stress）σ_θ が生じているので，この切断面に作用する下向きの力は $2tl'\sigma_\theta$ となる．したがって，上向きに作用する力 $2rl'p$ と，下向きに作用する力 $2tl'\sigma_\theta$ の力のつり合い式は

$$2rl'p = 2tl'\sigma_\theta$$

であり，これから円周方向応力 σ_θ は

† 薄肉円筒内のガスや液体などの流体は流動していないと仮定する．

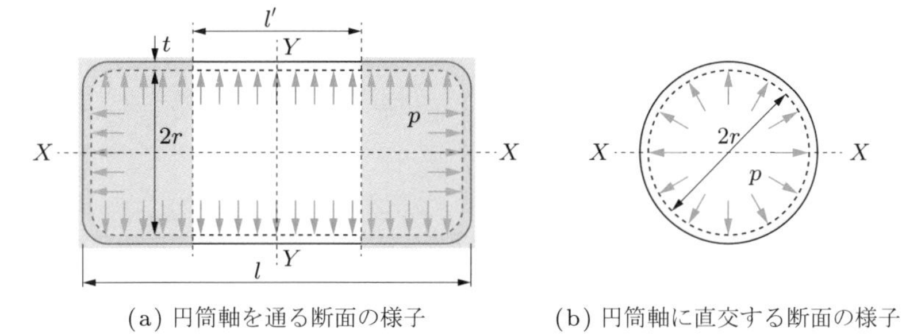

(a) 円筒軸を通る断面の様子　　(b) 円筒軸に直交する断面の様子

図 10.1　**内圧を受ける薄肉円筒**

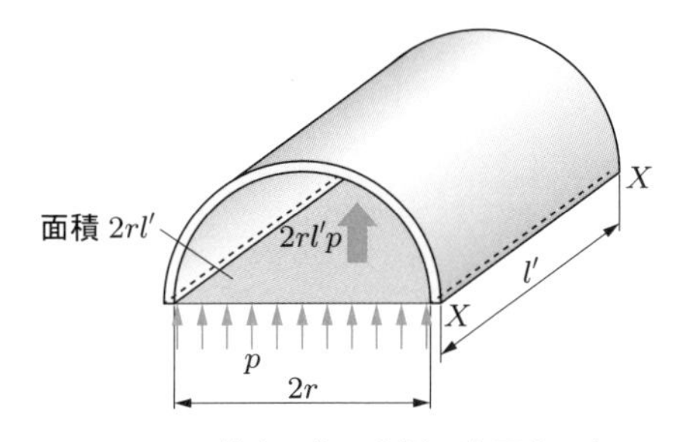

図 10.2　**薄肉円筒の上側に作用する力**

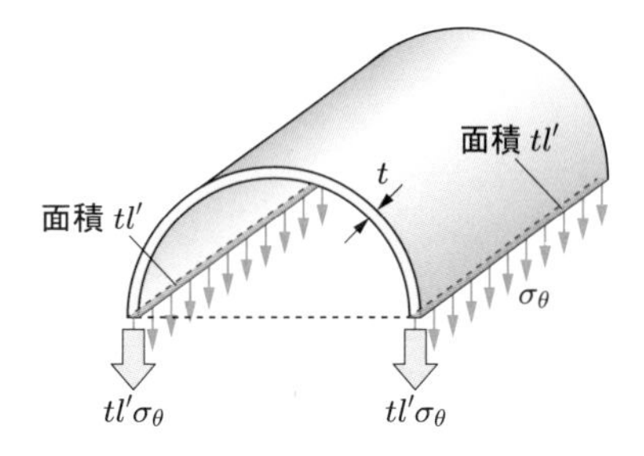

図 10.3　**薄肉円筒の下側に作用する力**

$$\sigma_\theta = \frac{pr}{t} \tag{10.1}$$

と求められる．

つぎに，図 10.1 の薄肉円筒を Y-Y で切断し，軸方向の力のつり合いを考える．図 10.4 のように，内圧 p により切断面積 πr^2 には左向きに $\pi r^2 p$ の力が作用する．一方，図 10.5 のように薄肉円筒の切断面の面積 $2\pi rt$† には，X-X 方向に**軸方向応力**（axial stress）σ_z が生じているので，この切断面に作用する右向きの力は $2\pi rt\sigma_z$ となる．したがって，左向きに作用する力 $\pi r^2 p$ と右向きに作用する力 $2\pi rt\sigma_z$ の力のつり合い式は

$$\pi r^2 p = 2\pi rt\sigma_z$$

であり，これから軸方向応力 σ_z は

$$\sigma_z = \frac{pr}{2t} \tag{10.2}$$

---

† 図 10.5 の切断面の面積は正確には $\pi(r+t)^2 - \pi r^2 = 2\pi rt + \pi t^2$ となるが，薄肉円筒では内径 $2r$ に比べて厚さ t は十分小さい値のため，第 2 項の πt^2（高次の微小項）は省略している．

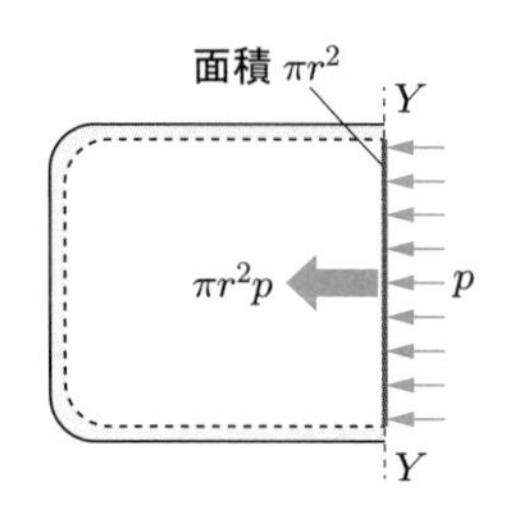

図 10.4　**薄肉円筒の左側に作用する力**

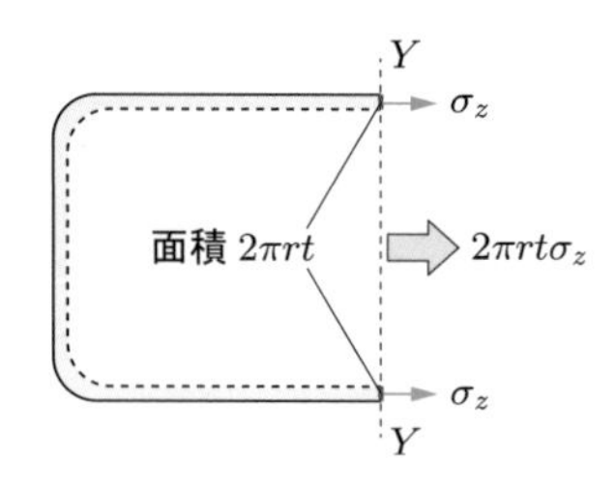

図 10.5　**薄肉円筒の右側に作用する力**

と求められる．よって，軸方向応力 σ_z は円周方向応力 σ_θ の半分の値になる．

続いて，円周方向ひずみ ε_θ，軸方向ひずみ ε_z と，円周方向の応力 σ_θ，軸方向の応力成分 σ_z との関係を求める．平面応力状態の一般化フックの法則より†，ε_θ と ε_z は，

$$\varepsilon_\theta = \frac{\sigma_\theta}{E} - \nu\frac{\sigma_z}{E} \tag{10.3}$$

$$\varepsilon_z = \frac{\sigma_z}{E} - \nu\frac{\sigma_\theta}{E} \tag{10.4}$$

となる．式 (10.3) と式 (10.4) に，式 (10.1) と式 (10.2) を代入すると，ひずみと圧力の関係式は，

$$\varepsilon_\theta = \frac{pr}{Et}\left(1 - \frac{\nu}{2}\right) \tag{10.5}$$

$$\varepsilon_z = \frac{pr}{Et}\left(\frac{1}{2} - \nu\right) \tag{10.6}$$

となる．さらに，式 (10.4) の両辺に ν を掛けたのち，式 (10.3) と足し合わせて円周方向 σ_θ について整理すると，

$$\sigma_\theta = \frac{E}{1-\nu^2}(\varepsilon_\theta + \nu\varepsilon_z) \tag{10.7}$$

が得られる．また，式 (10.3) の両辺に ν を掛けたのち，式 (10.4) と足し合わせ，軸方向応力 σ_z について整理すると，

$$\sigma_z = \frac{E}{1-\nu^2}(\varepsilon_z + \nu\varepsilon_\theta) \tag{10.8}$$

が得られる．

一方，内圧 p によって内半径が Δr 増加したとすると，円周方向ひずみ ε_θ はひずみの定義より，

---

† 内圧を受ける薄肉円筒では平面応力状態と仮定することができる（9.8 節を参照）．

$$\varepsilon_\theta = \frac{2\pi(r+\Delta r) - 2\pi r}{2\pi r} = \frac{\Delta r}{r} \tag{10.9}$$

となる．したがって，半径方向の膨張量 Δr は次式で求められる[†1]．

$$\Delta r = r\varepsilon_\theta \tag{10.10}$$

また，式 (10.10) に式 (10.5) を代入することで，半径方向の膨張量 Δr は，

$$\Delta r = \frac{pr^2}{Et}\left(1 - \frac{\nu}{2}\right) \tag{10.11}$$

で求めることもできる．

同様にして，内圧 p によって全長 l の薄肉円筒の長さが Δl 増加したとすると，軸方向ひずみ ε_z は，

$$\varepsilon_z = \frac{\Delta l}{l} \tag{10.12}$$

となる．したがって，軸方向の膨張量 Δl は次式で求められる[†2]．

$$\Delta l = l\varepsilon_z \tag{10.13}$$

また，式 (10.13) に式 (10.6) を代入することで，軸方向の膨張量 Δl は，

$$\Delta l = \frac{prl}{Et}\left(\frac{1}{2} - \nu\right) \tag{10.14}$$

で求めることもできる．

例題 10.1 図 10.6 に示すような，縦弾性係数 $E = 206\,\mathrm{GPa}$，ポアソン比 $\nu = 0.3$，厚さ $t = 1\,\mathrm{mm}$，長さ $l = 200\,\mathrm{mm}$ の薄肉円筒の内圧実験を行う．実験の前にこの薄肉円筒の外径をノギスで計測したところ，直径 $d = 102\,\mathrm{mm}$ であった．この薄肉円筒に内圧 $p = 5\,\mathrm{MPa}$ が作用したときの円周方向応力 σ_θ と軸方向応力 σ_z を求めよ．

---

†1 式 (10.10) を用いることで，半径方向の膨張量 Δr は，薄肉円筒の内半径 r に円周方向に貼ったひずみゲージの値 ε_θ を掛ければ求められる．

†2 式 (10.13) を用いることで，軸方向の膨張量 Δl は，薄肉円筒の全長 l に軸方向に貼ったひずみゲージの値 ε_z を掛ければ求められる．

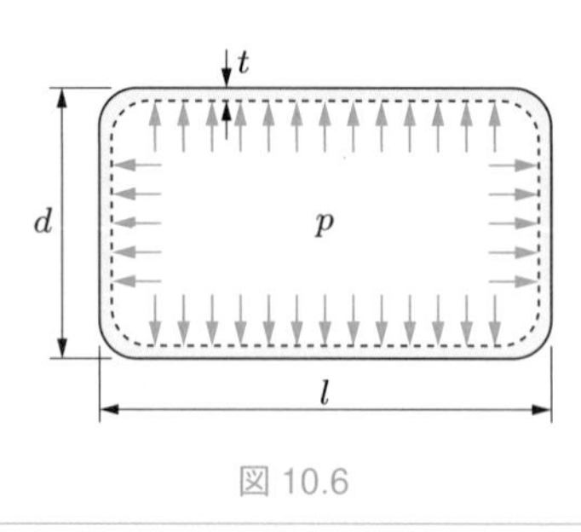

図 10.6

［解答］　この問題では，薄肉円筒に作用している内圧 p，薄肉円筒の直径 d と厚さ t がわかっているので，式 (10.1) と式 (10.2) を用いて円周方向応力 σ_θ と軸方向応力 σ_z を計算すればよい[†]．したがって，この薄肉円筒に内圧 $p = 5\,\mathrm{MPa}$ が作用したときの円周方向応力 σ_θ と軸方向応力 σ_z は，以下のようになる．

$$\sigma_\theta = \frac{pr}{t} = \frac{5 \times 50}{1} = 250\,\mathrm{MPa}, \quad \sigma_z = \frac{pr}{2t} = \frac{5 \times 50}{2} = 125\,\mathrm{MPa}$$

■

例題 10.2　図 10.7 に示すような，縦弾性係数 $E = 70\,\mathrm{GPa}$，ポアソン比 $\nu = 0.3$，直径 $d = 250\,\mathrm{mm}$，厚さ $t = 2\,\mathrm{mm}$，長さ $l = 600\,\mathrm{mm}$ の薄肉円筒がある．この薄肉円筒の中央に 1 軸のひずみゲージを 1 枚貼り，円周方向ひずみ ε_θ を計測したところ，$\varepsilon_\theta = 600 \times 10^{-6}$ であった．このときの内圧 p を計算せよ．さらに，このときの半径方向膨張量 Δr と軸方向膨張量 Δl を求めよ．

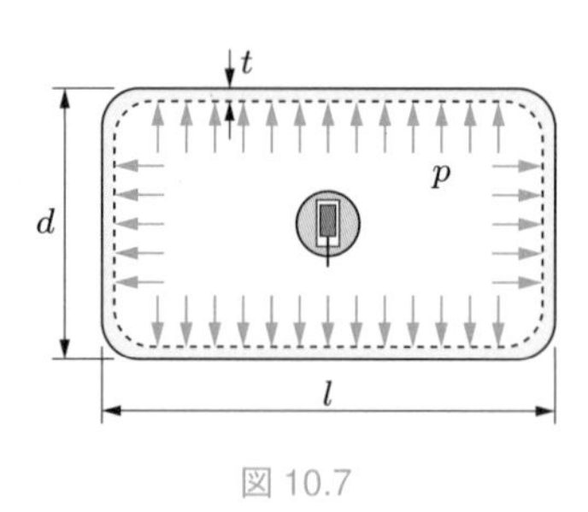

図 10.7

［解答］　1 軸のひずみゲージの計測結果より，円周方向ひずみ ε_θ はわかっているので，式 (10.5) から内圧 p は，

---

† 式 (10.1) と式 (10.2) の r は内半径であるのに対し，この問題で明示されているのは直径 d である．この問題のように，内圧実験などを実施する際に，内半径がわかっていない場合はノギスなどで薄肉円筒の直径（外径）を測定し，内半径を求める必要がある．この場合は $r = (d - 2t)/2 = (102 - 2 \times 1)/2 = 50\,\mathrm{mm}$ となる．

$$\varepsilon_\theta = \frac{pr}{Et}\left(1 - \frac{\nu}{2}\right)$$

$$\Rightarrow \quad p = \frac{Et\varepsilon_\theta}{r\left(1 - \dfrac{\nu}{2}\right)} = \frac{70 \times 10^3 \times 2 \times 600 \times 10^{-6}}{123 \times \left(1 - \dfrac{0.3}{2}\right)} \simeq 8.03 \times 10^{-1}\,\mathrm{MPa}$$

と求められる[†]．

そして，半径方向の膨張量 Δr と軸方向の膨張量 Δl は，式 (10.11) と式 (10.14) を用いて，

$$\Delta r = \frac{pr^2}{Et}\left(1 - \frac{\nu}{2}\right) = \frac{8.034 \times 10^{-1} \times 123^2}{70 \times 10^3 \times 2}\left(1 - \frac{0.3}{2}\right) \simeq 7.38 \times 10^{-2}\,\mathrm{mm}$$

$$\Delta l = \frac{prl}{Et}\left(\frac{1}{2} - \nu\right) = \frac{8.034 \times 10^{-1} \times 123 \times 600}{70 \times 10^3 \times 2}\left(\frac{1}{2} - 0.3\right) \simeq 8.47 \times 10^{-2}\,\mathrm{mm}$$

と求められる．

なお，半径方向の膨張量 Δr は，ひずみゲージの値から式 (10.10) を用いて，

$$\Delta r = r\varepsilon_\theta = 123 \times 600 \times 10^{-6} = 7.38 \times 10^{-2}\,\mathrm{mm}$$

と求めてもよい．■

10.2 内圧を受ける薄肉球

図 10.8 のように，内圧 p を受ける内半径 r，厚さ t の薄肉球について考える．この薄肉球を，図 10.9 のように仮想的に直径を含む平面 X-X で半分に切断する．薄肉球の切断面には垂直応力 σ が発生しており，切断面の面積は薄肉円筒（図 10.5）と同様に $2\pi rt$ となることから，上向きに作用する力は $2\pi rt\sigma$ となる．一方，切断面の面積 πr^2 には内圧 p によって $\pi r^2 p$ の力が下向きに作用する．したがって，上向きに作用する力 $2\pi rt\sigma$ と，下向きに作用する力 $\pi r^2 p$ のつり合い式は，

$$2\pi rt\sigma = \pi r^2 p$$

であり，垂直応力 σ は，

$$\sigma = \frac{pr}{2t} \tag{10.15}$$

となる．これより，薄肉球では，式 (10.2) の薄肉円筒の軸方向応力と同じ値の垂直応力が球体に一様に生じていることがわかる．したがって，同じ内圧が作用した場合，薄

† 内半径 r は $r = (d - 2t)/2 = (250 - 2 \times 2)/2 = 123\,\mathrm{mm}$ であることに注意．

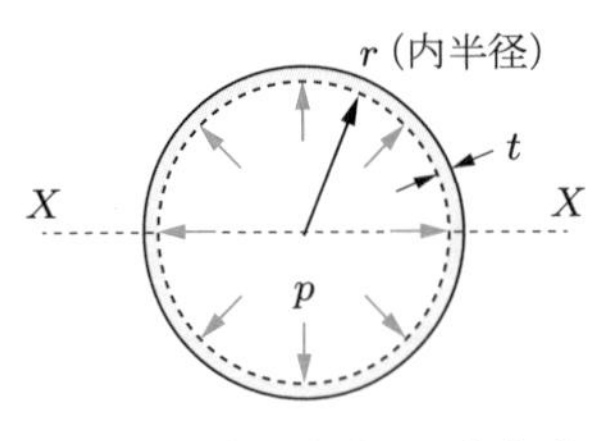

図 10.8　**内圧を受ける薄肉球**

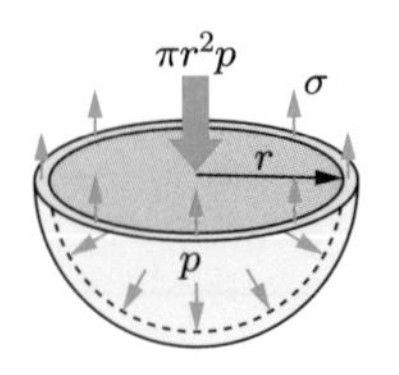

図 10.9　**上下方向の力のつり合い**

肉球の最大応力は薄肉円筒の半分の値となり，強度設計上は薄肉球のほうが強い構造となる†.

演習問題

10-1　縦弾性係数 $E = 70\,\mathrm{GPa}$，ポアソン比 $\nu = 0.3$，外径 $d = 50\,\mathrm{mm}$，厚さ $t = 2\,\mathrm{mm}$，長さ $l = 500\,\mathrm{mm}$ の薄肉円筒に内圧 $p = 4\,\mathrm{MPa}$ が作用したときに生じる円周方向応力 σ_θ と軸方向応力 σ_z を求めよ.

10-2　縦弾性係数 $E = 70\,\mathrm{GPa}$，ポアソン比 $\nu = 0.3$ の薄肉円筒の内圧実験を行った．実験では図 10.10 に示すように，薄肉円筒の中央に 2 軸のひずみゲージを 1 枚貼り，円周方向ひずみ ε_θ と軸方向ひずみ ε_z を計測したところ，それぞれ $\varepsilon_\theta = 2.43 \times 10^{-3}$ と $\varepsilon_z = 5.71 \times 10^{-4}$ であった．このときの円周方向応力 σ_θ と軸方向応力 σ_z を求めよ.

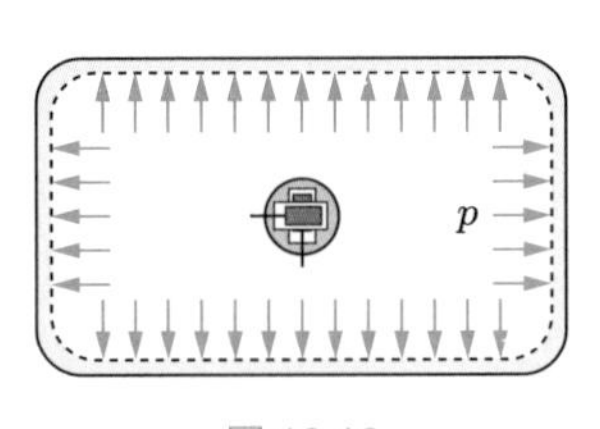

図 10.10

10-3　縦弾性係数 $E = 206\,\mathrm{GPa}$，ポアソン比 $\nu = 0.3$，直径 $d = 100\,\mathrm{mm}$，厚さ $t = 5\,\mathrm{mm}$ の薄肉球に内圧 $p = 6\,\mathrm{MPa}$ を作用させたときに生じる垂直応力 σ を求めよ.

† 圧力容器では，容量（容積）などの問題から，円筒部の両端に全半球形や半だ円体形のドーム状の板（鏡板）を付けることが多い.

11 許容応力と安全率，破損基準

☑ 確認しておこう！

(1) 機械構造用炭素鋼鋼材（S45C），一般構造用圧延鋼材（SS400）の密度，縦弾性係数，降伏応力，引張強さを調査して，比較してみよう．
(2) アルミニウム合金（A5052）とマグネシウム合金（AZ31）の密度，縦弾性係数，降伏応力，引張強さを調査して，比較してみよう．
(3) 主応力 σ_1 と σ_2，主せん断応力 τ_1 と τ_2 の式を求めてみよう．
(4) 最大せん断応力 τ_{max} と主応力 σ_1 と σ_2 の関係について説明してみよう．
(5) 主ひずみ ε_1 と ε_2 の式を求めてみよう．

これまでに学んできたような，棒に一様な引張荷重が作用する一軸応力状態の問題では，垂直応力が降伏応力に達すると棒が塑性変形し，引張強さに達すると破壊すると考えられる．したがって，このような一軸応力状態の棒を設計する際には，予想される垂直応力の最大値を，材料の降伏応力や引張強さと単純に比較すればよい．しかし実際の機械部品では，第 9 章で学んだように，垂直応力やせん断応力が同時に作用する組み合わせ応力状態となることが多い．また，材料は応力－ひずみ線図の特徴から脆性材料と延性材料に分けられ，一般に脆性材料であれば引張強さあるいは圧縮強さが，延性材料であれば降伏応力が設計時の基準値となることが多い．本章では，脆性材料と延性材料に分けて，組み合わせ応力が作用した場合の破損基準について学ぶ．

11.1 破壊と破損

標点間が一様断面の試験片を万能材料試験機に取り付け，引張荷重を増加させていくことを考える．この試験片が鋳鉄やセラミックスなどの**脆性材料**（brittle material）であれば，図 11.1 の応力－ひずみ線図のように，試験片はほとんど塑性変形が起こることなく，引張強さ σ_{B} に到達して**破断**（rupture）する．このように，材料にき裂が発生・進展した後，分離する現象を**破壊**（fracture）という．一方，試験片が軟鋼やアルミニウム合金などの**延性材料**（ductile material）であれば，降伏応力（耐力）σ_{Y} を超えて塑性変形した後，材料は破壊する．

一度，塑性域まで荷重が負荷された材料を使用し続けると，わずかな荷重でも大き

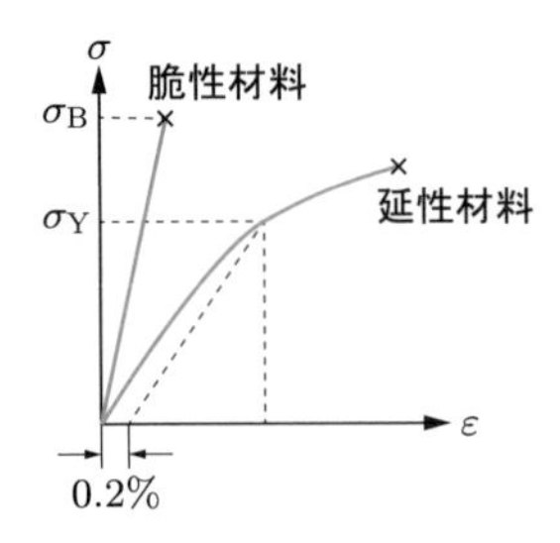

図 11.1　**脆性材料と延性材料の応力－ひずみ線図**

な変形が生じるようになる．このように，破壊までは至らないとしても，材料が本来の目的や機能を果たせない状態になることを**破損**（failure）という．したがって，脆性材料においては引張強さ σ_B を，延性材料においては降伏応力 σ_Y を設計の基準値（基準強さ）として採用することが多い．そして，一様断面の棒などに単一の引張応力が作用している場合には，単軸の引張試験で計測した引張強さ σ_B と降伏応力 σ_Y をそのまま使って破損を判定すればよい．一方で，垂直応力とせん断応力が同時に作用している組み合わせ応力状態の場合，これらの基準がそのまま使えないので，別の基準や条件を使って破損を判定する．それらを**破損基準**（failure criterion）あるいは**降伏条件**（yield condition）とよぶ．11.3 節と 11.4 節で示すように，破損基準にはさまざまな説があるが，それらの説を使えば必ず破損を判定できるわけではなく，設計者が材料の種類や経験などから妥当な説を選択しなければならない．

11.2　許容応力と安全率

設計者は，定められた寿命まで動作不良や性能低下，事故が起こらないよう，機械に発生する応力が許容応力 σ_a を超えないように設計しなければならない．ここで，この許容応力 σ_a と安全率 S の関係を示した式 (2.18) を再掲しておく．

$$\sigma_\mathrm{d} \leq \sigma_\mathrm{a} \quad \Rightarrow \quad \sigma_\mathrm{d} \leq \frac{\sigma_\mathrm{B}}{S} \text{ または } \sigma_\mathrm{d} \leq \frac{\sigma_\mathrm{Y}}{S} \tag{2.18}$$

式 (2.18) の右辺の分子が基準強さであり，引張強さ σ_B や降伏応力 σ_Y を採用することが一般的である．そして，通常は，許容応力 σ_a が基準強さより小さくなるように，安全率 S を決定しなくてはならない．その理由は，設計者は安全性を十分に担保するために，材料試験から得られる材料物性値のばらつきや部材の使用環境の変化など，あらゆる事態を想定しなくてはならないためである．たとえば，図 11.2 (a) のように安全率 S が 1 の場合は，許容応力 σ_a と基準強さ σ_B は同じ値となる．一方，安全率 S が 3 の場合は，図 11.2 (b) のように許容応力 σ_a は基準強さ σ_B の 1/3 となる．このこ

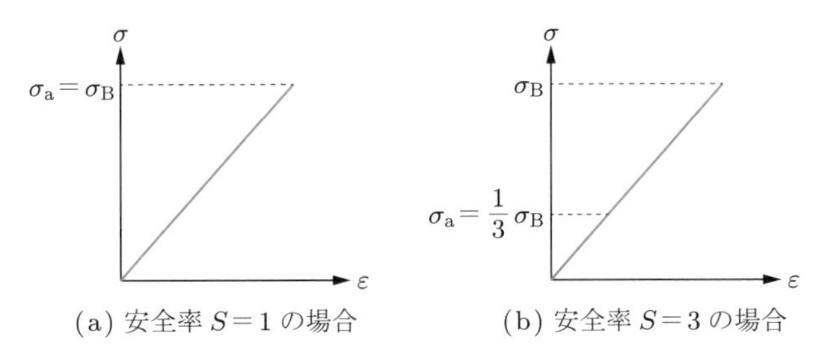

(a) 安全率 $S=1$ の場合　　(b) 安全率 $S=3$ の場合

図 11.2　安全率による許容応力と基準強さの関係

とからもわかるように，安全率 S を高い値に設定すると安全な設計となる．しかしながら，安全率 S を極端に大きく，たとえば 10 にすると，引張強さ σ_B が 450 MPa の材料を使用した場合，許容応力 σ_a は 45 MPa となり，材料に発生する応力を極めて小さい値にしなくてはならない．このように安全率 S を必要以上に大きくすることは，機械が重く，高コストになり，製品の競争力低下につながる．したがって，設計者は材料の種類，荷重形態，機械の使用環境などを考慮して適切な安全率 S を決めなければならない．

11.3　脆性材料での実験結果とよく一致する破損基準

11.3.1 ▶ 最大主応力説

3 次元物体の組み合わせ応力状態では，三つの主応力 σ_1，σ_2，σ_3（$\sigma_1 > \sigma_2 > \sigma_3$）が存在する．この 3 次元物体に引張と圧縮の主応力が生じている場合，式 (11.1) に示すように，最大主応力 σ_1 が材料の単軸試験における引張側の限界値 σ_B，または最小主応力 σ_3 が圧縮側の限界値 σ_C に達すると破損すると考えた説を**最大主応力説**（maximum principal stress criterion）とよぶ．

$$\sigma_1 = \sigma_B \quad \text{または} \quad \sigma_3 = \sigma_C \tag{11.1}$$

11.3.2 ▶ 最大主ひずみ説

3 次元物体に引張と圧縮の主ひずみが生じている場合，三つの主ひずみ ε_1，ε_2，ε_3（$\varepsilon_1 > \varepsilon_2 > \varepsilon_3$）の中で，式 (11.2) に示すように，最大主ひずみ ε_1 が材料の単軸試験における引張側の限界値 ε_B，または最小主ひずみ ε_3 が圧縮側の限界値 ε_C に達すると破損すると考えた説を**最大主ひずみ説**（maximum principal strain criterion）とよぶ．

$$\varepsilon_1 = \varepsilon_B \quad \text{または} \quad \varepsilon_3 = \varepsilon_C \tag{11.2}$$

ここで，$\varepsilon_B = \sigma_B/E$，$\varepsilon_C = \sigma_C/E$ となり，ε_1 と ε_3 に一般化フックの法則を用いると，式 (11.2) は

$$\frac{\sigma_1}{E} - \frac{\nu}{E}(\sigma_2 + \sigma_3) = \frac{\sigma_B}{E} \quad \text{または} \quad \frac{\sigma_3}{E} - \frac{\nu}{E}(\sigma_1 + \sigma_2) = \frac{\sigma_C}{E} \tag{11.3}$$

となる．したがって，最大主ひずみ説を応力で表すと，

$$\sigma_1 - \nu(\sigma_2 + \sigma_3) = \sigma_B \quad \text{または} \quad \sigma_3 - \nu(\sigma_1 + \sigma_2) = \sigma_C \tag{11.4}$$

となり，式 (11.1) の最大主応力説と比較すると，左辺にポアソン比の項が加わった式となる．

例題 11.1　鋳鉄製の部材に $\sigma_2 = 210\,\mathrm{MPa}$, $\sigma_3 = 0$ の主応力が生じている．ただし，鋳鉄の引張強さ $\sigma_B = 750\,\mathrm{MPa}$，ポアソン比 $\nu = 0.3$ とする．

(1) 最大主応力説で部材が破損するものとして主応力 σ_1 を求めよ．
(2) 最大主ひずみ説で部材が破損するものとして主応力 σ_1 を求めよ．

［解答］　(1) 式 (11.1) の最大主応力説 $\sigma_1 = \sigma_B$ より，$\sigma_1 = 750\,\mathrm{MPa}$ となる．
(2) 式 (11.4) の最大主ひずみ説 $\sigma_1 - \nu(\sigma_2 + \sigma_3) = \sigma_B$ より，

$$\sigma_1 = \sigma_B + \nu(\sigma_2 + \sigma_3) = 750 + 0.3 \times (210 + 0) = 813\,\mathrm{MPa}$$

となる．■

このように破損基準で部材が許容できる応力は変わってくるので，設計者は実験結果と破損基準式が合致するかどうかをしっかりと検討する必要がある．

例題 11.2　内半径 $r = 150\,\mathrm{mm}$，破裂圧力（破壊するときの内圧）$p = 10\,\mathrm{MPa}$ の薄肉円筒を安全率 $S = 3$ で設計する．このとき，最大主応力説と最大主ひずみ説から求めた薄肉円筒の厚さ t を求めよ．なお，この薄肉円筒に使用する材料の引張試験を行ったところ，引張強さ $\sigma_B = 600\,\mathrm{MPa}$，ポアソン比 $\nu = 0.3$ であった．

［解答］　薄肉円筒の破壊は，円周方向応力 σ_θ（$= \sigma_1$）が材料の引張強さ σ_B に達したときに発生する．しかし，この問題では安全率 $S = 3$ のため，許容応力 σ_a は $\sigma_B/3 = 200\,\mathrm{MPa}$ となる．式 (11.1) の最大主応力説で厚さ t を求めると，

$$\sigma_1 = \sigma_a \quad \Rightarrow \quad \frac{pr}{t} = \sigma_a$$

から

$$t = \frac{pr}{\sigma_a} = \frac{10 \times 150}{200} = 7.50\,\text{mm}$$

となる．

つぎに，最大主ひずみ説で厚さ t を求める．σ_1 は円周方向応力 σ_θ（$= pr/t$），σ_2 は軸方向応力 σ_z（$= pr/2t$），σ_3 は板厚方向の応力成分であり，平面応力状態ではゼロと近似できる．したがって，

$$\sigma_1 - \nu(\sigma_2 + \sigma_3) = \sigma_a \quad \Rightarrow \quad \frac{pr}{t} - \nu\left(\frac{pr}{2t}\right) = \sigma_a$$

から

$$t = \frac{pr}{\sigma_a}\left(1 - \frac{\nu}{2}\right) = \frac{10 \times 150}{200}\left(1 - \frac{0.3}{2}\right) \simeq 6.38\,\text{mm}$$

となる．このように，最大主応力説で設計したほうが厚肉となり，安全側の設計となる．■

11.4　延性材料での実験結果とよく一致する破損基準

11.4.1　最大せん断応力説（トレスカの降伏条件）

材料内部の最大せん断応力 τ_{max} が材料の純せん断降伏応力 τ_Y に達したときに破損すると考えた説を，**最大せん断応力説**（maximum shearing stress criterion）または**トレスカの降伏条件**（Tresca yield condition）とよぶ．

三つの主応力を σ_1，σ_2，σ_3（$\sigma_1 > \sigma_2 > \sigma_3$）とすると，主せん断応力は，

$$\tau_1 = \frac{1}{2}|\sigma_2 - \sigma_3|, \quad \tau_2 = \frac{1}{2}|\sigma_3 - \sigma_1|, \quad \tau_3 = \frac{1}{2}|\sigma_1 - \sigma_2| \tag{11.5}$$

となる．そして，式 (11.5) の主せん断応力 τ_1，τ_2，τ_3 の中で絶対値が最も大きくなるのが，次式の最大せん断応力 τ_{max} である．

$$\tau_{max} = \frac{1}{2}(\sigma_1 - \sigma_3) \tag{11.6}$$

したがって，トレスカの降伏条件は，

$$\tau_{max} = \tau_Y \quad \Rightarrow \quad \frac{1}{2}(\sigma_1 - \sigma_3) = \tau_Y \tag{11.7}$$

で表され，中間の主応力 σ_2 は材料の降伏に関与していないことがわかる．また，単軸引張試験における降伏時の応力状態は，

$$\sigma_1 = \sigma_Y, \quad \sigma_2 = \sigma_3 = 0 \tag{11.8}$$

となり，式 (11.8) を式 (11.7) に代入すると，

$$\frac{\sigma_Y}{2} = \tau_{max} \tag{11.9}$$

となる．したがって，式 (11.6) と式 (11.9) よりトレスカの降伏条件は，

$$\frac{\sigma_Y}{2} = \frac{1}{2}(\sigma_1 - \sigma_3)$$

であって，

$$\sigma_1 - \sigma_3 = \sigma_Y \tag{11.10}$$

と表すことができる．$\sigma_1 > \sigma_2 > \sigma_3$ 以外の場合も同様に条件を表せる．

ここで，式 (11.10) で表されるような，トレスカの降伏条件の物理的な意味を考えてみる．たとえば，ある部材が平面応力状態（$\sigma_2 = 0$）にある場合には，主せん断応力は式 (11.5) から

$$\tau_1 = \frac{1}{2}|\sigma_3|, \quad \tau_2 = \frac{1}{2}|\sigma_3 - \sigma_1|, \quad \tau_3 = \frac{1}{2}|\sigma_1|$$

となる．このうちどれが最大（τ_{max}）になるかは σ_1 と σ_3 と 0 の大小関係で場合分けして考える必要があり，そのことに注意して降伏条件式を表すと，結果として，

- $\sigma_1 \geq 0 \geq \sigma_3$ と $\sigma_3 \geq 0 \geq \sigma_1$ のときは，$|\sigma_1 - \sigma_3| = \sigma_Y$
- $\sigma_1 \geq \sigma_3 \geq 0$ と $0 \geq \sigma_3 \geq \sigma_1$ のときは，$|\sigma_1| = \sigma_Y$
- $\sigma_3 \geq \sigma_1 \geq 0$ と $0 \geq \sigma_1 \geq \sigma_3$ のときは，$|\sigma_3| = \sigma_Y$

となることがわかる．横軸に σ_1，縦軸に σ_3 をとって，この関係を図示すると図 11.3 のような曲面になる．これを**降伏曲面**（yield locus）とよぶ．

図 11.3 において，降伏曲面の内側の応力点 A では，部材は弾性状態（未降伏）であ

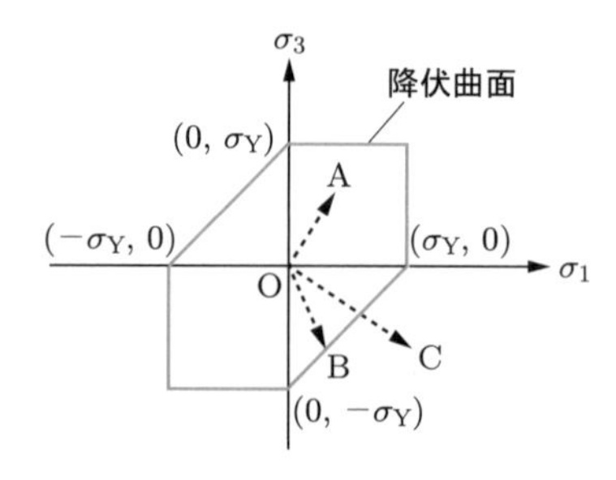

図 11.3 **トレスカの降伏曲面（2 次元，3 次元）**

ることを示している．また，降伏曲面上の応力点 B では降伏が生じ，降伏曲面の外側の応力点 C では塑性状態となっていることを示している．これらの応力点 A〜C の応力状態を単軸引張試験により得られる応力-ひずみ線図に置き換えると，図 11.4 となる．

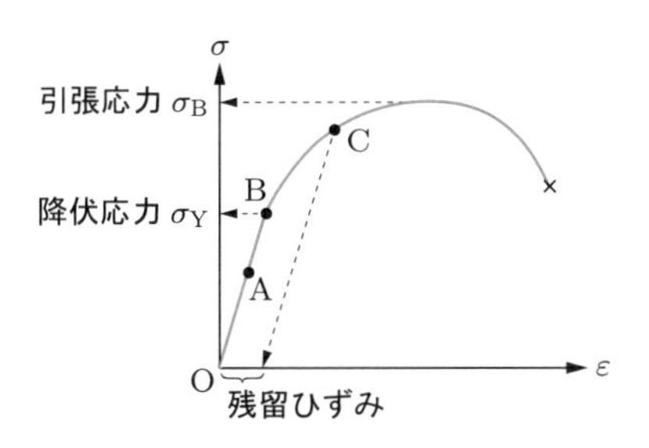

図 11.4　単軸引張の応力ひずみ曲線（1 次元）

このように，一様断面の棒などに単一の引張応力が作用している場合には，図 11.4 に示されるような単軸の引張試験で計測した引張強さ σ_B と降伏応力 σ_Y をそのまま使って破損を判定すればよい．しかし，組み合わせ応力状態では，図 11.3 に示すような降伏曲面およびこの曲面を形成する式 (11.10) によって部材の破損を判定しなければならない．

11.4.2 ▶ せん断ひずみエネルギー説（ミーゼスの降伏条件）

トレスカの降伏条件では，中間の主応力 σ_2 は材料の降伏に無関係であった．それに対して，三つの主応力 $\sigma_1, \sigma_2, \sigma_3$ すべてを考慮し，材料に蓄えられるせん断ひずみエネルギーが限界値に達するとき破損すると考えた説を**せん断ひずみエネルギー説**（shear strain energy criterion）または**ミーゼスの降伏条件**（von Mises yield condition）とよぶ．

3 次元直交座標系の x，y，z 方向の垂直応力を σ_x，σ_y，σ_z，垂直ひずみを ε_x，ε_y，ε_z とすると，垂直応力成分による単位体積あたりのひずみエネルギー U_1 は，

$$U_1 = \frac{1}{2}\sigma_x\varepsilon_x + \frac{1}{2}\sigma_y\varepsilon_y + \frac{1}{2}\sigma_z\varepsilon_z \tag{11.11}$$

となる．ここで，一般化フックの法則より ε_x，ε_y，ε_z は，

$$\begin{aligned} \varepsilon_x &= \frac{\sigma_x}{E} - \frac{\nu}{E}(\sigma_y + \sigma_z) \\ \varepsilon_y &= \frac{\sigma_y}{E} - \frac{\nu}{E}(\sigma_z + \sigma_x) \\ \varepsilon_z &= \frac{\sigma_z}{E} - \frac{\nu}{E}(\sigma_x + \sigma_y) \end{aligned} \tag{11.12}$$

と表すことができる．式 (11.11) に式 (11.12) を代入すると，U_1 は，

$$\begin{aligned} U_1 &= \frac{\sigma_x}{2E}\{\sigma_x-\nu(\sigma_y+\sigma_z)\}+\frac{\sigma_y}{2E}\{\sigma_y-\nu(\sigma_z+\sigma_x)\}+\frac{\sigma_z}{2E}\{\sigma_z-\nu(\sigma_x+\sigma_y)\} \\ &= \frac{1}{2E}\{(\sigma_x^2+\sigma_y^2+\sigma_z^2)-2\nu(\sigma_x\sigma_y+\sigma_y\sigma_z+\sigma_z\sigma_x)\} \end{aligned} \tag{11.13}$$

となる．一方，せん断応力を τ_{xy}，τ_{yz}，τ_{zx}，せん断ひずみを γ_{xy}，γ_{yz}，γ_{zx} とすると，せん断の応力成分による単位体積あたりのひずみエネルギー U_2 は，

$$U_2 = \frac{1}{2}\tau_{xy}\gamma_{xy} + \frac{1}{2}\tau_{yz}\gamma_{yz} + \frac{1}{2}\tau_{zx}\gamma_{zx} \tag{11.14}$$

となる．ここで，せん断ひずみ γ_{xy}，γ_{yz}，γ_{zx} は，

$$\gamma_{xy} = \frac{\tau_{xy}}{G}, \quad \gamma_{yz} = \frac{\tau_{yz}}{G}, \quad \gamma_{zx} = \frac{\tau_{zx}}{G} \tag{11.15}$$

となるので，式 (11.14) に式 (11.15) を代入すると，U_2 は，

$$U_2 = \frac{1}{2G}(\tau_{xy}^2 + \tau_{yz}^2 + \tau_{zx}^2) \tag{11.16}$$

となる．垂直応力とせん断応力が同時に生じていれば，単位体積あたりのひずみエネルギー U はこれら U_1 と U_2 の和となるため，

$$\begin{aligned} U &= U_1 + U_2 \\ &= \frac{1}{2E}\{(\sigma_x^2+\sigma_y^2+\sigma_z^2)-2\nu(\sigma_x\sigma_y+\sigma_y\sigma_z+\sigma_z\sigma_x)\} + \frac{1}{2G}(\tau_{xy}^2+\tau_{yz}^2+\tau_{zx}^2) \end{aligned} \tag{11.17}$$

となる．直交座標系の x，y，z 軸を主応力方向（σ_1，σ_2，σ_3 軸）と一致させると，$\tau_{xy} = \tau_{yz} = \tau_{zx} = 0$ となることから，式 (11.17) を σ_1，σ_2，σ_3（$\sigma_1 > \sigma_2 > \sigma_3$）で表すと，$U$ は，

$$\begin{aligned} U &= \frac{1}{2E}\{(\sigma_1^2+\sigma_2^2+\sigma_3^2)-2\nu(\sigma_1\sigma_2+\sigma_2\sigma_3+\sigma_3\sigma_1)\} \\ &= \frac{1-2\nu}{6E}(\sigma_1+\sigma_2+\sigma_3)^2+\frac{1+\nu}{6E}\{(\sigma_1-\sigma_2)^2+(\sigma_2-\sigma_3)^2+(\sigma_3-\sigma_1)^2\} \end{aligned} \tag{11.18}$$

となる．ここで，式 (11.18) の右辺第 1 項は体積変化に費やされるひずみエネルギー U_V を示し，第 2 項は形状変化に費やされるせん断ひずみエネルギー U_d を示す．

$$U_V = \frac{1-2\nu}{6E}(\sigma_1+\sigma_2+\sigma_3)^2 \tag{11.19}$$

$$U_d = \frac{1+\nu}{6E}\{(\sigma_1-\sigma_2)^2+(\sigma_2-\sigma_3)^2+(\sigma_3-\sigma_1)^2\} \tag{11.20}$$

ミーゼスの降伏条件は，この式 (11.20) のせん断ひずみエネルギー U_d により材料の降伏（破損）が決定付けられるという考え方である．この破損基準を引張試験のような単軸の材料試験における材料の降伏（破損）現象と結び付けて考察できると，実用的である．そこで，つぎのように考えてみることにする．引張試験のような単軸試験における降伏時の応力状態は $\sigma_1=\sigma_\mathrm{Y}$，$\sigma_2=\sigma_3=0$ であるから，このときのせん断ひずみエネルギー U_d' は

$$U_d = \frac{1+\nu}{6E}\{(\sigma_\mathrm{Y}-0)^2+(0-0)^2+(0-\sigma_\mathrm{Y})^2\} = \frac{1+\nu}{3E}\sigma_\mathrm{Y}^2 \tag{11.21}$$

となる．式 (11.21) が引張試験におけるミーゼスの降伏条件での限界値となる．そして，式 (11.20) の U_d と式 (11.21) の引張試験におけるせん断ひずみエネルギー U_d' を等置すると，

$$\frac{1+\nu}{6E}\{(\sigma_1-\sigma_2)^2+(\sigma_2-\sigma_3)^2+(\sigma_3-\sigma_1)^2\} = \frac{1+\nu}{3E}\sigma_\mathrm{Y}^2$$

であり，これから

$$(\sigma_1-\sigma_2)^2+(\sigma_2-\sigma_3)^2+(\sigma_3-\sigma_1)^2 = 2\sigma_\mathrm{Y}^2 \tag{11.22}$$

を得る．この式 (11.22) を**ミーゼスの降伏条件式**とよぶ．

また，式 (11.22) の σ_Y を σ_e として，次式のように定義される応力（スカラー値）σ_e を**ミーゼス応力**とよぶ．

$$\sigma_\mathrm{e} = \sqrt{\frac{1}{2}\{(\sigma_1-\sigma_2)^2+(\sigma_2-\sigma_3)^2+(\sigma_3-\sigma_1)^2\}} \tag{11.23}$$

式 (11.23) は，最大主応力 σ_1，中間主応力 σ_2，最小主応力 σ_3 の三つの主応力から求められる式であるが，直交座標系における応力成分（σ_x，σ_y，σ_z，τ_{xy}，τ_{yz}，τ_{zx}）からミーゼス応力 σ_e を求めることもできる．その場合には以下の式を用いる．

$$\sigma_\mathrm{e} = \sqrt{\frac{1}{2}\{(\sigma_x-\sigma_y)^2+(\sigma_y-\sigma_z)^2+(\sigma_z-\sigma_x)^2+6(\tau_{xy}^2+\tau_{yz}^2+\tau_{zx}^2)\}} \tag{11.24}$$

ミーゼス応力は方向をもたないスカラー値であるため，ある部位の応力を参照する場合，多方向の応力成分を考慮する必要がなく，一つの値だけで破損を判断できる点で大変便利である．また，ミーゼス応力は，多方向から複合的に荷重が加わるような

組み合わせ応力状態を単軸の引張応力状態あるいは圧縮応力状態へ相当させた値と考えられ，延性材料の降伏応力に相当するように計算して求めた判定基準といえる．そのため，ミーゼス応力のことを**相当応力**とよぶこともある．

ここで，トレスカの降伏条件と同様に式 (11.22) のもつ物理的な意味を考えてみよう．たとえば，ある部材が平面応力状態（$\sigma_1, \sigma_3 \neq 0$，$\sigma_2 = 0$）にある場合，式 (11.22) は，

$$\sigma_1^2 - \sigma_1\sigma_3 + \sigma_3^2 = \sigma_Y^2 \tag{11.25}$$

となる．式 (11.25) は，σ_1 と σ_3 の応力座標から $\pi/4$ 傾いた σ_1'-σ_3' 座標系において，長軸半径 $\sqrt{2}\,\sigma_Y$，短軸半径 $\sqrt{2/3}\,\sigma_Y$ の楕円を描く．このミーゼスの降伏曲面にトレスカの降伏曲面を合わせたものを図 11.5 に示す．

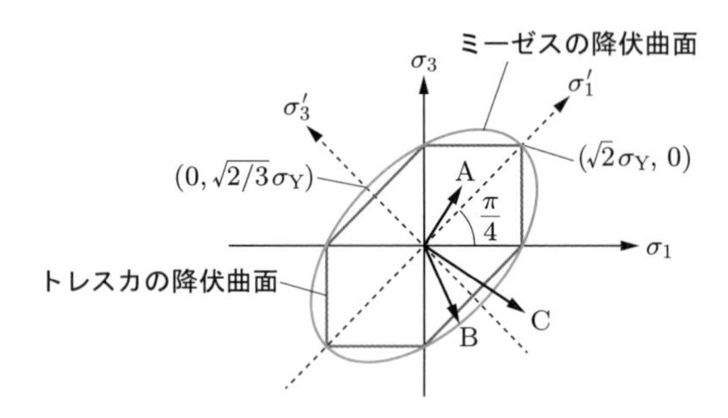

図 11.5　**トレスカとミーゼスの降伏曲面**

図 11.5 より，降伏曲面の内側の応力点 A ではトレスカの降伏条件と同様に，部材は弾性状態（未降伏）であり，ミーゼスの降伏曲面上の応力点 B では降伏が生じ，降伏曲面の外側の応力点 C では塑性状態となっていることを示している．また，図 11.5 からわかるように，ミーゼスの降伏条件とトレスカの降伏条件は一致しない．しかし，延性材料の降伏条件はミーゼスの降伏条件とよい対応を示すことが知られている．

例題 11.3　図 11.6 に示すように，降伏応力 $\sigma_Y = 340\,\mathrm{MPa}$ の薄い板が，x 方向に $\sigma_x = 3\sigma_0$，y 方向に $\sigma_y = -\sigma_0$ の応力を受けている．この板が降伏するときの垂直応力 σ_0 を，トレスカの降伏条件とミーゼスの降伏条件でそれぞれ求めよ．

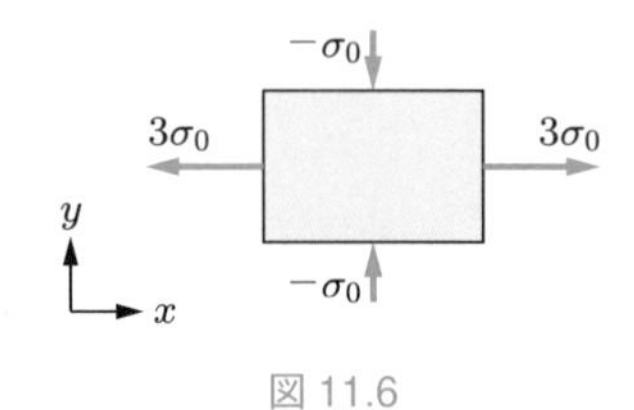

図 11.6

[解答] 薄い板では，平面応力状態となるため，主応力 σ_1，σ_2，σ_3（$\sigma_1 > \sigma_2 > \sigma_3$）は以下のようになる．

$$\sigma_1 = 3\sigma_0, \quad \sigma_2 = 0, \quad \sigma_3 = -\sigma_0$$

したがって，トレスカの降伏条件から垂直応力 σ_0 を求めると，

$$\sigma_1 - \sigma_3 = \sigma_Y \quad \Rightarrow \quad 3\sigma_0 + \sigma_0 = 340 \quad \Rightarrow \quad 4\sigma_0 = 340$$

となり，$\sigma_0 = 85.0\,\mathrm{MPa}$ となる．

また，ミーゼスの降伏条件から垂直応力 σ_0 を求めると，

$$(\sigma_1 - \sigma_2)^2 + (\sigma_2 - \sigma_3)^2 + (\sigma_3 - \sigma_1)^2 = 2\sigma_Y^2$$
$$\Rightarrow \quad (3\sigma_0 - 0)^2 + (0 + \sigma_0)^2 + (-\sigma_0 - 3\sigma_0)^2 = 2\sigma_Y^2 \quad \Rightarrow \quad 13\sigma_0^2 = \sigma_Y^2$$

となり，$\sigma_0 = 94.3\,\mathrm{MPa}$ となる． ■

演習問題

11-1 外径 $d = 224\,\mathrm{mm}$，厚さ $t = 2\,\mathrm{mm}$ で破裂圧力が $p = 5\,\mathrm{MPa}$ の薄肉円筒を安全率 $S = 2$ で設計する．このときの許容応力を求めよ．また，最大主応力説を用いて設計した場合の厚さ t，最大主ひずみ説を用いて設計した場合の厚さ t を求めよ．なお，この薄肉円筒に使用する材料の引張強さは $\sigma_B = 400\,\mathrm{MPa}$，ポアソン比は $\nu = 0.3$ である．

11-2 外径 $r = 300\,\mathrm{mm}$，厚さ $t = 4\,\mathrm{mm}$，縦弾性係数 $E = 70\,\mathrm{GPa}$，ポアソン比 $\nu = 0.3$，降伏応力 $\sigma_Y = 323\,\mathrm{MPa}$，引張強さ $\sigma_B = 430\,\mathrm{MPa}$ の薄肉円筒に内圧 p が作用している．このとき，降伏する内圧を，ミーゼスの降伏条件とトレスカの降伏条件でそれぞれ求めよ．また，最大主応力説を用いて，破裂圧力を求めよ．

11-3 引張荷重とせん断荷重を受ける一般構造用圧延鋼材製（SS400）の薄い板状の自動車部品が部分的に破損するため，破損が頻繁に起こる箇所に 0°，45°，90° の 3 軸のひずみゲージを貼り，0° 方向（x 軸方向）のひずみ ε_x，90° 方向（y 軸方向）のひずみ ε_y，45° 方向のひずみ ε_{45° を計測した．その結果，$\varepsilon_x = 9.00 \times 10^{-4}$，$\varepsilon_{45^\circ} = 5.00 \times 10^{-4}$，$\varepsilon_y = 5.00 \times 10^{-4}$ となった．この鋼材が縦弾性係数 $E = 206\,\mathrm{GPa}$，せん断弾性係数 $G = 79\,\mathrm{GPa}$，ポアソン比 $\nu = 0.3$，降伏応力 $\sigma_Y = 215\,\mathrm{MPa}$ であるときの，ミーゼスの相当応力 σ_e を求めよ．また，この場合の自動車部品の損傷は，材料の強度不足によるものかどうか考察せよ．

演習問題解答

第1章

1-1 ドアを閉めるために働く力 P_θ は，ドアに垂直に働く分力として，以下のようになる．

$$P_\theta = P\sin\theta = 100 \times \sin 60^\circ \simeq 86.6\,\mathrm{N}$$

1-2 点Oまわりの力のモーメント M は，時計回りを正とすると，以下のように求められる．

$$M = P_1 x_1 - P_2 \sin\theta x_2 = 100 \times 5 - 150 \times \sin 45^\circ \times 10 \simeq -561\mathrm{N}\cdot\mathrm{m}$$

1-3 点Oにおける反力 R が x 軸方向に作用していると仮定すると，力のつり合い式は

$$R - P = 0$$

となり，

$$R = P$$

が得られる．つぎに，点Oに作用する力のモーメントを M とすると，荷重 P と垂直距離 h により求められるため，時計回りを正とすると，以下のようになる．

$$M = -Ph$$

1-4 解図 1.1 に示すように，ロープ1に張力 T_1，ロープ2に張力 T_2 が作用すると考え，垂直方向と水平方向の力のつり合い式を立てる．垂直方向の力のつり合い式は上向きを正として

$$T_1 \sin\theta_1 + T_2 \sin\theta_2 - W = 0 \tag{*}$$

となる．また，水平方向の力のつり合い式は右向きを正として

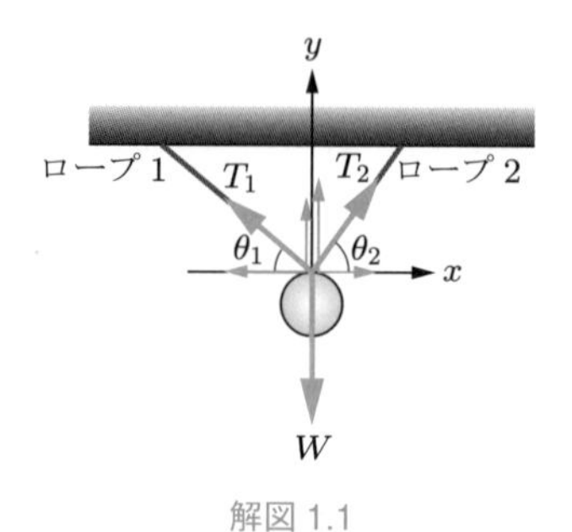

解図 1.1

$$-T_1 \cos\theta_1 + T_2 \cos\theta_2 = 0$$

となり，

$$T_2 = T_1 \frac{\cos\theta_1}{\cos\theta_2}$$

が得られる．この張力 T_2 の式を垂直方向のつり合い式 $(*)$ に代入すると，

$$T_1 \sin\theta_1 + T_1 \frac{\cos\theta_1}{\cos\theta_2} \sin\theta_2 - W = 0$$

となり，張力 T_1 は

$$T_1 = \frac{W}{\sin\theta_1 + \dfrac{\cos\theta_1}{\cos\theta_2}\sin\theta_2} = \frac{100}{\sin 30^\circ + \dfrac{\cos 30^\circ}{\cos 60^\circ}\sin 60^\circ} = 50.0\,\mathrm{N}$$

と求められる．また，張力 T_2 は以下のようになる．

$$T_2 = T_1 \frac{\cos\theta_1}{\cos\theta_2} = 50 \times \frac{\cos 30^\circ}{\cos 60^\circ} = 86.6\,\mathrm{N}$$

▶第 2 章

2-1　丸棒 OA に作用する力は解図 2.1 の上段に示すように P_1，P_2 および点 O における反力 R であり，力のつり合い式は右向きを正とすると，

$$P_1 + P_2 - R = 0$$

となり，

$$R = P_1 + P_2 = 5 + 3 = 8\,\mathrm{kN}$$

となる．OC 部における内力 N_{OC} は，図の中段に示すように反力 R とつり合うので

$$N_{\mathrm{OC}} - R = 0$$

から，

$$N_{\mathrm{OC}} = R = 8\,\mathrm{kN}$$

となる．したがって，OC 部の引張応力 σ_{OC} は，以下のように求められる．

$$\sigma_{\mathrm{OC}} = \frac{N_{\mathrm{OC}}}{\pi d^2/4} = \frac{4 \times 8000}{\pi \times 25^2} \simeq 16.3\ \mathrm{MPa}$$

同様に，CA 部における内力 N_{CA} は図下段のように示され，力のつり合い式は

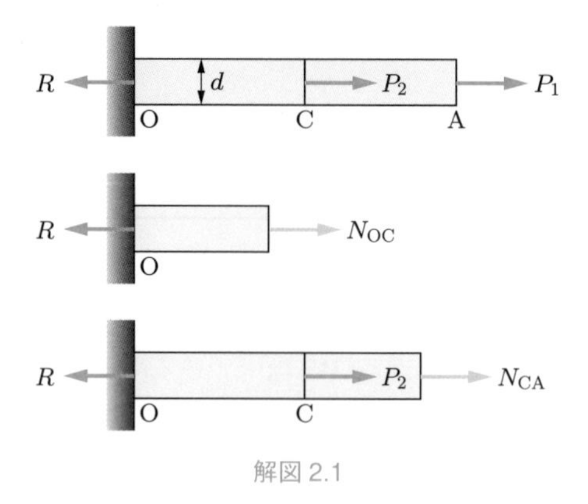

解図 2.1

$$N_{\mathrm{CA}} + P_2 - R = 0$$

となり，

$$N_{\mathrm{CA}} = R - P_2 = 5\,\mathrm{kN}$$

となる．したがって，CA 部の引張応力 σ_{CA} は，以下のように求められる．

$$\sigma_{\mathrm{CA}} = \frac{N_{\mathrm{CA}}}{\pi d^2/4} = \frac{4 \times 5000}{\pi \times 25^2} \simeq 10.2\,\mathrm{MPa}$$

2-2 引張応力 σ と伸び λ は，それぞれ式 (2.2)，式 (2.17) より，以下のように求められる．

$$\sigma = \frac{N}{A} = \frac{P}{\pi d^2/4} = \frac{4 \times 10000}{\pi \times 20^2} \simeq 31.83\,\mathrm{MPa} \simeq 31.8\,\mathrm{MPa}$$

$$\lambda = \frac{Nl}{AE} = \sigma \frac{l}{E} = 31.83 \times \frac{1000}{3000} = 10.6\,\mathrm{mm}$$

2-3 丸棒に作用する引張荷重を P とすると，荷重 P により生じる設計応力 σ_{d} と許容応力 σ_{a} の関係は，式 (2.18) より

$$\sigma_{\mathrm{a}} \geq \sigma_{\mathrm{d}} = \frac{P}{\pi d^2/4}$$

となるため，許容応力以下となる引張荷重 P は，

$$P \leq \frac{\pi d^2 \sigma_{\mathrm{a}}}{4} = \frac{\pi \times 30^2 \times 60}{4} \simeq 42417\,\mathrm{N} \simeq 42.4\,\mathrm{kN}$$

となる．一方，許容変形量 λ_{a} 以下となる引張荷重 P は，$\lambda_{\mathrm{a}} \geq Pl/(AE)$ から

$$P \leq \frac{AE\lambda_{\mathrm{a}}}{l} = \frac{\pi d^2 E \lambda_{\mathrm{a}}}{4l} = \frac{\pi \times 30^2 \times 70000 \times 0.3}{4 \times 2000} \simeq 7422\,\mathrm{N} \simeq 7.42\,\mathrm{kN}$$

となる．以上より，許容引張荷重は小さいほうである 7.42 kN となる．

2-4　角棒に生じる引張応力 σ は

$$\sigma = \frac{N}{A} = \frac{P}{a^2} = \frac{30000}{20^2} = 75.0\,\mathrm{MPa}$$

となる．また，縦ひずみ ε，横ひずみ ε'，一辺の長さ a' はそれぞれ

$$\varepsilon = \frac{\lambda}{l} = \frac{12}{500} = 0.024 = 2.40 \times 10^{-2}$$
$$\varepsilon' = -\nu\varepsilon = -0.33 \times 0.024 = -0.00792 = -7.92 \times 10^{-3}$$
$$a' = a(1+\varepsilon') = 20(1 - 7.92 \times 10^{-3}) \simeq 19.8\,\mathrm{mm}$$

と求められる．

第 3 章

3-1　段付き棒に作用する内力 N は，長さ方向に位置によらず一定であるため，$N = P = 10\,\mathrm{kN}$ となる．したがって，直径 d_1，長さ l_1 の部分の伸びと，直径 d_2，長さ l_2 の部分の伸びの合計として，全体の伸び λ は以下のように求められる．

$$\lambda = \frac{Nl_1}{(\pi d_1^2/4)E} + \frac{Nl_2}{(\pi d_2^2/4)E} = \frac{4N}{\pi E}\left(\frac{l_1}{d_1^2} + \frac{l_2}{d_2^2}\right)$$
$$= \frac{4 \times 10 \times 10^3}{\pi \times 206 \times 10^3}\left(\frac{50}{6^2} + \frac{100}{10^2}\right) \simeq 0.1476 \simeq 1.48 \times 10^{-1}\,\mathrm{mm}$$

3-2　熱膨張によって，円筒 B の内径の円周長さが円柱 A の外周長さ以上になればよい．したがって，

$$\pi d_1 \leq \pi d_2 + \lambda_{\mathrm{thermal}} = \pi d_2(1 + \alpha\delta T) \quad \Rightarrow \quad d_1 \leq d_2(1 + \alpha\Delta T)$$

となり，

$$d_1 - d_2 \leq \alpha\Delta T d_2$$

となる．ここで，$d_1 - d_2 = d_0$ であるから，

$$d_0 \leq \alpha\Delta T d_2$$

となり，必要な温度上昇は，以下のように求められる．

$$\Delta T \geq \frac{d_0}{\alpha d_2}$$

3-3　部材 OC に生じる内力を N_1，部材 OB に生じる内力を N_2 として，解図 3.1 (a) に示すように正方向に作用すると仮定すると，x 方向の力のつり合い式は，

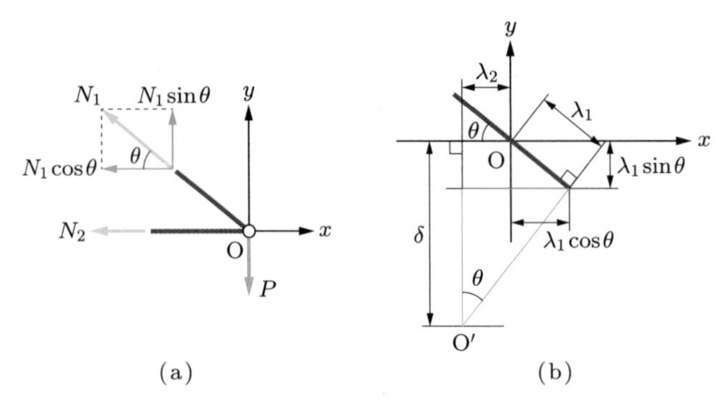

解図 3.1

$$-N_1 \cos\theta - N_2 = 0$$

となる．また，y 方向の力のつり合い式

$$N_1 \sin\theta - P = 0$$

から，内力 N_1 は，

$$N_1 = \frac{P}{\sin\theta}$$

となるので，部材 OC の垂直応力 σ_1 は，

$$\sigma_1 = \frac{N_1}{A} = \frac{P}{A\sin\theta}$$

と求められる．内力 N_1 の式を x 方向の力のつり合い式に代入すると，内力 N_2 は，

$$N_2 = -N_1 \cos\theta = -\frac{P\cos\theta}{\sin\theta} = -\frac{P}{\tan\theta}$$

となり，部材 OB に生じる垂直応力 σ_2 は，

$$\sigma_2 = \frac{N_2}{A} = -\frac{P\cos\theta}{A\sin\theta} = -\frac{P}{A\tan\theta}$$

と求められる．ここで，垂直応力 σ_2 は，圧縮応力であることがわかる．

つぎに，点 O の変位については，部材 OB，部材 OC の変形後の交点を求めればよいが，変形は微小であるため，解図 3.1 (b) に示すように直線的に近似し，点 O′ に移動すると考えてよい．したがって，トラス構造の y 方向の変形量 δ は，幾何学的な関係より

$$\delta = \lambda_1 \sin\theta + \frac{\lambda_1\cos\theta + |\lambda_2|}{\tan\theta} = \lambda_1\left(\sin\theta + \frac{\cos\theta}{\tan\theta}\right) + \frac{|\lambda_2|}{\tan\theta} = \frac{\lambda_1}{\sin\theta} + \frac{|\lambda_2|}{\tan\theta}$$

$$= \frac{N_1 l}{AE\sin\theta} + \left|\frac{N_2 l\cos\theta}{AE\tan\theta}\right| = \frac{Pl}{AE}\left(\frac{1}{\sin^2\theta} + \frac{\cos\theta}{\tan^2\theta}\right)$$

と求められる．

3-4 応力集中係数 K の定義より，応力集中部に生じる最大応力 σ_{max} は

$$\sigma_{\mathrm{max}} = K\sigma_n = K\frac{P}{A}$$

となる．また，板に発生する最大応力 σ_{max} と許容応力 σ_{a} の関係より

$$\sigma_{\mathrm{max}} \leq \sigma_{\mathrm{a}} \quad \Leftrightarrow \quad P \leq \frac{A\sigma_{\mathrm{a}}}{K}$$

であるから，板に加えることのできる荷重は，以下のように求められる．

$$P \leq \frac{A\sigma_{\mathrm{a}}}{K} = \frac{(50-10)\times 3\times 90}{2.5} \leq 4320\,\mathrm{N}$$

したがって，最大荷重は 4.32 kN となる．

3-5 自重により天井との接合部に生じる応力 σ は，以下のようになる．

$$\sigma = \frac{P}{A} = \frac{\rho g A l}{A} = \rho g l$$

この値が引張強さ σ_{B} を超えると破断するため，$\rho g l \leq \sigma_{\mathrm{B}}$ から，つぎのようになる．

$$l \leq \frac{\sigma_{\mathrm{B}}}{\rho g}$$

第 4 章

4-1 荷重 P により鋼鈑に生じるせん断応力 τ は

$$\tau = \frac{P}{A} = \frac{P}{\pi dt}$$

となる．孔を開けるためには $\tau \geq \tau_{\mathrm{B}}$ となる必要があるため，

$$\tau = \frac{P}{\pi dt} \geq \tau_{\mathrm{B}}$$

から，必要な荷重はつぎのように求められる．

$$P \geq \tau_{\mathrm{B}}\pi dt = 240\times\pi\times 7\times 1 \simeq 5279\,\mathrm{N} \simeq 5.28\,\mathrm{kN}$$

4-2 直径 d_1 の部分に生じる最大せん断応力 τ_{max1} は

$$\tau_{\mathrm{max1}} = \frac{M_{\mathrm{t}}}{Z_{\mathrm{p1}}} = \frac{M_{\mathrm{t}}}{\pi d_1^3/16} = \frac{16\times 1000\times 10^3}{\pi\times 50^3} \simeq 40.7\,\mathrm{MPa}$$

となる．また，この部分に生じるねじれ角 φ_1 は，以下のように求められる．

$$\varphi_1 = \frac{M_t l_1}{GI_{p1}} = \frac{M_t l_1}{G(\pi d_1^4/32)} = \frac{32 \times 1000 \times 10^3 \times 150}{80 \times 10^3 \times \pi \times 50^4} \simeq 3.06 \times 10^{-3}\,\mathrm{rad}$$

同様に，直径 d_2 の部分に生じる最大せん断応力 $\tau_{\max 2}$ とねじれ角 φ_2 は，以下のように求められる．

$$\tau_{\max 2} = \frac{M_t}{Z_{p2}} = \frac{M_t}{\pi d_2^3/16} = \frac{16 \times 1000 \times 10^3}{\pi \times 40^3} \simeq 79.6\,\mathrm{MPa}$$

$$\varphi_2 = \frac{M_t l_2}{GI_{p2}} = \frac{M_t l_2}{G(\pi d_2^4/32)} = \frac{32 \times 1000 \times 10^3 \times 150}{80 \times 10^3 \times \pi \times 40^4} \simeq 7.46 \times 10^{-3}\,\mathrm{rad}$$

4-3 両端 A，B には解図 4.1 に示すように，反ねじりモーメントが生じており，それぞれ M_{tA}，M_{tB} とする．ねじりモーメントのつり合い式は

$$M_t - M_{tA} - M_{tB} = 0$$

となり，反力が求められないため不静定問題となる．そのため，変形に関する関係式を考える．

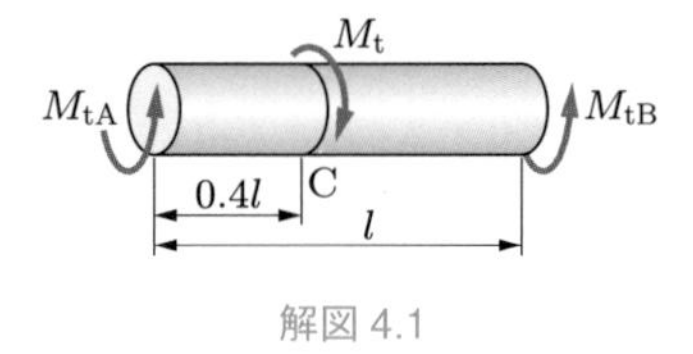

解図 4.1

点 A に対する点 C のねじれ角 φ_{AC} は

$$\varphi_{AC} = \frac{0.4 M_{tA} l}{GI_p}$$

となる．また，点 B に対する点 C のねじれ角 φ_{BC} は，φ_{AC} とは逆方向に回転することを考慮して

$$\varphi_{BC} = -\frac{0.6 M_{tB} l}{GI_p}$$

となる．点 C における連続性から

$$\varphi_{AC} + \varphi_{BC} = 0 \quad \Rightarrow \quad \frac{0.4 M_{tA} l - 0.6 M_{tB} l}{GI_p} = 0$$

となり，

$$M_{\mathrm{tB}} = \frac{0.4}{0.6} M_{\mathrm{tA}}$$

となる．この関係式をねじりモーメントのつり合い式

$$M_{\mathrm{t}} - M_{\mathrm{tA}} - \frac{0.4}{0.6} M_{\mathrm{tA}} = 0$$

に代入すると，

$$M_{\mathrm{tA}} = 0.6 M_{\mathrm{t}}, \quad M_{\mathrm{tB}} = 04 M_{\mathrm{t}}$$

となり，反ねじりモーメントが求められた．したがって，点Cのねじれ角は，

$$\varphi_{\mathrm{AC}} = \frac{0.4 M_{\mathrm{tA}} l}{G I_{\mathrm{p}}} = \frac{0.4 \times 0.6 M_{\mathrm{t}} l}{G(\pi d^4/32)} = \frac{7.68 M_{\mathrm{t}} l}{G \pi d^4}$$

となる．また，最大せん断応力はねじりモーメントの大きいAC部で生じるので，

$$\tau_{\max} = \frac{M_{\mathrm{tA}}}{Z_{\mathrm{p}}} = \frac{0.6 M_{\mathrm{t}}}{\pi d_2^3/16} = \frac{9.6 M_{\mathrm{t}}}{\pi d_2^3}$$

となる．

4-4　軸に生じるねじりモーメント M_{t} は，式 (4.30) より

$$M_{\mathrm{t}} = \frac{30H}{\pi n} = \frac{30 \times 1 \times 10^3}{\pi \times 600} \simeq 15.91\,\mathrm{N \cdot m}$$

となる．このとき，軸表面に生じるせん断荷重 Q は

$$Q = \frac{M_{\mathrm{t}}}{d/2} = \frac{15.91 \times 10^3}{10} \simeq 1591\,\mathrm{N}$$

となるから，キーの断面に生じるせん断応力は，以下のように求められる．

$$\tau = \frac{Q}{A} = \frac{1591}{6 \times 25} \simeq 10.6\,\mathrm{MPa}$$

4-5　軸に生じるねじりモーメント M_{t} は，式 (4.30) より

$$M_{\mathrm{t}} = \frac{30H}{\pi n} = \frac{30 \times 18 \times 10^3}{\pi \times 1600} \simeq 107.4\,\mathrm{N \cdot m}$$

となる．また，許容せん断応力 τ_{a} は

$$\tau_{\mathrm{a}} = \frac{\tau_{\mathrm{B}}}{S} = \frac{200}{5} = 40\,\mathrm{MPa}$$

となる．許容せん断応力 τ_{a} 以下となる直径 d_τ は

$$\tau = \frac{M_t}{Z_p} = \frac{107.4 \times 10^3}{\pi d^3/16} \leq \tau_a \text{ から，} d_\tau \geq \sqrt[3]{\frac{16 \times 107.4 \times 10^3}{\pi \times 40}} \simeq 23.91\,\text{mm}$$

と求められるため，切り上げて 24.0 mm が最小直径となる．

また，許容比ねじれ角 $\varphi'_a = 4 \times 10^{-3}\,\text{rad/m}$ 以下となる直径 d_φ は

$$\varphi' = \frac{M_t}{GI_p} = \frac{107.4 \times 10^3}{83 \times 10^3 \times (\pi d^4/32)} \leq \varphi'_a$$

から，

$$d_\varphi \geq \sqrt[4]{\frac{32 \times 107.4 \times 10^3}{\pi \times 83 \times 10^3 \times 4 \times 10^{-6}}} \simeq 42.604\,\text{mm}$$

と求められるため，切り上げて 42.7 mm が最小直径となる．

▶第 5 章

5-1 片持ちはりの固定端である点 B には，解図 5.1 の上段のように反力 R_B と反モーメント M_B が生じ，それぞれ

$$R_B - P = 0 \text{ から，} R_B = P$$
$$M_B - P(l - l_1) = 0 \text{ から，} M_B = P(l - l_1)$$

と求められる．

つぎに，解図 5.1 の中，下段に示すようにはりを仮想的に切断してせん断力 Q と曲げモーメント M を求める．ここで，はりの AC 部（$0 \leq x \leq 1$）と CB 部（$1 \leq x \leq 2$）で，場合分けを行う．

(i) $0 \leq x \leq 1$ の場合

$$Q = 0, \quad M = 0$$

(ii) $1 \leq x \leq 2$ の場合

$$Q - P = 0 \text{ から，} Q = P = 20\,\text{N}$$
$$M - P(x - l_1) = 0 \text{ から，} M = P(x - l_1) = 20(x - 1)\,\text{N}\cdot\text{m}$$

以上より，SFD と BMD は解図 5.2 のようになる．

5-2 単純支持はりの全体に等分布荷重 f_0 が作用する場合と，単純支持はりの中央に集中荷重 $P = f_0 l$ が作用する場合について，SFD と BMD を解図 5.3 に示す．等分布荷重が作用する場合の最大せん断力を Q_f，集中荷重が作用する場合の最大せん断力を Q_P とすると，両者の比は，

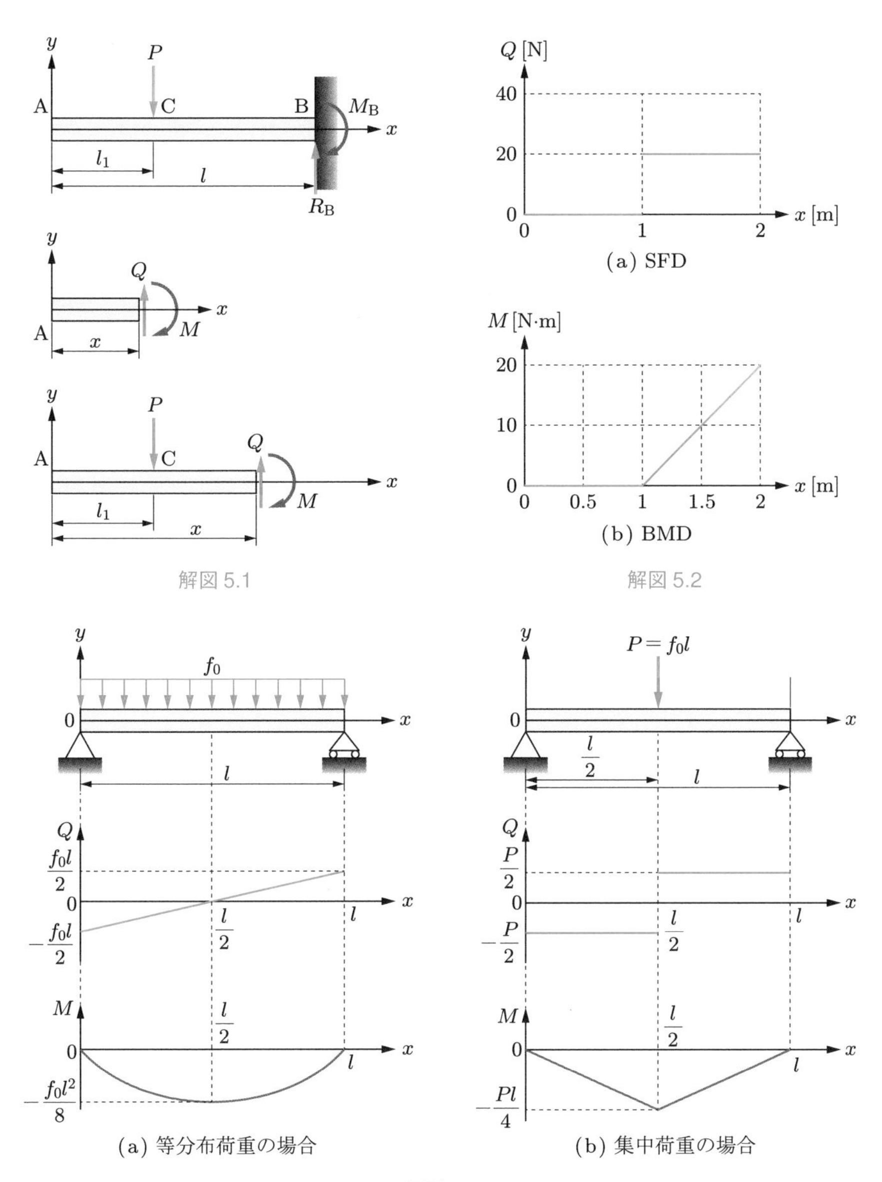

解図 5.3

$$\frac{Q_f}{Q_P} = 1$$

となり，等しい．

同様に，等分布荷重が作用する場合の最大曲げモーメントを M_f，集中荷重が作用する場合の最大曲げモーメントを M_P とすると，両者の比は

$$\frac{M_f}{M_P} = \frac{1}{2}$$

となり，等分布荷重が作用した場合の最大曲げモーメントが半分となる．

5-3　円形断面の直径を d とすると，等しい断面積となる正方形断面の一辺の長さ a は，

$$a^2 = \frac{\pi d^2}{4} \quad \Rightarrow \quad a = \sqrt{\pi}\,\frac{d}{2}$$

となる．同じ曲げモーメント M に対して円形断面に生じる最大曲げ応力 σ_c と，正方形断面に生じる最大曲げ応力 σ_s の比は

$$\frac{\sigma_\mathrm{s}}{\sigma_\mathrm{c}} = \frac{\dfrac{6M}{a^3}}{\dfrac{32M}{\pi d^3}} = \frac{6\pi d^3}{32a^3} = \frac{6\pi d^3}{32\left(\sqrt{\pi}\dfrac{d}{2}\right)^3} = \frac{3}{2\sqrt{\pi}} \simeq 0.846$$

となり，正方形断面に生じる最大曲げ応力のほうがやや小さい．

5-4　解図 5.4 に示すように，自由端である点 A には x 方向の軸力と時計回りの力のモーメントが作用する．ただし軸力には，はりを曲げる作用がないので，ここでは x 方向の力は無視する．y 方向の力のつり合い式より，固定端である点 B における反力は，

$$R_{\mathrm{B}y} = 0$$

となり，力のモーメントのつり合い式 $M_\mathrm{B} + Ph = 0$ より，反モーメントは

$$M_\mathrm{B} = -Ph$$

となる．つぎに，任意の位置 x（点 C）で仮想的に切断し，断面における力のつり合い式より，

$$Q = 0$$

が得られ，力のモーメントのつり合い式 $M + Ph = 0$ より，

$$M = -Ph$$

が得られる．したがって，SFD，BMD は解図 5.5 のようになる．

5-5　片持ちはりに生じる最大曲げモーメント M_max は

$$M_\mathrm{max} = \frac{f_0 l^2}{2}$$

となるため，引張の最大曲げ応力 σ_max は

$$\sigma_\mathrm{max} = \frac{M_\mathrm{max}}{I} \times \frac{d}{2} = \frac{M_\mathrm{max}}{\pi d^4/64} \times \frac{d}{2} = \frac{16 f_0 l^2}{\pi d^3}$$

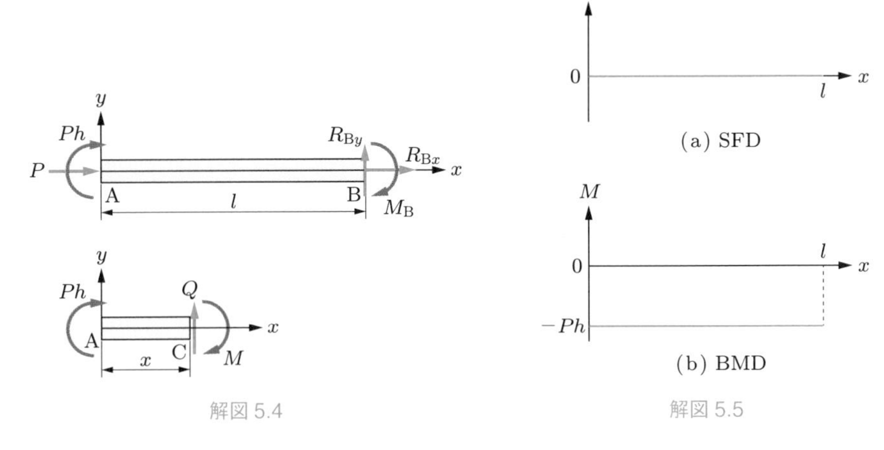

解図 5.4　　解図 5.5

となる．一方，はりの許容応力 σ_a は

$$\sigma_a = \frac{\sigma_B}{S} = \frac{400}{8} = 50\,\mathrm{MPa}$$

となる．したがって，式 (2.18) より安全に使用することのできる直径 d は

$$\frac{16 f_0 l^2}{\pi d^3} \leq \sigma_a \text{ から，} d \geq \sqrt[3]{\frac{16 f_0 l^2}{\pi \sigma_a}} = \sqrt[3]{\frac{16 \times 2 \times 10^6}{\pi \times 50}} \simeq 58.84\,\mathrm{mm}$$

となり，切り上げて 58.9 mm となる

第 6 章

6-1　自由端を原点とした場合，自由端のたわみ角を求める式は，式 (6.16) に $x = 0$ を代入することで，

$$\theta(x)|_{x=0} = \left.\frac{dv(x)}{dx}\right|_{x=0} = -\frac{f_0}{6EI}(0^3 - l^3) = \frac{f_0 l^3}{6EI}$$

となる．したがって，たわみ角は，

$$\theta(x)|_{x=0} = \frac{f_0 l^3}{6EI} = \frac{0.005 \times 2000^3}{6 \times 70 \times 10^3 \times \dfrac{20 \times 10^3}{12}} \simeq 5.71 \times 10^{-2}\,\mathrm{rad}$$

と求められる．また，自由端でのたわみは式 (6.18) から，以下のように求められる．

$$v(x)|_{x=0} = -\frac{f_0 l^4}{8EI} = -\frac{0.005 \times 2000^4}{8 \times 70 \times 10^3 \times \dfrac{20 \times 10^3}{12}} \simeq -85.7\,\mathrm{mm}$$

6-2　自由端を原点とした場合，自由端のたわみ角 θ を求める式は，式 (6.25) に $x=0$ を代入することで，

$$\theta(x)|_{x=0} = \left.\frac{dv(x)}{dx}\right|_{x=0} = -\frac{P}{2EI}(0^2 - l^2) = \frac{Pl^2}{2EI}$$

となる．したがって，たわみ角は，

$$\theta(x)|_{x=0} = \frac{Pl^2}{2EI} = \frac{500 \times 1000^2}{2 \times 206 \times 10^3 \times \dfrac{\pi \times 25^4}{64}} \simeq 6.33 \times 10^{-2}\,\mathrm{rad}$$

と求められる．また，自由端でのたわみは式 (6.27) から，以下のように求められる．

$$v(x)|_{x=0} = -\frac{Pl^3}{3EI} = -\frac{500 \times 1000^3}{3 \times 206 \times 10^3 \times \dfrac{\pi \times 25^4}{64}} \simeq -42.2\,\mathrm{mm}$$

6-3　三角形状分布荷重 $f(x)$ の傾きは f_0/l であるため，$f(x) = f_0 x/l$ となることに注意して，はじめに曲げモーメント M の式を求める．解図 6.1 のように，点 A（$x=0$）から x 離れた位置（点 C）で仮想的に切断し，切断面に内力であるせん断力 Q と曲げモーメント M が正の方向に作用していると仮定する．力つり合いと力のモーメントのつり合いが左図と等価な図は右図となるため，点 C における力のモーメントのつり合いから曲げモーメント M の式は，

$$M - \frac{f_0 x^2}{2l} \times \frac{x}{3} = 0 \quad \Rightarrow \quad M = \frac{f_0}{6l}x^3$$

と求められる．

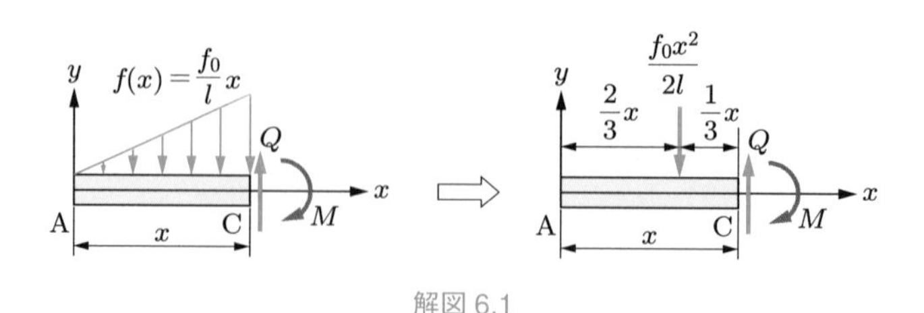

解図 6.1

曲げモーメント M の式をはりのたわみに関する基礎式 (6.7) に代入すると，

$$\frac{d^2v(x)}{dx^2} = -\frac{M}{EI} = -\frac{1}{EI}\frac{f_0}{6l}x^3$$

となる．したがって，この式の両辺を x で積分すると，

$$\theta(x)=\frac{dv(x)}{dx}=-\frac{1}{24EI}\frac{f_0}{l}x^4+C_1$$

となり，さらに両辺を x で積分すると，以下のようになる．

$$v(x)=-\frac{1}{120EI}\frac{f_0}{l}x^5+C_1x+C_2$$

つぎに，はりの支持条件（境界条件）を利用して積分定数 C_1 と C_2 を求める．固定支点のため，C_1 と C_2 を求める境界条件式は，

$$\theta(x)|_{x=l}=0,\quad v(x)|_{x=l}=0$$

となり，C_1 と C_2 は，

$$C_1=\frac{f_0l^3}{24EI},\quad C_2=-\frac{1}{30EI}f_0l^4$$

と求められる．よって，たわみ角とたわみの式は，

$$\theta(x)=\frac{dv(x)}{dx}=-\frac{1}{24EI}\frac{f_0}{l}x^4+\frac{1}{24EI}f_0l^3=-\frac{f_0}{24EI}\left(\frac{1}{l}x^4-l^3\right)$$

$$v(x)=-\frac{1}{120EI}\frac{f_0}{l}x^5+\frac{1}{24EI}f_0l^3x-\frac{1}{30EI}f_0l^4$$

となる．したがって，点 A（$x=0\,\mathrm{m}$）でのたわみ角 θ_A とたわみ v_A は以下のように求められる．

$$\theta_\mathrm{A}=\left.\frac{dv(x)}{dx}\right|_{x=0}=\frac{f_0l^3}{24EI}=\frac{10\times1000^3}{24\times206\times10^3\times\dfrac{25\times50^3}{12}}\simeq7.77\times10^{-3}\,\mathrm{rad}$$

$$v_A=v(x)|_{x=0}=-\frac{f_0l^4}{30EI}=-\frac{10\times1000^4}{30\times206\times10^3\times\dfrac{25\times50^3}{12}}\simeq-6.21\,\mathrm{mm}$$

6-4　等分布荷重を受ける単純支持はりでは，たわみ角は $x=0$ と $x=l$ で最大となるので，式 (6.39) と式 (6.40) から，

$$\theta_\mathrm{max}=\theta(x)|_{x=0}=-\frac{f_0l^3}{24EI}=-\frac{0.005\times2000^3}{24\times70\times10^3\times\dfrac{15\times20^3}{12}}\simeq-2.38\times10^{-3}\,\mathrm{rad}$$

$$\theta_\mathrm{max}=\theta(x)|_{x=l}=\frac{f_0l^3}{24EI}=\frac{0.005\times2000^3}{24\times70\times10^3\times\dfrac{15\times20^3}{12}}\simeq2.38\times10^{-3}\,\mathrm{rad}$$

となる．たわみの最大値ははりの中央部での値であり，式 (6.38) より以下のように求められる．

$$v_{\max} = v(x)|_{x=l/2} = -\frac{5f_0 l^4}{384EI} = -\frac{5 \times 0.05 \times 2000^4}{384 \times 70 \times 10^3 \times \dfrac{15 \times 20^3}{12}} \simeq -1.49\,\mathrm{mm}$$

6-5 両端でのたわみ角は，式 (6.62) と式 (6.64) に $l_1 = l_2 = l/2$ を代入すると，

$$\theta(x)|_{x=0} = -\frac{Pl^2}{16EI} = -\frac{5000 \times 1000^2}{16 \times 206 \times 10^3 \times \dfrac{\pi \times 50^4}{64}} \simeq -4.95 \times 10^{-3}\,\mathrm{rad}$$

$$\theta(x)|_{x=l} = \frac{Pl^2}{16EI} = \frac{5000 \times 1000^2}{16 \times 206 \times 10^3 \times \dfrac{\pi \times 50^4}{64}} \simeq 4.95 \times 10^{-3}\,\mathrm{rad}$$

となる．荷重点である中央（$x = l/2$）のたわみは，式 (6.68) に $l_1 = l_2 = l/2$ を代入すると，以下のように求められる．

$$v(x)|_{x=l/2} = -\frac{P \times \left(\dfrac{l}{2}\right)^2 \times \left(\dfrac{l}{2}\right)^2}{3EIl} = -\frac{Pl^3}{48EI}$$

$$= -\frac{5000 \times 1000^3}{48 \times 206 \times 10^3 \times \dfrac{\pi \times 50^4}{64}} \simeq -1.65\,\mathrm{mm}$$

6-6 解図 6.2 の点 C に集中荷重を受ける長さ $b = 1\,\mathrm{m}$ の片持ちはりのたわみ角 θ_{C} とたわみ v_{C} は，式 (6.25) と式 (6.27) より，

$$\theta_{\mathrm{C}} = -\frac{Pl_2^2}{2EI} = -\frac{5 \times 1000^2}{2 \times 206 \times 10^3 \times \dfrac{10 \times 20^3}{12}} = 1.820 \times 10^{-3}\,\mathrm{rad}$$

$$v_{\mathrm{C}} = -\frac{Pl_2^3}{3EI} = -\frac{5 \times 1000^3}{3 \times 206 \times 10^3 \times \dfrac{10 \times 20^3}{12}} \simeq -1.214\,\mathrm{mm}$$

となる．したがって，点 A でのたわみは以下のように求められる．

$$v_{\mathrm{A}} = v_{\mathrm{C}} + l_1 \times \theta_{\mathrm{C}} \simeq -1.214 + 2000 \times 1.820 \times 10^{-3} \simeq -4.85\,\mathrm{mm}$$

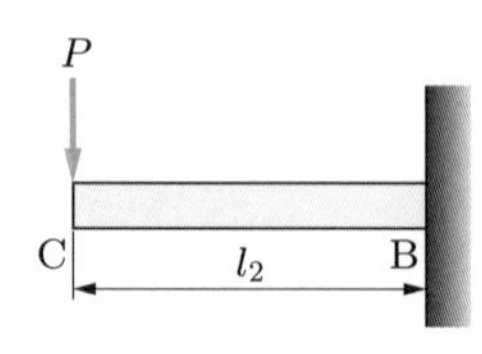

解図 6.2

6-7　点Aの支点反力 R_{A} は，式 (6.76) より，

$$R_{\mathrm{A}}=\frac{3}{8}f_0 l=\frac{3}{8}\times 0.5\times 2000=375\,\mathrm{N}$$

となる．点Bの支点反力 R_{B} と反モーメント反力 M_{B} は，式 (6.79) より，

$$R_{\mathrm{B}}=\frac{5}{8}f_0 l=\frac{5}{8}\times 0.5\times 2000=625\,\mathrm{N}$$
$$M_{\mathrm{B}}=\frac{1}{8}f_0 l^2=\frac{1}{8}\times 0.5\times 2000^2=250\,\mathrm{kN\cdot m}$$

となる．また，中央（$x=1\,\mathrm{m}$）でのたわみ角とたわみは，式 (6.77) と式 (6.76) より以下のように求められる．

$$\begin{aligned}\theta(x)|_{x=l/2}&=-\frac{f_0}{EI}\left\{\frac{1}{6}\times\left(\frac{l}{2}\right)^3-\frac{3}{16}l\times\left(\frac{l}{2}\right)^2+\frac{1}{48}l^3\right\}\\&=-\frac{0.5}{206\times 10^3\times\dfrac{15\times 20^3}{12}}\\&\quad\times\left\{\frac{1}{6}\times\left(\frac{2000}{2}\right)^3-\frac{3}{16}\times 2000\times\left(\frac{2000}{2}\right)^2+\frac{1}{48}\times 2000^3\right\}\\&\simeq 1.01\times 10^{-2}\mathrm{rad}\\v(x)|_{x=l/2}&=-\frac{f_0}{EI}\left\{\frac{1}{24}\times\left(\frac{l}{2}\right)^4-\frac{1}{16}l\times\left(\frac{l}{2}\right)^3+\frac{1}{48}l^3\times\frac{l}{2}\right\}\\&=-\frac{0.5}{206\times 10^3\times\dfrac{15\times 20^3}{12}}\\&\quad\times\left\{\frac{1}{24}\times\left(\frac{2000}{2}\right)^4-\frac{1}{16}\times 2000\times\left(\frac{2000}{2}\right)^3+\frac{1}{48}\times 2000^3\times\frac{2000}{2}\right\}\\&\simeq -20.2\,\mathrm{mm}\end{aligned}$$

6-8　先端（$x=0$）に集中荷重 P を受ける片持ちはりの任意の位置 x での曲げモーメントは，式 (6.19) より $M=Px$ となる．断面の高さを $h(x)$，幅を b_0 とすると，断面二次モーメント I は $I=b_0 h(x)^3/12$ となる．したがって，先端から x 離れた位置に生じる最大曲げ応力 σ は，

$$\sigma=\frac{M}{I}y=\frac{Px}{b_0 h(x)^3/12}\times\left(\pm\frac{h(x)}{2}\right)=\pm\frac{6Px}{b_0 h(x)^3}$$

となる．一方，固定端（$x=l$）におけるはりの断面の幅を $h=h_l$ とすると，固定端での最大曲げ応力 σ_l は，

$$\sigma_l = \frac{M}{I}y = \frac{Pl}{b_0 h_l^3/12} \times \left(\pm\frac{h_l}{2}\right) = \pm\frac{6Pl}{b_0 h_l^2}$$

となる．平等強さのはりとなるためには，最大曲げ応力がすべての場所で同じになればよいので，上の 2 式を等置すると，

$$\sigma = \sigma_l \quad \Rightarrow \quad \pm\frac{6Px}{b_0 h(x)^2} = \pm\frac{6Pl}{b_0 h_l^2}$$

となる．したがって，平等強さのはりとなる幅 $h(x)$ の式は以下のように求められる．

$$h(x) = h_l\sqrt{\frac{x}{l}}$$

6-9 先端（$x = 0$）に集中荷重 P を受ける片持ちはりの任意の位置 x での曲げモーメントは，式 (6.19) より $M = Px$ となる．断面の直径を $d(x)$ とすると，断面二次モーメント I は，$I = \pi d(x)^4/64$ となる．したがって，先端から x 離れた位置に生じる最大曲げ応力 σ は，

$$\sigma = \frac{M}{I}y = \frac{Px}{\pi d(x)^4/64} \times \frac{d(x)}{2} = \frac{32Px}{\pi d(x)^3}$$

となる．一方，固定端（$x = l$）におけるはりの直径を $d = d_l$ とすると，固定端での最大曲げ応力 σ_l は，

$$\sigma_l = \frac{M}{I}y = \frac{Pl}{\pi d_l^4/64} \times \frac{d_l}{2} = \frac{32Pl}{\pi d_l^3}$$

となる．平等強さのはりとなるためには，最大曲げ応力がすべての場所で同じになればよいので，上の 2 式を等置すると，

$$\sigma = \sigma_l \quad \Rightarrow \quad \frac{32Px}{\pi d(x)^3} = \frac{32Pl}{\pi d_l^3}$$

となる．したがって，平等強さのはりとなるための直径 $d(x)$ の式はつぎのようになる．

$$d(x) = \left(\frac{x}{l}\right)^{1/3} d_l$$

▶第 7 章

7-1 解図 7.1 (a) に示すような，外径 d で肉厚 t の中空円筒の断面二次モーメント I は

$$I = \frac{\pi\{d^4 - (d - 2t)^4\}}{64}$$

である．また，座屈荷重 P_{cr} は，

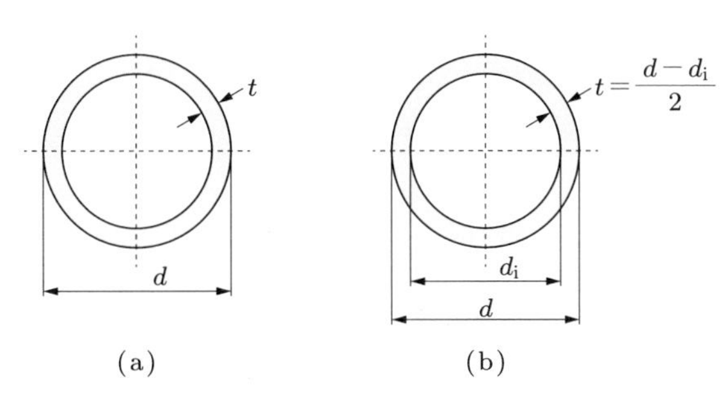

解図 7.1

$$P_{cr} = C\frac{\pi^2 EI}{l^2} = C\frac{\pi^2 E}{l^2}\left[\frac{\pi\{d^4 - (d-2t)^4\}}{64}\right]$$

となるので，肉厚 t を未知数として求めると式が複雑になる．

そこで，内径 d_i を求める問題に変更して，解図 7.1 (b) の関係に注意して，式を立てる．直径 d で内径 d_i の中空円筒の断面二次モーメント I は，

$$I = \frac{\pi(d^4 - d_i^4)}{64}$$

である．また，座屈荷重 P_{cr} は，

$$P_{cr} = C\frac{\pi^2 EI}{l^2} = C\frac{\pi^2 E}{l^2}\left\{\frac{\pi(d^4 - d_i^4)}{64}\right\}$$

となり，内径 d_i を未知数としたことで式が簡単になった．

したがって，

$$P \times S = P_{cr} = C\frac{\pi^2 E}{l^2}\left\{\frac{\pi(d^4 - d_i^4)}{64}\right\} \quad \Rightarrow \quad d_i = \sqrt[4]{d^4 - \frac{64l^2 SP}{C\pi^3 E}}$$

が成立する．よって，座屈しない板厚は安全率 $S = 4$ に注意して，

$$d_i = \sqrt[4]{d^4 - \frac{64l^2 SP}{C\pi^3 E}} = \sqrt[4]{0.35^4 - \frac{4 \times 64 \times (6.0)^2 \times 4 \times 6 \times 10^5}{(3.142)^3 \times 206 \times 10^9}} \simeq 0.3277\,\mathrm{m}$$

となる．したがって

$$t = \frac{d - d_i}{2} = \frac{0.35 - 0.3277}{2} = 0.01115\,\mathrm{m}$$

となり，$t = 11.2\,\mathrm{mm}$ と求められる．

7-2　断面二次モーメント I は，

$$I = \frac{\pi}{64}(d_2^4 - d_1^4) = \frac{\pi}{64}\{d_2^4 - (0.7d_2)^4\} = \frac{\pi}{64}(0.76d_2^4)$$

であるので，オイラーの座屈荷重は，

$$P_{\mathrm{cr}} = C\frac{\pi^2 EI}{l^2} = \frac{1}{4}\frac{\pi^2 \times 206 \times 10^9}{4^2}\frac{\pi}{64}(0.76d_2^4) = \frac{\pi^3 \times 206 \times 10^9(0.76d_2^4)}{4096}$$

となる．この座屈荷重 P_{cr} と，最大荷重 $P_{\mathrm{max}} = 200\mathrm{kN}$ で安全率 4 としたときの荷重が等しいとおくと，

$$\frac{\pi^3 \times 206 \times 10^9(0.76d_2^4)}{4096} = 4 \times 200 \times 10^3$$

から

$$d_2 = \sqrt[4]{\frac{4096 \times 4 \times 200 \times 10^3}{\pi^3 \times 206 \times 10^9 \times 0.76}} \simeq 0.1612\,\mathrm{m}$$

となり，柱が座屈しないための外径寸法 d_2 は 162 mm と求められる．

7-3 両端固定支持なので，係数 C は 4 になり，座屈応力は，

$$\begin{aligned}\sigma_{\mathrm{cr}} &= \frac{P_{\mathrm{cr}}}{A} = C\frac{\pi^2 EI}{l^2 A} = C\frac{\pi^2 E}{l^2}\cdot\frac{bh^3}{12}\cdot\frac{1}{bh} = C\frac{\pi^2 Eh^2}{12l^2}\\ &= \frac{4 \times \pi^2 \times 206 \times 10^9 \times (25 \times 10^{-3})^2}{12 \times 3.5^2} = 34.59 \times 10^6 \simeq 34.59\,\mathrm{MPa}\end{aligned}$$

となる．この座屈応力と熱応力を等置して，

$$\sigma_{\mathrm{t}} = -\alpha E\Delta T = \sigma_{\mathrm{cr}} = 34.59\,\mathrm{MPa}$$

となり，

$$\Delta T = -\frac{\sigma_{\mathrm{t}}}{\alpha E} = -\frac{34.59 \times 10^6}{1.2 \times 10^{-5} \times 206 \times 10^9} \simeq 13.99\,\mathrm{K}$$

となる．よって，温度変化 ΔT は 14.0 K と求められる．

7-4 オイラーの座屈式を次式のように変形する．

$$\sigma_{\mathrm{cr}} = \frac{P_{\mathrm{cr}}}{A} = C\frac{\pi^2 EI}{Al^2} \quad\Rightarrow\quad l = \sqrt{\frac{C\pi^2 EI}{\sigma_{\mathrm{cr}} A}}$$

この式に，

$$\begin{aligned}&E = 206 \times 10^9\,\mathrm{N/m^2}, \quad \sigma_{\mathrm{cY}} = 235 \times 10^6\,\mathrm{N/m^2}\\ &I = \frac{\pi d^4}{64} = 2.011 \times 10^{-6}\,\mathrm{m^4}, \quad A = \frac{\pi d^2}{4} = 5.027 \times 10^{-3}\,\mathrm{m^2}\end{aligned}$$

を代入して，それぞれの境界条件における柱の長さを求めると，(1)〜(4) の場合ではそれぞれ以下のようになる．

(1) 一端固定，他端自由

$$l=\sqrt{\frac{(1/4)\times\pi^2\times206\times10^9\times2.011\times10^{-6}}{235\times10^6\times5.027\times10^{-3}}}=\sqrt{\left(\frac{1}{4}\right)\times\pi^2\times0.3506}\simeq0.9300\,\mathrm{m}$$

よって，柱の長さ l は 0.930 m である．

(2) 両端回転支持（両端単純支持）

$$l\geq\sqrt{1\times\pi^2\times0.3506}\simeq1.860\,\mathrm{m}$$

よって，柱の長さ l は 1.86 m である．

(3) 一端固定，他端回転支持

$$l\geq\sqrt{2\times\pi^2\times0.3506}\simeq2.631\,\mathrm{m}$$

よって，柱の長さ l は 2.63 m である．

(4) 両端固定

$$l\geq\sqrt{4\times\pi^2\times0.3506}\simeq3.721\,\mathrm{m}$$

よって，柱の長さ l は 3.72 m である．

第 8 章

8-1　この棒のひずみ ε は，

$$\varepsilon=\frac{\lambda}{l}=\frac{2.5}{3500}\simeq7.143\times10^{-4}$$

である．一方，引張・圧縮荷重が作用している 1 次元の弾性体のはりに蓄えられる弾性ひずみエネルギー U は，

$$U=\frac{P^2}{2EA}l=\frac{\sigma^2}{2E}Al=\frac{E\varepsilon^2}{2}Al$$

であるので，この棒に蓄えられる弾性ひずみエネルギー U は，以下のように求められる．

$$U=\frac{E\varepsilon^2}{2}Al=\frac{206\times10^9\times(7.143\times10^{-4})^2}{2}\times(0.08\times0.05)\times3.5\simeq736\,\mathrm{J}$$

8-2　両端支持はりの中央に質量 m の物体を静かに置いたときの中央部のたわみ δ_{st} は，

$$\delta_{\mathrm{st}}=\frac{P_{\mathrm{st}}l^3}{48EI}=\frac{mgl^3}{48EI}$$

である．つぎに，衝撃荷重 mg を受ける両端支持はりの中央のたわみ $\delta_{\max}$ は，たわみ δ_{st} を用いて次式で表される．

$$\delta = \frac{Pl^3}{48EI} = \frac{mg\left(1+\sqrt{1+\dfrac{96EIh}{mgl^3}}\right)}{48EI}l^3$$
$$= \frac{mgl^3}{48EI}\left\{1+\sqrt{1+2h\left(\frac{48EI}{mgl^3}\right)}\right\} = \delta_{\mathrm{st}}\left(1+\sqrt{1+\frac{2h}{\delta_{\mathrm{st}}}}\right)$$

したがって，物体を高さ $h = 50\,\mathrm{cm}$ から自由落下させたときのはりの中央部での最大たわみ $\delta_{\max}$ は，以下のように求められる．

$$\delta_{\max} = \delta_{\mathrm{st}}\left(1+\sqrt{1+\frac{2h}{\delta_{\mathrm{st}}}}\right) = 1.5\left(1+\sqrt{1+\frac{2\times 500}{1.5}}\right) \simeq 40.3\,\mathrm{mm}$$

8-3 この丸棒の下端におもりを静かに置いたときの丸棒に生じる応力 σ_{st} と伸び λ_{st} は，それぞれ次式で計算できる．

$$\sigma_{\mathrm{st}} = \frac{P}{A} = \frac{mg}{A} = \frac{50\times 9.81}{1.767\times 10^{-4}} \simeq 2.776\times 10^6\,\mathrm{Pa} = 2.776\,\mathrm{MPa}$$
$$\lambda_{\mathrm{st}} = \varepsilon l = \frac{\sigma l}{E} = \frac{2.776\times 10^6\times 0.8}{206\times 10^9} \simeq 1.078\times 10^{-5}$$

また，衝撃荷重による最大衝撃応力 $\sigma_{\max}$ を静的引張応力 σ_{st} を用いて表すと，つぎのようになる．

$$\sigma_{\max} = \sigma_{st} + \sqrt{\sigma_{st}^2 + 2h\sigma_{st}\frac{E}{l}}$$

したがって，棒に生じる最大衝撃応力 $\sigma_{\max}$ は，与えられた数値を代入して

$$\sigma_{\max} = 2.776\times 10^6 + \sqrt{(2.776\times 10^6)^2 + 2\times 0.5\times 2.776\times 10^6\times\frac{206\times 10^9}{l}}$$
$$\simeq 848.2\,\mathrm{MPa}$$

となる．また，衝撃荷重による棒の伸び $\lambda_{\max}$ はつぎのように求められる．

$$\lambda_{\max} = \varepsilon l = \frac{\sigma_{\max} l}{E} = \frac{848.2\times 10^6\times 0.8}{206\times 10^9} \simeq 3.294\times 10^{-3}$$

したがって，棒の伸びは静的荷重の場合と比較すると，

$$\frac{\lambda_{\max}}{\lambda_{\mathrm{st}}} \simeq 305.6$$

となり，約 306 倍であることがわかる．

8-4 この片持はりに質量 m のおもりが衝突したことにより，はりが δ たわんだとすると，おもりのなす仕事 W は，つぎのようになる．

$$W = mg(h + \delta)$$

ここで，片持ちはりの先端部のたわみ δ は，静的荷重の場合と同様に次式となる．

$$\delta = \frac{Pl^3}{3EI}$$

したがって，おもりのなす仕事 W は，次式となる．

$$W = mg(h + \delta) = mg\left(h + \frac{Pl^3}{3EI}\right)$$

一方，このはりに蓄えられるひずみエネルギー U は，

$$U = \int_0^l \frac{M^2}{2EI}dx = \frac{P^2}{2EI}\int_0^{l/2}(l - x)^2 dx = \frac{P^2 l^3}{6EI}$$

である．はりに蓄えられるひずみエネルギー U は，おもりが高さ $h + \delta$ から落下したことによる位置エネルギー W から与えられたと考えられるから，上式を等置して，

$$W = U \quad \Rightarrow \quad mg\left(h + \frac{Pl^3}{3EI}\right) = \frac{P^2 l}{6EI} \quad \Rightarrow \quad 6EImgh + 2mgl^3 P - lP^2 = 0$$

となる．したがって，P に関する二次方程式

$$\frac{l^3}{6}P^2 - \frac{mgl^3}{3}P - EImgh = 0$$

を解けば，衝撃荷重は次式となる．

$$P = \frac{\dfrac{mgl^3}{3} + \sqrt{\dfrac{m^2g^2l^6}{9} + 4\dfrac{l^3}{6}EImgh}}{l^3/3} = mg + \sqrt{m^2g^2 + 6EI\frac{mgh}{l^3}}$$

$$= mg + mg\sqrt{1 + \frac{6EIh}{mgl^3}} = mg\left(1 + \sqrt{1 + \frac{6EIh}{mgl^3}}\right)$$

この P を，先端に荷重を受ける片持ちはりの先端のたわみの式に代入すると，

$$\delta_{\max} = \frac{Pl^3}{3EI} = \frac{mg\left(1 + \sqrt{1 + \dfrac{6EIh}{mgl^3}}\right)}{3EI}l^3$$

$$= \frac{mgl^3}{3EI}\left\{1 + \sqrt{1 + 2h\left(\frac{3EI}{mgl^3}\right)}\right\} = \delta_{\mathrm{st}}\left(1 + \sqrt{1 + \frac{2h}{\delta_{\mathrm{st}}}}\right)$$

となる．ここで，δ_{st} は先端に静的荷重 mg を受ける片持ちはりの先端のたわみで，次式である．

$$\delta_{\mathrm{st}} = \frac{P_{\mathrm{st}} l^3}{3EI} = \frac{mgl^3}{3EI}$$

したがって，先端に衝撃荷重を受ける片持ちはりのたわみ δ_{max} は，与えられた数値を代入して，以下のように求められる．

$$\delta_{\mathrm{st}} = \frac{P_{\mathrm{st}} l^3}{3EI} = \frac{mgl^3}{3EI} \simeq 7.18\,\mathrm{mm}$$

$$\delta_{\mathrm{max}} = \delta_{\mathrm{st}} \left(1 + \sqrt{1 + \frac{2h}{\delta_{st}}} \right) \simeq 73.2\,\mathrm{mm}$$

8-5 このはりのつり合い条件 $R_A + R_B - f_0 l = 0$ により，次式が成立する．

$$R_A + R_B = f_0 l$$

支点 A からの距離を x とすると，任意の断面の曲げモーメント M は

$$M + R_A x - \frac{f_0 x^2}{2} = 0 \text{ から，} M = \frac{f_0}{2} x^2 - R_A x = \frac{f_0}{2} x^2 - \frac{f_0 l}{2} x$$

となる．よって，はり全体の曲げによるひずみエネルギー U は，積分を用いて次式により求められる．

$$U = \int_0^l \frac{M^2}{2EI} dx = \int_0^l \frac{(\frac{f_0}{2} x^2 - R_A x)^2}{2EI} dx$$

支点 A におけるたわみ δ_{A} が 0 なので，カスティリアノの定理よりつぎの関係式が得られる．

$$\delta_{\mathrm{A}} = \frac{\partial U}{\partial R_{\mathrm{A}}} = 0$$

したがって，δ_{A} は以下のように求められる．

$$\begin{aligned}
\delta_{\mathrm{A}} &= \frac{\partial U}{\partial R_{\mathrm{A}}} = \frac{\partial U}{\partial M} \frac{\partial M}{\partial R_{\mathrm{A}}} = \frac{1}{EI} \int_0^l M \frac{\partial M}{\partial R_{\mathrm{A}}} dx = \frac{1}{EI} \int_0^l M \cdot (-x) dx \\
&= \frac{1}{EI} \int_0^l \left(\frac{f_0}{2} x^2 - R_{\mathrm{A}} x \right) \cdot (-x) dx = \frac{1}{EI} \int_0^l \left(-\frac{f_0}{2} x^3 + R_{\mathrm{A}} x^2 \right) dx \\
&= \frac{1}{EI} \left[-\frac{f_0 x^4}{8} + \frac{R_{\mathrm{A}}}{3} x^3 \right]_0^l = \frac{1}{EI} \left(-\frac{f_0 l^4}{8} + \frac{R_{\mathrm{A}}}{3} l^3 \right) = 0
\end{aligned}$$

これより，R_{A} を求めると，

$$R_{\mathrm{A}} = \frac{3}{8} f_0 l$$

となる．よって，R_{B}，M_{B} は以下のように求められる．

$$R_B = \frac{5}{8}f_0 l, \quad M_B = \frac{1}{2}f_0 l^2 - \frac{3}{8}f_0 l^2 = \frac{1}{8}f_0 l^2$$

▶第9章

9-1　最大主ひずみ ε_1，最大せん断ひずみ γ_1 および最大主ひずみの方向 θ は，それぞれ次式で計算できる．

$$\begin{aligned}
\varepsilon_1, \varepsilon_2 &= \frac{\varepsilon_x + \varepsilon_y}{2} \pm \sqrt{\left(\frac{\varepsilon_x - \varepsilon_y}{2}\right)^2 + \left(\frac{\gamma_{xy}}{2}\right)^2} \\
&= \frac{0.3 - 0.04}{2} \pm \sqrt{\left(\frac{0.3 + 0.04}{2}\right)^2 + \left(\frac{0.6}{2}\right)^2} \simeq 0.475\%, -0.215\% \\
\gamma_1, \gamma_2 &= \pm(\varepsilon_1 - \varepsilon_2) = \pm(0.475 + 0.215) \simeq \pm 0.690\% \\
\varphi &= \frac{1}{2}\tan^{-1}\left(\frac{\gamma_{xy}}{\varepsilon_x - \varepsilon_y}\right) = \frac{1}{2}\tan^{-1}\left(\frac{0.6}{0.3 + 0.04}\right) \simeq 30.2^\circ, -59.8^\circ
\end{aligned}$$

また，x 軸から反時計回りに $\theta = 25^\circ$ 回転した方向の垂直ひずみ ε_n およびせん断ひずみ γ_n の値は，次式で計算できる．

$$\begin{aligned}
\varepsilon_n &= \frac{1}{2}(\varepsilon_x + \varepsilon_y) + \frac{1}{2}(\varepsilon_x - \varepsilon_y)\cos 2\theta + \frac{1}{2}\gamma_{xy}\sin 2\theta \\
&= \frac{1}{2}(0.3 + 0.04) + \frac{1}{2}(0.3 - 0.04) \times \cos 50^\circ + \frac{1}{2} \times 0.6 \times \sin 50^\circ \simeq 0.469\% \\
\gamma_n &= (\varepsilon_y - \varepsilon_x)\sin 2\theta + \gamma_{xy}\cos 2\theta \\
&= (-0.04 - 0.3) \times \sin 50^\circ + 0.6 \times \cos 50^\circ \simeq 0.125\%
\end{aligned}$$

9-2　(1) 主応力，最大せん断応力，主応力面の方向は次式で計算できる．

$$\begin{aligned}
\sigma_1 &= \frac{1}{2}\left\{(\sigma_x + \sigma_y) + \sqrt{(\sigma_x - \sigma_y)^2 + 4\tau_{xy}^2}\right\} \\
\sigma_2 &= \frac{1}{2}\left\{(\sigma_x + \sigma_y) - \sqrt{(\sigma_x - \sigma_y)^2 + 4\tau_{xy}^2}\right\} \\
\tau_{\max} &= \frac{1}{2}\sqrt{(\sigma_x - \sigma_y)^2 + 4\tau_{xy}^2} \\
\tan 2\theta_0 &= \frac{2\tau_{xy}}{\sigma_x - \sigma_y} \quad \Rightarrow \quad \theta_0 = \tan^{-1}\left(\frac{2\tau_{xy}}{\sigma_x - \sigma_y}\right)
\end{aligned}$$

この式に $\sigma_x = 120\,\mathrm{MPa}$，$\sigma_y = -80\,\mathrm{MPa}$，$\tau_{xy} = 80\,\mathrm{MPa}$ を代入して計算すれば，つぎのようになる．

$$\sigma_1 \simeq 148\,\mathrm{MPa}, \quad \sigma_2 \simeq -108\,\mathrm{MPa}, \quad \tau_{\max} \simeq 128\,\mathrm{MPa}, \quad \theta_0 \simeq 19.3^\circ$$

(2) x-y 座標系から θ 傾いた x'-y' 座標系での応力状態（$\sigma_{x'}$，$\sigma_{y'}$，$\tau_{x'y'}$）は，次式で計算できる．

$$\sigma_{x'} = \frac{1}{2}(\sigma_x + \sigma_y) + \frac{1}{2}(\sigma_x - \sigma_y)\cos 2\theta + \tau_{xy}\sin 2\theta$$
$$\sigma_{y'} = \frac{1}{2}(\sigma_x + \sigma_y) - \frac{1}{2}(\sigma_x - \sigma_y)\cos 2\theta - \tau_{xy}\sin 2\theta$$
$$\tau_{x'y'} = \frac{1}{2}(\sigma_y - \sigma_x)\sin 2\theta + \tau_{xy}\cos 2\theta$$

この式に $\sigma_x = 120\,\mathrm{MPa}$, $\sigma_y = -80\,\mathrm{MPa}$, $\tau_{xy} = 80\,\mathrm{MPa}$, $\theta = 30^\circ$ を代入して計算すれば，つぎのように求められる.

$$\sigma_{x'} \simeq 139\,\mathrm{MPa}, \quad \sigma_{y'} \simeq -99.3\,\mathrm{MPa}, \quad \tau_{xy} \simeq -46.6\,\mathrm{MPa}$$

(3) x-y 座標系から θ 傾いた x'-y' 座標系での応力状態（$\sigma_{x'}$，$\sigma_{y'}$，$\tau_{x'y'}$）は解図 9.1 のようになる．これらの最大値が発生している角度 θ とそのときの最大値の値に注目する．(2) で計算された主応力 σ_1，σ_2 および最大せん断応力 $\tau_{\max}$ の値やそのときの主応力面の方向 θ をこのグラフで確認すると，グラフの最大値と一致していることがわかる．さらに，最大せん断応力 $\tau_{\max}$ が発生する角度では垂直応力 $\sigma_{x'}$，$\sigma_{y'}$ の値が同じになり，主応力面の方向 θ と $\pi/4$ 位相がずれていることも確認できる.

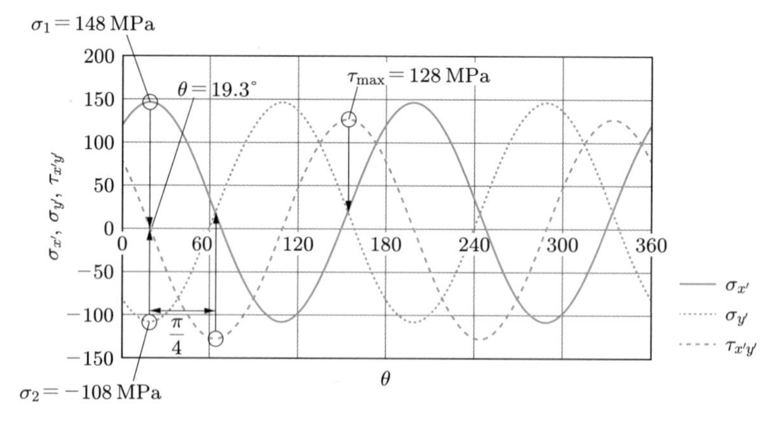

解図 9.1　θ 傾いた x'-y' 座標系での応力状態

9-3　正方形の薄い平板に生じるひずみは，それぞれ次式で計算できる.

$$\varepsilon_x = \frac{50.05 - 50.00}{50.00} = 1.0 \times 10^{-3}, \quad \varepsilon_y = \frac{49.98 - 50.00}{50.00} = -4.0 \times 10^{-4}, \quad \gamma_{xy} = 0$$

したがって，正方形の薄い平板に生じる応力 σ_x，σ_y，τ_{xy} は

$$\sigma_x = \frac{E}{1 - \nu^2}(\varepsilon_x + \nu\varepsilon_y) = \frac{206 \times 10^9}{1 - 0.34^2}(1.0 \times 10^{-3} - 0.3 \times 4.0 \times 10^{-4})$$
$$\simeq 2.012 \times 10^8\,\mathrm{Pa} \simeq 201\,\mathrm{MPa}$$

$$
\begin{aligned}
\sigma_y &= \frac{E}{1-\nu^2}(\varepsilon_y + \nu\varepsilon_x) = \frac{206\times 10^9}{1-0.34^2}(-4.0\times 10^{-4} + 0.3\times 1.0\times 10^{-3}) \\
&\simeq -1.398\times 10^7\,\mathrm{Pa} \simeq -14.0\,\mathrm{MPa} \\
\tau_{xy} &= 0\,\mathrm{MPa}
\end{aligned}
$$

となる.

9-4 薄い平板に作用する垂直応力 σ_x, σ_y は，それぞれ次式で計算できる.

$$
\sigma_x = \frac{E}{1-\nu^2}(\varepsilon_x+\nu\varepsilon_y) = \frac{206\times 10^9}{1-0.34^2}(6.0\times 10^{-4}+0.34\times 2.5\times 10^{-4}) \simeq 160\,\mathrm{MPa}
$$

$$
\sigma_y = \frac{E}{1-\nu^2}(\varepsilon_y+\nu\varepsilon_x) = \frac{206\times 10^9}{1-0.34^2}(2.5\times 10^{-4}+0.34\times 6.0\times 10^{-4}) \simeq 106\,\mathrm{MPa}
$$

つぎに，τ_{xy} を求めるために γ_{xy} を求める必要がある．このため，ε_x, ε_y, ε_{45° を用いて，ひずみの座標変換式

$$
\varepsilon_\theta = \varepsilon_x \cos^2\theta + \varepsilon_y \sin^2\theta + \gamma_{xy}\sin\theta\cos\theta
$$

を $\theta = 45^\circ$ の場合に変形して，γ_{xy} をつぎのように求める.

$$
\begin{aligned}
\gamma_{xy} &= \frac{\varepsilon_{45^\circ} - \varepsilon_x\cos^2 45^\circ - \varepsilon_y \sin^2 45^\circ}{\sin 45^\circ \cos 45^\circ} \\
&= \frac{8.2\times 10^{-4} - 6.0\times 10^{-4}\times 0.5 - 2.5\times 10^{-4}\times 0.5}{0.5} = 7.9\times 10^{-4}
\end{aligned}
$$

つぎに，γ_{xy} とせん断弾性係数 G を用いて，板に生じているせん断応力 τ_{xy} は次式で計算できる.

$$
\begin{aligned}
G &= \frac{E}{2(1+\nu)} \simeq 76.87 \\
\tau_{xy} &= G\cdot\gamma_{xy} = 76.87\times 10^9\times 7.9\times 10^{-4} \simeq 6.072\times 10^7\,\mathrm{Pa} \simeq 60.7\,\mathrm{MPa}
\end{aligned}
$$

以上より，板に生じている応力は，$\sigma_x = 160\,\mathrm{MPa}$, $\sigma_y = 106\,\mathrm{MPa}$, $\tau_{xy} = 60.7\,\mathrm{MPa}$ である.

9-5 薄い長方形板に作用する主ひずみ，主応力の大きさと方向および最大せん断応力はそれぞれ，つぎのように計算できる.

最大主ひずみ

$$
\begin{aligned}
\varepsilon_{\max} &= \frac{1}{2}\left[\varepsilon_a + \varepsilon_c + \sqrt{2\left\{(\varepsilon_a - \varepsilon_b)^2 + (\varepsilon_b - \varepsilon_c)^2\right\}}\,\right] \\
&= \frac{1}{2}\Big[5.0\times 10^{-4} + 4.0\times 10^{-4} \\
&\qquad + \sqrt{2\{(5.0\times 10^{-4} - 3.0\times 10^{-4})^2 + (3.0\times 10^{-4} - 4.0\times 10^{-4})^2\}}\Big] \\
&\simeq 6.74\times 10^{-4}
\end{aligned}
$$

最小主ひずみ

$$\begin{aligned}\varepsilon_{\min} &= \frac{1}{2}\left[\varepsilon_a + \varepsilon_c - \sqrt{2\{(\varepsilon_a - \varepsilon_b)^2 + (\varepsilon_b - \varepsilon_c)^2\}}\,\right]\\ &= \frac{1}{2}\Big[5.0 \times 10^{-4} + 4.0 \times 10^{-4}\\ &\qquad - \sqrt{2\{(5.0 \times 10^{-4} - 3.0 \times 10^{-4})^2 + (3.0 \times 10^{-4} - 4.0 \times 10^{-4})^2\}}\Big]\\ &\simeq 2.92 \times 10^{-4}\end{aligned}$$

最大主応力

$$\begin{aligned}\sigma_{\max} &= \frac{E}{2(1-\nu^2)}\left\{(1+\nu)(\varepsilon_a + \varepsilon_c) + (1-\nu)\sqrt{2\{(\varepsilon_a - \varepsilon_b)^2 + (\varepsilon_b - \varepsilon_c)^2\}}\right\}\\ &\simeq 165\,\mathrm{MPa}\end{aligned}$$

最小主応力

$$\begin{aligned}\sigma_{\min} &= \frac{E}{2(1-\nu^2)}\left\{(1+\nu)(\varepsilon_a + \varepsilon_c) - (1-\nu)\sqrt{2\{(\varepsilon_a - \varepsilon_b)^2 + (\varepsilon_b - \varepsilon_c)^2\}}\right\}\\ &\simeq 116\,\mathrm{MPa}\end{aligned}$$

主ひずみ（主応力）の ε_a 軸からの角度

$$\begin{aligned}\theta &= \frac{1}{2}\tan^{-1}\left(\frac{2\varepsilon_b - \varepsilon_a - \varepsilon_c}{\varepsilon_a - \varepsilon_c}\right)\\ &= \frac{1}{2}\tan^{-1}\left(\frac{6.0 \times 10^{-4} - 5.0 \times 10^{-4} - 4.0 \times 10^{-4}}{5.0 \times 10^{-4} - 4.0 \times 10^{-4}}\right) \simeq -35.8^\circ\end{aligned}$$

最大せん断応力

$$\tau_{\max} = \frac{E}{2(1+\nu)}\sqrt{2\{(\varepsilon_a - \varepsilon_b)^2 + (\varepsilon_b - \varepsilon_c)^2\}} \simeq 24.3\,\mathrm{MPa}$$

9-6 平面応力状態のフックの法則から

$$\begin{aligned}\sigma_x &= \frac{E(\varepsilon_x + \nu\varepsilon_y)}{1-\nu^2} = \frac{206 \times 10^9(0.00105 + 0.34 \times 0.00042)}{1 - 0.34^2}\\ &\simeq 2.778 \times 10^8\,\mathrm{Pa} \simeq 278\,\mathrm{MPa}\\ \sigma_y &= \frac{E(\varepsilon_y + \nu\varepsilon_x)}{1-\nu^2} = \frac{206 \times 10^9(0.00042 + 0.34 \times 0.00105)}{1 - 0.34^2}\\ &\simeq 1.809 \times 10^8\,\mathrm{Pa} \simeq 181\,\mathrm{MPa}\end{aligned}$$

と求められる．

9-7 この問題では，O-xy 座標系ではせん断応力 τ_{xy} は作用していないが，$\theta = 45^\circ$ 傾いた座標系では最大のせん断応力が発生することを思い出してほしい．45° 傾いた斜面上に生じ

るせん断応力 τ_n は,

$$\begin{aligned}\tau_n &= (\sigma_y - \sigma_x)\sin\theta\cos\theta - \tau_{xy}(\sin^2\theta - \cos^2\theta)\\ &= (-\sigma_0 - \sigma_0)\frac{1}{\sqrt{2}} \times \frac{1}{\sqrt{2}} - 0 \times \left(\frac{1}{2} - \frac{1}{2}\right) = -\sigma_0\end{aligned}$$

となり，垂直応力 σ_0 と同じ大きさのせん断応力が発生していることになる．

参考までに，このときの $\theta = 45°$ 傾いた座標系では，垂直応力成分は次式のようにゼロとなる．

$$\begin{aligned}\sigma_n &= \sigma_x\cos^2 45° + \sigma_y\sin^2 45° + 2\tau_{xy}\sin 45°\cos 45°\\ &= \sigma_0\cos^2 45° - \sigma_0\sin^2 45° + 2\times 0\times\sin 45°\cos 45° = \frac{\sigma_0}{2} - \frac{\sigma_0}{2} = 0\end{aligned}$$

この応力状態は，解図 9.2 に示すように，垂直応力 $\sigma_n = 0$ でせん断応力 $\tau_n = \sigma_0$ の純せん断の状態であり，純粋せん断変形となる．

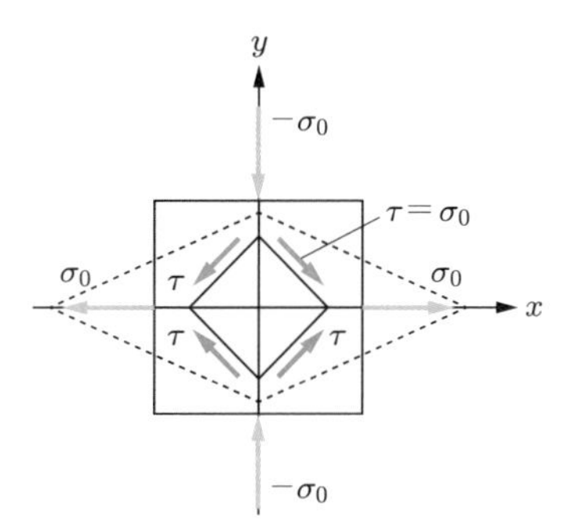

解図 9.2

9-8　式 (9.48) を変形して,

$$E\varepsilon_x = \sigma_x - \nu(\sigma_y + \sigma_z) \tag{a}$$

$$E\varepsilon_y = \sigma_y - \nu(\sigma_z + \sigma_x) \tag{b}$$

$$E\varepsilon_z = \sigma_z - \nu(\sigma_x + \sigma_y) \tag{c}$$

となる．式 (a) + 式 (b) × ν より

$$E\varepsilon_x + \nu E\varepsilon_y = (1 - \nu^2)\sigma_x - (\nu + \nu^2)\sigma_z \tag{d}$$

式 (a) − 式 (c) より

$$E\varepsilon_x - E\varepsilon_z = (1 + \nu)\sigma_x - (1 + \nu)\sigma_z \tag{e}$$

式 (e) × $(1 - \nu)$ より

$$(1-\nu)E\varepsilon_x - (1-\nu)E\varepsilon_z = (1-\nu^2)\sigma_x - (1-\nu^2)\sigma_z \tag{f}$$

式 (d) − 式 (e) × $(1-\nu)$ より

$$\begin{aligned}
&E\varepsilon_x + E\nu\varepsilon_y - (1-\nu)E\varepsilon_x + (1-\nu)E\varepsilon_z \\
&\quad = (1-\nu^2)\sigma_x - (\nu+\nu^2)\sigma_z - (1-\nu^2)\sigma_x + (1-\nu^2)\sigma_z \\
&\Rightarrow \quad E\nu\varepsilon_x + E\nu\varepsilon_y + (1-\nu)E\varepsilon_z = (1-\nu-2\nu^2)\sigma_z = (1+\nu)(1-2\nu)\sigma_z \\
&\Rightarrow \quad (1+\nu)(1-2\nu)\sigma_z = E\nu\varepsilon_x + E\nu\varepsilon_y + (1-\nu)E\varepsilon_z
\end{aligned}$$

となり，

$$\sigma_z = \frac{E}{(1+\nu)(1-2\nu)}\{(1-\nu)\varepsilon_z + \nu(\varepsilon_x + \varepsilon_y)\} \tag{g}$$

が得られる．同様な計算手順で σ_x，σ_y も求められる．

▶第 10 章

10-1 薄肉円筒の内半径は，

$$r = \frac{d-2t}{2} = \frac{50-2\times 2}{2} = 23.0\,\mathrm{mm}$$

となる．したがって，内圧 $p=4\,\mathrm{MPa}$ が作用したときの円周方向応力 σ_θ と軸方向応力 σ_z は，以下のように求められる．

$$\sigma_\theta = \frac{pr}{t} = \frac{4\times 23}{2} = 46.0\,\mathrm{MPa}, \quad \sigma_z = \frac{pr}{2t} = \frac{4\times 23}{2\times 2} = 23.0\,\mathrm{MPa}$$

10-2 2 軸のひずみゲージの計測結果より，円周方向ひずみ ε_θ はわかっているので，円周方向応力 σ_θ と軸方向応力 σ_z は，式 (10.7) と式 (10.8) から以下のように求められる．

$$\sigma_\theta = \frac{E}{1-\nu^2}(\varepsilon_\theta + \nu\varepsilon_z) = \frac{70\times 10^3}{1-0.3^2}\times(2.43\times 10^{-3} + 0.3\times 5.71\times 10^{-4}) \simeq 200\,\mathrm{MPa}$$

$$\sigma_z = \frac{E}{1-\nu^2}(\varepsilon_z + \nu\varepsilon_\theta) = \frac{70\times 10^3}{1-0.3^2}\times(5.71\times 10^{-4} + 0.3\times 2.43\times 10^{-3}) = 100\,\mathrm{MPa}$$

10-3 薄肉球の内半径は，

$$r = \frac{d-2t}{2} = \frac{100-2\times 5}{2} = 45.0\,\mathrm{mm}$$

となる．したがって，内圧 $p=6\,\mathrm{MPa}$ が作用したときの垂直応力 σ は，以下のように求められる．

$$\sigma = \frac{pr}{2t} = \frac{6\times 45.0}{2\times 5} = 27.0\,\mathrm{MPa}$$

第 11 章

11-1　安全率 $S=2$ のため，許容応力 σ_a はつぎのようになる．

$$\sigma_\mathrm{a}=\frac{\sigma_B}{S}=\frac{400}{2}=200\,\mathrm{MPa}$$

内圧が作用する薄肉円筒では三つの主応力は，

$$\sigma_1=\sigma_\theta=\frac{pr}{t},\quad \sigma_2=\sigma_Z=\frac{pr}{2t},\quad \sigma_3=0$$

となる．また，この薄肉円筒の内半径 r は，

$$r=\frac{d-2t}{2}=\frac{224-4}{2}=110\,\mathrm{mm}$$

であるため，最大主応力説を用いて設計した場合の厚さ t は，式 (11.1) より，

$$\sigma_\mathrm{a}=\sigma_1 \quad\Rightarrow\quad \sigma_\mathrm{a}=\frac{pr}{t} \quad\Rightarrow\quad t=\frac{pr}{\sigma_a}=\frac{5\times 110}{200}=2.75\,\mathrm{mm}$$

と求められる．一方，最大主ひずみ説を用いて設計した場合の厚さ t は，式 (11.4) より，

$$\sigma_1-\nu(\sigma_2+\sigma_3)=\sigma_\mathrm{a} \quad\Rightarrow\quad \frac{pr}{t}-\nu\left(\frac{pr}{2t}\right)=\sigma_\mathrm{a}$$
$$\Rightarrow\quad t=\frac{pr}{\sigma_\mathrm{a}}\left(1-\frac{\nu}{2}\right)=\frac{5\times 110}{200}\left(1-\frac{0.3}{2}\right)\simeq 2.34\,\mathrm{mm}$$

と求められる．

11-2　この薄肉円筒の内半径 r は，

$$r=\frac{d-2t}{2}=\frac{300-2\times 4}{2}=146\,\mathrm{mm}$$

となるため，薄肉円筒に内圧 p が作用するときの周方向応力 σ_θ と軸方向応力 σ_z は，

$$\sigma_\theta=\frac{pr}{t}=\frac{p\times 146}{4}=36.5p\,[\mathrm{MPa}],\quad \sigma_z=\frac{pr}{2t}=\frac{p\times 146}{2\times 4}=18.25p\,[\mathrm{MPa}]$$

となる．したがって，三つの主応力は以下のようになる．

$$\sigma_1=\sigma_\theta=36.5p,\quad \sigma_2=\sigma_z=18.25p,\quad \sigma_3=0$$

よって，式 (11.22) のミーゼスの降伏条件を用いて降伏する内圧を求めると，

$$(\sigma_1-\sigma_2)^2+(\sigma_2-\sigma_3)^2+(\sigma_3-\sigma_1)^2=2\sigma_\mathrm{Y}^2$$
$$\Rightarrow\quad (36.5p-18.25p)^2+(18.25p-0)^2+(0-36.5p)^2=2\times 323^2$$
$$\Rightarrow\quad p\simeq 10.2\,\mathrm{MPa}$$

となる．一方，式 (11.10) のトレスカの降伏条件を用いて降伏する内圧を求めると，

$$\sigma_1 - \sigma_3 = \sigma_Y \quad \Rightarrow \quad 36.5p - 0 = 323 \quad \Rightarrow \quad p \simeq 8.85\,\mathrm{MPa}$$

となる．

内圧が負荷される薄肉円筒では，周方向応力 σ_θ は軸方向応力 σ_z の 2 倍となるため，薄肉円筒の破壊は周方向応力 σ_θ（$= \sigma_1$）が材料の引張強さ σ_B に達したときに発生する．そのため，式 (11.1) の最大主応力説を用いて破壊するときの内圧を求めると以下のようになる．

$$\sigma_1 = \sigma_B \quad \Rightarrow \quad \frac{pr}{t} = 430 \quad \Rightarrow \quad p = 430 \times \frac{4}{146} \simeq 11.8\,\mathrm{MPa}$$

11-3 ε_x を ε_a，ε_{45° を ε_b，ε_y を ε_c とすると，薄い板状の自動車部品に作用している主応力 ε_1 と ε_2 は，式 (9.65) と式 (9.66) から以下のように計算できる．

$$\begin{aligned}
\sigma_1 &= \frac{E}{2(1-\nu^2)}\left\{(1+\nu)(\varepsilon_a+\varepsilon_c) + (1-\nu)\sqrt{2\{(\varepsilon_a-\varepsilon_b)^2+(\varepsilon_b-\varepsilon_c)^2\}}\right\} \\
&\simeq 250.8\,\mathrm{MPa} \\
\sigma_2 &= \frac{E}{2(1-\nu^2)}\left\{(1+\nu)(\varepsilon_a+\varepsilon_c) - (1-\nu)\sqrt{2\{(\varepsilon_a-\varepsilon_b)^2+(\varepsilon_b-\varepsilon_c)^2\}}\right\} \\
&\simeq 161.2\,\mathrm{MPa}
\end{aligned}$$

また，薄い長方形板材のため平面応力状態を仮定できるため，$\sigma_3 = 0$ となる．したがって，ミーゼスの相当応力 σ_e は式 (11.23) より，

$$\begin{aligned}
\sigma_\mathrm{e} &= \sqrt{\frac{(\sigma_1-\sigma_2)^2+(\sigma_2-\sigma_3)^2+(\sigma_3-\sigma_1)^2}{2}} \\
&= \sqrt{\frac{(250.8-161.2)^2+(161.2-0)^2+(0-250.8)^2}{2}} \simeq 220\,\mathrm{MPa}
\end{aligned}$$

と求められる．

<**別解**>　薄い板状の自動車部品に作用している垂直応力 σ_x と σ_y は，式 (9.44) から以下のように計算できる．

$$\begin{aligned}
\sigma_x &= \frac{E}{1-\nu^2}(\varepsilon_x+\nu\varepsilon_y) = \frac{206\times10^3}{1-0.3^2}(9.00\times10^{-4}+0.3\times5.00\times10^{-4}) \\
&\simeq 237.7\,\mathrm{MPa} \\
\sigma_y &= \frac{E}{1-\nu^2}(\varepsilon_y+\nu\varepsilon_x) = \frac{206\times10^3}{1-0.3^2}(5.00\times10^{-4}+0.3\times9.00\times10^{-4}) \\
&\simeq 174.3\,\mathrm{MPa}
\end{aligned}$$

また，τ_{xy} を求めるために γ_{xy} を求める必要があるため，式 (9.17) のひずみの座標変換式に ε_x，ε_y，ε_{45° を代入して，γ_{xy} を以下のように求める．

$$
\begin{aligned}
&\varepsilon_\theta = \varepsilon_x \cos^2\theta + \varepsilon_y \sin^2\theta + \gamma_{xy}\sin\theta\cos\theta|_{\theta=45^\circ} \\
&\Rightarrow \quad \gamma_{xy} = \frac{\varepsilon_{45^\circ} - \varepsilon_x \cos^2 45^\circ - \varepsilon_y \sin^2 45^\circ}{\sin 45^\circ \cos 45^\circ} \\
&\qquad\quad = \frac{5.00\times10^{-4} - 9.00\times10^{-4}\times(1/\sqrt{2})^2 - 5.00\times10^{-4}\times(1/\sqrt{2})^2}{(1/\sqrt{2})^2} \\
&\qquad\quad = -4.00\times10^{-4}
\end{aligned}
$$

したがって，この自動車部品に生じているせん断応力 τ_{xy} は，

$$
\tau_{xy} = G\gamma_{xy} = 79\times10^3\times(-4.00)\times10^{-4} = -31.6\,\mathrm{MPa}
$$

と求められる．この自動車部品は薄肉のため平面応力状態と仮定できるので，ミーゼスの相当応力 σ_e は式 (11.24) より，

$$
\begin{aligned}
\sigma_\mathrm{e} &= \sqrt{\frac{1}{2}\left\{(\sigma_x-\sigma_y)^2+(\sigma_y-\sigma_z)^2+(\sigma_z-\sigma_x)^2+3(\tau_{xy}^2+\tau_{yz}^2+\tau_{zx}^2)\right\}} \\
&= \sqrt{\frac{1}{2}[(237.7-174.3)^2+(174.3-0)^2+(0-237.7)^2+3\{(-31.6)^2+0^2+0^2\}]} \\
&\simeq 217\,\mathrm{MPa}
\end{aligned}
$$

となる．

この鋼板の単軸試験における降伏応力 $\sigma_\mathrm{Y} = 215\,\mathrm{MPa}$ とこの自動車部品に発生しているミーゼスの相当応力を比較すると，ほぼ同じ値である．そのため，材料の降伏強度がもっと高い材質に変更するか，自動車部品の板厚やリブ形状を変更し，自動車部品に作用する応力レベルを低下させる必要がある．

索　引

著者略歴
平山　紀夫（ひらやま・のりお）
明治大学理工学部機械工学科 卒業，日本大学大学院生産工学研究科機械工学専攻 博士後期課程修了．博士（工学）．日東紡績株式会社 福島研究所所長，取締役，常務執行役員 兼 グラスファイバー事業部門副部門長を歴任．2015 年から日本大学生産工学部機械工学科 教授．

坂田　憲泰（さかた・かずひろ）
日本大学大学院生産工学研究科機械工学専攻 博士前期課程修了．博士（工学）．日産自動車株式会社 車両先行開発本部 FCV 開発部，技術開発本部 FCV 開発部，総合研究所燃料電池研究所，総合研究所燃料電池研究室，そして日本大学生産工学部 助手，助教，専任講師を経て，2019 年から日本大学生産工学部 准教授．

杉浦　隆次（すぎうら・りゅうじ）
東北大学大学院工学研究科機械知能工学専攻 博士後期課程修了．博士（工学）．東北大学大学院 COE フェロー，東北大学大学院工学研究科機械知能工学専攻 助手，助教，准教授を経て，2015 年から日本大学工学部機械工学科 准教授．

平林　明子（ひらばやし・あきこ）
日本大学大学院生産工学研究科機械工学専攻 博士後期課程修了．博士（工学）．日本大学生産工学部ハイテクリサーチセンター ポストドクター研究員，株式会社計算力学研究センター CAE 技術開発部，日本大学生産工学部機械工学科 助教を経て，2015 年から日本大学生産工学部機械工学科 専任講師．

例題と演習で学ぶ材料力学

2022 年 11 月 30 日　第 1 版第 1 刷発行

著者　　平山紀夫・坂田憲泰・杉浦隆次・平林明子

編集担当　村瀬健太（森北出版）
編集責任　上村紗帆・福島崇史（森北出版）
組版　　プレイン
印刷　　丸井工文社
製本　　　同

発行者　森北博巳
発行所　森北出版株式会社
〒102-0071　東京都千代田区富士見 1-4-11
03-3265-8342（営業・宣伝マネジメント部）
https://www.morikita.co.jp/

ISBN 978-4-627-65101-2